電子相関における
場の量子論

電子相関における

場の量子論

永長直人著

岩波書店

はじめに

固体中の電子物性の研究は，いま，大きな展開期を迎えようとしている．それは「1体問題から多体問題へ」の重心の移動である．つまり，バンド理論に代表される1電子描像で理解可能な諸現象から，電子間の相互作用により発現する現象へと研究の中心が移行しているのである．

後者の代表例として超伝導と磁性が挙げられるが，これらは古い研究の歴史をもつ．今日的な意味での新展開とは，広い意味での1電子描像——BCS理論やスピン密度波の平均場理論など——を超えた効果，いわゆる電子相関効果の研究である．電子相関効果は，大きな量子的あるいは熱的揺らぎにより生じる．揺らぎが大きいと，異なった自由度の間の相互作用が重要となってくるが，高温超伝導体などで問題となっている磁性と超伝導の絡み合いはその一例である．

このように強く相互作用しあう自由度——これは「場」そのものである——を扱うのに最も適した理論的枠組は，場の量子論である．本書はこの電子相関の問題にたいする場の量子論の応用を，初学者にもわかる形でできる限り体系的に述べることを目的としている．仮定した知識はおおよそ拙著『物性論における場の量子論』に述べたレベルの基礎である．

本書の構成と流れを以下に述べる．

まず，前半では1次元量子多体系について述べる．1次元系では，その大きな量子揺らぎのために秩序が破壊され，絶対零度まで量子液体状態が実現される．このために1次元系は電子相関効果のモデルケースであるとともに，いろいろな理論的アイディア，手法が有効に応用される最も確立した分野である．したがって電子相関の問題全体に指針を与えうる出発点となる．第1章では1次元 XXZ 量子スピン鎖を取り上げ，その古典極限と量子極限を調べた．ここでの主役はキンクであり，スピンの演算子とは非局所的な位相因子で結びついたフェルミオンとして記述される(ジョルダン-ウィグナー変換)．新しい粒子(キンク)，非局所性，量子統計といった電子相関共通の問題がここに現われている．

第2章では，XXZ スピン鎖と等価な，相互作用しているフェルミオン系を場の理論により記述する．まず1次元フェルミオン系が2つのフェルミ点 $k_{\mathrm{F}}^{\mathrm{R}}$，$-k_{\mathrm{F}}^{\mathrm{L}}$ により記述されることから出発し，密度とカレントの間の正準共役関係を導く．両者を記述する位相の場(ボゾン場) θ_+ と θ_- を用いて結局フェルミオン系は量子サインゴルドン系にマップされるのである．この量子サインゴルドン系はその古典解としてソリトン(キンク)をもつが，それが元のフェルミオンに対応している．このキンクは sin ポテンシャルの極小の間をつなぐものであり，古典的には有限の励起エネルギーをもつ．しかし，量子揺らぎが大きくなると sin ポテンシャル自体を実効的に消し去ってしまい，キンクの励起エネルギーにギャップがなくなってしまう．このことをくり込み群を用いて解析する(2-1節)．そして，この sin ポテンシャルが無視できるとすると，系は単純なガウス理論——つまり1+1次元の自由ボゾン模型——で記述される．一見自明に見えるこの模型にも深い理論的構造が含まれている．それは1+1次元空間を複素平面と見なしたときの等角写像に対する不変性——共変不変性——に立脚した理論であり，共形場理論と呼ばれる．この理論を用いて，ガウス理論を解析する(2-2節)．

このように，系にギャップがない1次元量子液体はいろいろな理論的手法が応用できるが，一方で励起スペクトルにギャップがある量子液体も知られている．スピン $S=$整数 の反強磁性ハイゼンベルク模型——いわゆるハルディン系——がその代表例であるが，その解析にはボゾン化とは別の方法論——非線形シグマ模型——が有効である(2-3節). この模型はベリー位相の働きがよく見えること, 高次元へも拡張できること, などの利点がある.

第3章以降は, 電荷とスピンの両方の自由度を含む系, および高次元の系を扱う. まず第3章では強相関電子系の導入を行なう. 3-1節ではいろいろな模型を導入し, ヒルベルト空間を制限することで有効ハミルトニアンを導くという考え方を示す. このヒルベルト空間の制限は束縛条件として表現されるので, 強相関電子系はしばしば束縛条件付きの量子論で記述されることになる.

この強相関電子系で中心的なテーマの1つが, 電荷とスピンの自由度の分離である. この現象は1次元の相互作用している電子系で最も顕著な形で現われるが, これを第2章のボゾン化の方法を拡張することで記述する(3-2節). スピン↑と↓それぞれに対し密度とカレントの場が定義され, 両者の和と差で電荷とスピンの自由度が表現されるのである. このスピン・電荷分離の起きている1次元の量子流体——朝永-ラッティンジャー液体——は非フェルミ液体の代表例である. しかし, ボゾン化による記述は実はフェルミ流体論の考え方と本質的に同じであり, 1次元においてはフェルミ面が点であることから集団励起モードのみが存在し, 個別励起がないことが, 非フェルミ液体の原因であることがわかる.

一方, 2次元, 3次元では1次元と比べて揺らぎが小さく, 磁気秩序の発生がしばしば起こる. だから強相関電子系を記述する上で中心的な自由度は磁気モーメントであり, その秩序と揺らぎを考えることでその物性を理解できるとする立場が当然考えられる. 3-3節と3-4節ではこの立場に沿って, 磁気秩序の平均場理論と, 揺らぎの理論について述べた. 特に後者については, 絶対零度で圧力などの外部パラメーターを変化させることで起こる相転移——量子相転移——の近傍で特異的に増強される量子揺らぎを, 自己無撞着くり込み理論(SCR理論)および量子くり込み群を用いて解析する.

このように磁気モーメントに着目してその揺らぎを考える立場に対して, スピン1重項の形成に主眼を置く立場も考えられる. その代表例は, 金属中の磁性不純物の問題——近藤効果——である. そもそもスピンモーメントが1つだけあるときには, 磁気秩序は起こりようがない. 結局, 局在スピンは金属の伝導電子スピンとスピン1重項を形成してエントロピーを凍結することになる．その結果，系は非磁性の局所的フェルミ流体となるが，この状態をスレーブボゾン法を用いた場の理論により解析する．ところが一方，伝導電子のチャンネル数が複数の場合(多チャンネル近藤問題)には局所的非フェルミ流体の状態も実現しうることが知られている．この状態も，スレーブボゾン法により記述しうる．そこではボゾンが凝縮しない鞍点解を採用することでグリーン関数が非自明な臨界指数をもつことが示される．

近藤問題は他の多くの理論的手法によっても解析されている．特に，局在スピンの位置を原点として部分波展開すると入射波と散乱波はそれぞれ動径 r を座標として1次元的な波と考えることができる．これにより局在した不純物の問題は1次元電子と相互作用している不純物問題にマップできて，第2章で述べた1+1次元の場の理論の手法が使えるのである．さらに，4-2節では，不純物問題が空間次元 d の大きな極限で正当化される動的平均場理論に現われる有効模型に等しいこと，が示される．ここに至って，強相関電子系の3つの次元 $d=0$ (局在不純物)，$d=1$，$d=\infty$ の問題が互いに密接に関連していることがわかる．

しかし，これで強相関電子系がすべて理解できたわけではない．特に興味深い $d=2$，$d=3$ の場合にはここまでの理論ではとらえられない物理がひそんでいる可能性がある．このように考えると，上述の理論は，すべてサイト上の自由度——例えば局在モーメントや動的平均場理論における局在電子——に着目していることがわかる．これに対して，サイトとサイトの間を結ぶリンクの上で定義された自由度に着目する考え方が相補的なものとして考えられる．このリンク上の場は，サイト上の自由度の間の「関係」を記述し，数学の言葉では「接続」，物理では「ゲージ場」と呼ばれるものにほかならない．例えば，サイト上の自由度としてスピンモーメントを考えると，磁気秩序が量子揺らぎにより融解した量子スピン液体に対しては，リンク上の秩序パラメーターである1重項の振幅の方が意味のある自由度であることが予想される．第5章ではこのようなアイディアから発展した強相関電子系のゲージ理論について述べる．具体的には，量子反強磁性体(5-1節)，高温超伝導体と深く関連したドープされたモット絶縁体(5-2 節)，量子ホール液体(5-3 節)をゲージ場を用いて記述する．

特に 5-3 節では，非局所的な量子統計性を扱うためにチャーン-サイモンゲージ場が主役を演じるが，これは第 1 章で導入したジョルダン-ウィグナー変換の 2 次元への拡張である．ひとめぐりして元に戻ったわけであるが，そこで読者が新しい眼で本書の内容全体を眺めることができれば，著者の目的は達成されたことになる．

なお，5-2 節の内容は日本物理学会の物理学論文選集『物性物理における場の理論的方法』(巻末の文献 G 6)に著者が書いた解説を大幅に加筆修正したものであることをお断りしておく．

前著同様，本書も多くの方々のご支援によりはじめて完成しえたものである．なかでも直接本書の内容に関し，井村健一郎，内田慎一，大串研也，押川正毅，川上則雄，十倉好紀，Kurt Fischer，福山秀敏，古崎昭，Vadim Ponomarenko，村上修一，守谷亨，P. A. Lee (五十音順，敬称略)の各氏には貴重なご教示を頂いた．これらの方々に深く感謝したい．しかし，本書の内容に関する責任はもちろんすべて著者にある．

また，本書を書くという新しい戦争に著者を巻き込み，「戦友」であり続けて下さった岩波書店編集部の片山宏海氏，兵站を担当してくれた妻由起にも深く感謝したい．

1998 年 8 月

永長直人

目　次

1

1 次元量子スピン系

1 次元系は量子多体系の中でも独特の地位を占めている．大きな量子揺らぎのために絶対零度まで秩序が生じずに量子液体となることがある．本章ではその中で 1 次元量子スピン系を取り上げ，強相関系の理論への導入とする．

1-1 $S=1/2$ XXZ スピン鎖

最初に次のモデルを考える．

$$H = J_\perp \sum_i (S_i^x S_{i+1}^x + S_i^y S_{i+1}^y) + J_z \sum_i S_i^z S_{i+1}^z \tag{1-1-1}$$

ここで $\boldsymbol{S}_i$ はスピン $S=1/2$ の演算子である．いま，↑ スピン状態を $\begin{bmatrix}1\\0\end{bmatrix}$，↓ スピン状態を $\begin{bmatrix}0\\1\end{bmatrix}$ の状態ベクトルで表わすとすると，$\boldsymbol{\sigma}=(\sigma^x, \sigma^y, \sigma^z)$ をパウリ行列

$$\sigma^x = \begin{bmatrix}0 & 1\\1 & 0\end{bmatrix}, \quad \sigma^y = \begin{bmatrix}0 & -i\\i & 0\end{bmatrix}, \quad \sigma^z = \begin{bmatrix}1 & 0\\0 & -1\end{bmatrix}$$

として $\boldsymbol{S}_i=\dfrac{\hbar}{2}\boldsymbol{\sigma}_i$ で表現される．スピン演算子は

$$[S_i^\alpha, S_j^\beta] = i\hbar\delta_{ij}\varepsilon_{\alpha\beta\gamma}S_i^\gamma \tag{1-1-2}$$

を満たす．$\varepsilon_{\alpha\beta\gamma}$ は完全反対称テンソルで $\varepsilon_{xyz}=1$ である．本書では以降，断わらないかぎり $\hbar=1$ の単位系を採用する．$J_\perp$ および J_z は交換相互作用で，$J_\perp$

$=J_z$ の場合は**ハイゼンベルク模型**である．

(1-1-2)式の交換関係から，ユニタリー演算子

$$U_i(\boldsymbol{n}, \theta) = e^{i\theta \boldsymbol{n}\cdot \boldsymbol{S}_i} \tag{1-1-3}$$

はスピンを回転させることがわかる．ここで $\boldsymbol{n}$ は単位ベクトル，θ は回転角である．例えば $\boldsymbol{n}=\boldsymbol{e}_z=(0,0,1)$ に対して

$$U_i(\boldsymbol{e}_z, \theta) S_i^\alpha U_i^\dagger(\boldsymbol{e}_z, \theta) = \tilde{S}_i^\alpha(\theta) \tag{1-1-4}$$

とすると

$$\frac{d\tilde{S}_i^x(\theta)}{d\theta} = U_i \cdot i[S_i^z, S_i^x] U_i^\dagger = -\tilde{S}_i^y(\theta) \tag{1-1-5a}$$

$$\frac{d\tilde{S}_i^y(\theta)}{d\theta} = \tilde{S}_i^x(\theta) \tag{1-1-5b}$$

$$\frac{d\tilde{S}_i^z(\theta)}{d\theta} = 0 \tag{1-1-5c}$$

これを解くと

$$\tilde{S}_i^x(\theta) = S_i^x \cos\theta - S_i^y \sin\theta \tag{1-1-6a}$$

$$\tilde{S}_i^y(\theta) = S_i^x \sin\theta + S_i^y \cos\theta \tag{1-1-6b}$$

$$\tilde{S}_i^z(\theta) = S_i^z \tag{1-1-6c}$$

となり，z 軸まわりの角度 θ の回転であることがわかる．さて，U_i より $T=\prod_{n:\text{奇数}} U_n(\boldsymbol{e}_z, \pi)$ なるユニタリー演算子を作ると，

$$TS_i^x T^\dagger = (-1)^i S_i^x \tag{1-1-7a}$$

$$TS_i^y T^\dagger = (-1)^i S_i^y \tag{1-1-7b}$$

$$TS_i^z T^\dagger = S_i^z \tag{1-1-7c}$$

となるので，$THT^\dagger$ を作ると(1-1-1)で $J_\perp \to -J_\perp$，$J_z \to J_z$ と変化する．よって $J_\perp$ の符号は本質的でないことがわかる．

一方，J_z の符号は量子系の場合には本質的に重要である．なぜなら(1-1-7)と異なり $\boldsymbol{S}_i \to -\boldsymbol{S}_i$ の変換はスピン成分間の交換関係(1-1-2)を変えてしまうからである．さて，S^x, S^y から

$$S^\pm = S^x \pm iS^y \tag{1-1-8}$$

を作ると，

$$S^+=\begin{bmatrix}0 & 1\\ 0 & 0\end{bmatrix},\qquad S^-=\begin{bmatrix}0 & 0\\ 1 & 0\end{bmatrix}$$

となるので，S^+ はスピンを ↓ から ↑ へ，S^- は ↑ から ↓ へ反転させる演算子である．$S^{\pm}$ を用いて，(1-1-1)のハミルトニアンは

$$H=\frac{J_\perp}{2}\sum_i(S_i^+S_{i+1}^-+S_i^-S_{i+1}^+)+J_z\sum_i S_i^zS_{i+1}^z \tag{1-1-9}$$

と書き直せる．いま S_i^z を“座標”と見なすと，$S_i^{\pm}$ はその座標を変化させるいわば“運動量”のようなもので，(1-1-3)以降の議論は x の $U=e^{iap}$ (x：座標，p：運動量，a：定数) による並進対称操作と対応関係にある．このことから，(1-1-9)式で $J_\perp$ 項は“運動エネルギー”として S_i^z の量子揺らぎを生じるのに対し，J_z 項は“ポテンシャルエネルギー”として S_i^z の秩序化をしようとする．この両者の競合が，(1-1-1)または(1-1-9)に含まれる最も基本的な物理である．

そこでまず，$J_\perp=0$ の古典極限を考えよう．これは**イジング模型**と呼ばれ，絶対零度では J_z の符号に応じて強磁性的($J_z<0$)または反強磁性的($J_z>0$)にスピンがそろう．ただし，ここですべてのサイト i で一斉に行なう $S_i^z\to -S_i^z$ の変換に対してハミルトニアンが不変なので，基底状態には 2 重の縮退があることに注意しよう．2 つの基底状態を A および B と名づけたとして，系の右端では A，系の左端では B と固定したとすると，どこかで A 領域と B 領域の境目が存在する．これをキンク，またはソリトンと呼ぶ．有限温度では，このキンクが有限の濃度で励起されるので，スピン相関関数 $F(r)=\langle S_i^zS_{i+r}^z\rangle$ はある相関長 ξ で指数関数的に減衰してゆく．

これを具体的に求めてみよう．まずスピンを $i=1$ から $i=N$ まで N 個並べ，端は自由端であるとする．$N\to\infty$ の熱力学極限では端の効果は無視できる．そこで，まず左端のスピン S_1^z を例えば 1/2 に固定したとする．すると S_2^z のかわりに $L_{12}\equiv S_1^zS_2^z$ を変数と考えてもよい．同様に S_3^z のかわりに $L_{23}=S_2^zS_3^z$ 等々を定義してゆくと，S_i^z でなく $L_{i,\,i+1}$ を用いて統計力学をやればよい．ここでサイト上で定義された変数 S_i^z と S_{i+1}^z の間の相対関係つまり平行か反平行かに応じて $\pm 1/4$ の値を取るリンク上の定数が $L_{i,\,i+1}$ である．そこで $L_{i,\,i+1}$ のかわりに $L_{i+1/2}$ と書くことにしよう．するとイジング模型は

$$H = J_z \sum_{i=1}^{N-1} L_{i+1/2} \tag{1-1-10}$$

となり，リンクごとに独立なエネルギーの和となる．そこでサイト当りの自由エネルギー f は状態和 Z を用いて容易に

$$f = -\frac{1}{\beta}\lim_{N\to\infty}\frac{1}{N}\ln Z = -\frac{1}{\beta}\ln \sum_{L=\pm 1/4} e^{-\beta J_z L}$$
$$= -\frac{1}{\beta}\ln\left(2\cosh\frac{\beta J_z}{4}\right) \tag{1-1-11}$$

と求まる．

さて，以上をふまえて $F(r)=\langle S_i^z S_{i+r}^z\rangle$ を計算してみよう．まず $S_i^z S_{i+r}^z$ は，$L_{j+1/2}$ で書くと「非局所的」であることに注意する．つまり

$$4S_i^z S_{i+r}^z = (4L_{i+1/2})(4L_{i+3/2})\cdots(4L_{i+r-1/2}) \tag{1-1-12}$$

と，サイト i と $i+r$ を結ぶ r 個のリンクについての L の積の形で表現される．これと(1-1-10)から

$$4F(r) = \prod_{j=1}^{r}\left[\frac{\sum_{L=\pm 1/4} 4Le^{-\beta J_z L}}{\sum_{L=\pm 1/4} e^{-\beta J_z L}}\right]$$
$$= \left[\tanh\left(\frac{-\beta J_z}{4}\right)\right]^r$$
$$= (-\mathrm{sgn}\, J_z)^r \exp\left[r\ln\tanh\left(\frac{\beta|J_z|}{4}\right)\right] \tag{1-1-13}$$

を得る．(1-1-13)の右辺の絶対値を $e^{-r/\xi}$ と書くと，相関長 ξ は

$$\xi = -\frac{1}{\ln\tanh\left(\frac{\beta|J_z|}{4}\right)} \tag{1-1-14}$$

と求まる．さらに低温($\beta|J_z|\gg 1$)でキンクの熱励起数が小さい極限では，(1-1-14)式は

$$\xi^{-1} = 2e^{-\beta|J_z|/2} \tag{1-1-15}$$

となる．キンクの生成エネルギーが $\Delta E=|J_z|/2$ で与えられることを考えると右辺はキンクの数であり，ξ はキンク間の平均距離であることがわかる．つまり $T=0\,\mathrm{K}$ での長距離秩序 $F(r)=\frac{1}{4}(-\mathrm{sgn}\, J_z)^r$ は，キンクの熱励起により破壊されるのである．キンクとは $L_{i+1/2}$ の符号変化であることに注意してほし

い．

さて，以上の古典系の統計力学は J_z の符号にはほとんど依存しなかった．違いは(1-1-13)に現われる $(-\mathrm{sgn}\,J_z)^r$ だけで，実際1つおきに S_i^z を $-S_i^z$ に変えたとするとハミルトニアンで J_z は $-J_z$ に変化する．このことは，量子論に移るともはや正しくない．それは次のような理由による．S_i^z の量子力学的運動を引き起こす(1-1-9)の $J_\perp$ 項は，隣り合った2つのスピンの同時反転を表わしている．しかも S^+ と S^- の積の形に書けているから，一方の S^z を増加すると他方の S^z を減少させ，結果として $S_i^z+S_{i+1}^z$ を保存する．このような同時反転は $|S_i^z=1/2,\ S_{i+1}^z=-1/2\rangle$ と $|S_i^z=-1/2,\ S_{i+1}^z=1/2\rangle$ の間の変化であり，平行スピンの場合には起こらない．より数学的に表現すると，全スピンの演算子

$$\boldsymbol{S}_{\mathrm{tot}} = \sum_i \boldsymbol{S}_i \tag{1-1-16}$$

に対し $S_{\mathrm{tot}}{}^2=\boldsymbol{S}_{\mathrm{tot}}\cdot\boldsymbol{S}_{\mathrm{tot}}$ と S_{tot}^z は，(1-1-9)のハミルトニアンと可換である．つまり

$$[S_{\mathrm{tot}}{}^2, H] = [S_{\mathrm{tot}}^z, H] = 0 \tag{1-1-17}$$

この結果，系の量子固有状態は $S_{\mathrm{tot}}{}^2$ と S_{tot}^z の固有値で分類できる．$J_z<0$ の強磁性的相互作用の場合の古典的な基底状態 $|\{S_i^z=1/2\}\rangle$ または $|\{S_i^z=-1/2\}\rangle$ は，そのままハミルトニアン H の固有状態であることがわかる．しかし一方の反強磁性の古典的基底状態(**ネール状態**という) $\left|\left\{S_i^z=\frac{1}{2}(-1)^i\right\}\right\rangle$ または $\left|\left\{S_i^z=-\frac{1}{2}(-1)^i\right\}\right\rangle$ は，H の固有状態ではない．このことは交番磁化

$$\boldsymbol{S}_{\mathrm{staggered}} = \sum_i (-1)^i \boldsymbol{S}_i \tag{1-1-18}$$

を作ると，ネール状態は $S_{\mathrm{staggered}}^z$ の固有状態なのに $[S_{\mathrm{staggered}}^z, H]$ は0でないことを考えれば明らかである．つまり $S_{\mathrm{staggered}}^z$ には必ず量子力学的な零点振動が存在するのである．この零点振動の物理的描像は，先に述べたように $|1/2, -1/2\rangle$ と $|-1/2, 1/2\rangle$ の状態間の量子力学的共鳴である．いま，簡単のために $\boldsymbol{S}_i$ と $\boldsymbol{S}_{i+1}$ の2スピンのみを考え，$J_\perp>0$ とすると，この共鳴によって基底状態は2つの状態の線形結合

$$|\mathrm{singlet}\rangle = \frac{1}{\sqrt{2}}\left(\left|\frac{1}{2}, -\frac{1}{2}\right\rangle - \left|-\frac{1}{2}, \frac{1}{2}\right\rangle\right) \tag{1-1-19}$$

となる．これは1重項の波動関数にほかならない．つまり S_i^z の量子揺らぎは1重項形成を意味し，(1-1-9)式は，$J_\perp$ による1重項形成およびその結果としてのスピン量子液体の傾向と，J_z によるスピンの秩序化の傾向との競合を表わしていると読める．

以上は基底状態に関する考察であるが次に古典的ネール状態からの最低励起状態として図1-1のようなドメインウォールを考える．以下 $J_z \gg J_\perp > 0$ のイジング的異方性が大きい極限を考えると，異なるドメインウォール数の状態間の混成は無視できる．まずドメインウォールが1つの場合を考えその位置がサイト n と $n+1$ の間にあるときの波動関数を Ψ_n とすると，

$$(H - E_{\mathrm{Neel}})\Psi_n = \frac{J_z}{2}\Psi_n + \frac{J_\perp}{2}(\Psi_{n+2} + \Psi_{n-2}) \tag{1-1-20}$$

そこで，ドメインウォールの平面波状態

$$\Psi(k) = \frac{1}{\sqrt{N}}\sum_n e^{ikn}\Psi_n \tag{1-1-21}$$

を作ると

$$(H - E_{\mathrm{Neel}})\Psi(k) = \left(\frac{J_z}{2} + J_\perp \cos 2k\right)\Psi(k) \tag{1-1-22}$$

となる．つまり励起エネルギー $\varepsilon_{\mathrm{DW}}(k)$ は

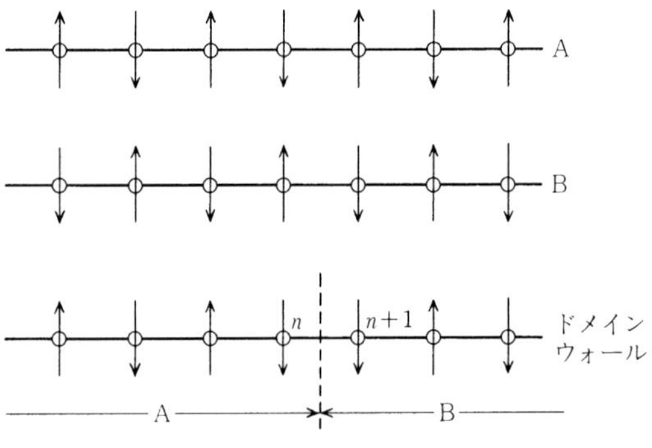

図1-1　2重縮退した古典的ネール状態A, Bとドメインウォール

$$\varepsilon_{\rm DW}(k) = \frac{J_z}{2} + J_\perp \cos 2k \tag{1-1-23}$$

で与えられる．

このドメインウォールが1つ(一般には奇数個)の配置は $n=-\infty$ と $n=+\infty$ の両極限での交番磁化の符号が逆となる．だから有限温度ではイジング模型でも長距離秩序が存在しなかったのであるが，いまは絶対零度における励起状態を考えているので，$n=\pm\infty$ では同一の交番磁化をもつとしよう．するとドメインウォールは最低2つ作らなければならない．それぞれの運動量を k_1, k_2 とすると，全運動量を q，励起エネルギーを $\varDelta E$ として

$$\begin{aligned} q &= k_1 + k_2 \\ \varDelta E &= \varepsilon_{\rm DW}(k_1) + \varepsilon_{\rm DW}(k_2) \end{aligned} \tag{1-1-24}$$

を得る．各 q に対して $\varDelta E$ の取り得る値は図1-2の斜線部で，特にその下限は，各 q に対して

$$\varDelta E_{\rm LB} = J_z - 2J_\perp |\cos q| \tag{1-1-25}$$

で与えられる．つまりスピン系の励起スペクトルはスピン波の分散が孤立して存在しているのではなく，その上に連続スペクトルが続いているわけで，それはキンク(ドメインウォール)が基本的な励起であることの反映である．

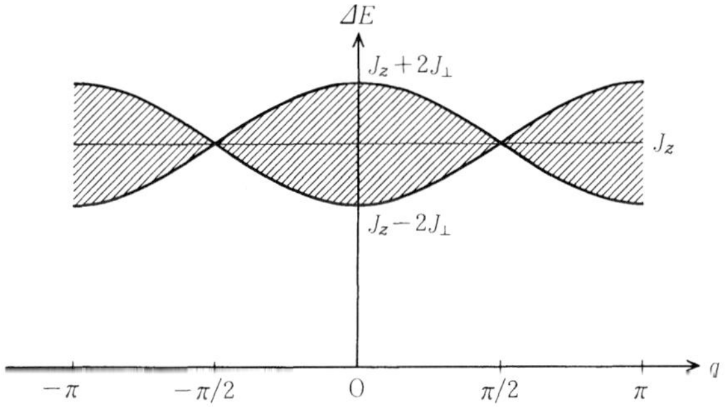

図1-2　ドメインウォール対のエネルギー

1-2　ジョルダン-ウィグナー変換と量子キンク

1-1節では，1次元のイジングモデルを例にとり，キンクというものの重要性を指摘した．本節ではこのキンクの量子力学をより詳細に考えていきたい．

結論から先に述べれば，そのキンクは次の**ジョルダン-ウィグナー変換**で与えられるフェルミオンとして振舞う．

$$S_i^+ = S_i^x + iS_i^y = f_i^\dagger K(i) = K(i) f_i^\dagger \tag{1-2-1a}$$

$$S_i^- = S_i^x - iS_i^y = K(i) f_i = f_i K(i) \tag{1-2-1b}$$

$$S_i^z = f_i^\dagger f_i - \frac{1}{2} \tag{1-2-1c}$$

ここで $K(i)$ は非局所的な演算子で

$$K(i) = \exp\left[i\pi \sum_{j=1}^{i-1} f_j^\dagger f_j\right] = \exp\left[i\pi \sum_{j=1}^{i-1}\left(S_j^z + \frac{1}{2}\right)\right] \tag{1-2-2}$$

で定義される．$K(i) = K^\dagger(i)$ であり，$K(i)$ と $K(j)$ および $i \leqq j$ の場合の $K(i)$ と $\boldsymbol{S}_j$ は可換である．(1-2-1)から

$$\begin{aligned} f_i^\dagger &= S_i^+ K(i) \\ f_i &= S_i^- K(i) \end{aligned} \tag{1-2-3}$$

がいえるが，これからフェルミオンの反交換関係が以下のように導ける．

そのために $K(i)$ の意味を考えよう．(1-1-3)で導入したユニタリー演算子 U_i を用いて

$$K(i) = \left[\prod_{j=1}^{i-1} U_j(\boldsymbol{e}_z, \pi)\right] e^{\frac{i\pi}{2}(i-1)} \tag{1-2-4}$$

と書けるので，$K(i)$ は $j=1$ から $i-1$ までのすべてのスピンを z 軸のまわりに π だけ回転する，つまり S^x, S^y を $-S^x, -S^y$ へ変換する演算子であることがわかる．$K(i)$ は非局所的なスピン反転，要するにキンク生成をひき起こすのである．そこで，$i<j$ として

$$f_i f_j = S_i^- K(i) S_j^- K(j) \tag{1-2-5}$$

を考えてみよう．上の考察より

$$K^\dagger(j) S_i^- K(j) = -S_i^- \tag{1-2-6}$$

なので，$K(j)$ と S_i^- $(j>i)$ は反可換である．これから(1-2-5)の右辺は結局

$$\begin{aligned} S_i^- K(i) S_j^- K(j) &= S_i^- S_j^- K(i) K(j) = S_j^- S_i^- K(i) K(j) \\ &= -S_j^- K(j) S_i^- K(i) = -f_j f_i \end{aligned} \tag{1-2-7}$$

となり，

$$\{f_i, f_j\}_+ = 0 \tag{1-2-8}$$

がいえる．同様に $i<j$ に対しては

$$\begin{aligned} f_i f_j^\dagger + f_j^\dagger f_i &= S_i^- K(i) S_j^+ K(j) + S_j^+ K(j) S_i^- K(i) \\ &= S_i^- S_j^+ K(i) K(j) - S_j^+ S_i^- K(j) K(i) \\ &= [S_i^-, S_j^+] K(i) K(j) = 0 \end{aligned}$$

となるし，

$$f_i f_i^\dagger + f_i^\dagger f_i = S_i^- K(i) S_i^+ K(i) + S_i^+ K(i) S_i^- K(i) = \{S_i^-, S_i^+\}_+ = 1$$

なので，

$$\{f_i, f_j^\dagger\} = \delta_{ij} \tag{1-2-9}$$

となる．このように，非局所的な(xy 面内での)スピン反転を生成する演算子 $K(i)$ が，異なるサイト間のスピン演算子の交換関係を，フェルミオン演算子の反交換関係に翻訳する働きをしているのである．1つのサイトに関しては，(1-2-1c)が示すように $S_i^z=\pm\frac{1}{2}$ の2状態がフェルミオン数 $n_i = f_i^\dagger f_i=1, 0$ に対応しており，パウリの原理がスピンの限られた状態数をうまく記述していることがわかる．このフェルミオンがキンクに対応していることは，例えば，すべてのスピンが $S_i^x=+\frac{1}{2}$ の状態 $|F\rangle$ に $f_n^\dagger$ を作用させると，$f_n^\dagger|F\rangle$ では $S_i^x=-\frac{1}{2}$ $(1\leqq i<n)$，$S_n^z=\frac{1}{2}$，$S_i^x=+\frac{1}{2}$ $(n<i)$ となることから理解される．

ジョルダン-ウィグナー変換が有用である理由は，(1-2-1)が非局所的であるにもかかわらず，ハミルトニアン(1-1-1)または(1-1-9)がフェルミオンで局所的な形で書けることである．まず，$J_\perp$ 項に対して

$$\begin{aligned} S_i^+ S_{i+1}^- &= f_i^\dagger K(i) K(i+1) f_{i+1} \\ &= f_i^\dagger \exp[i\pi f_i^\dagger f_i] f_{i+1} = f_i^\dagger f_{i+1} \end{aligned} \tag{1-2-10}$$

ここで $\exp[i\pi f_i^\dagger f_i]$ がかかる状態では，$f_i^\dagger$ のために i サイトにフェルミオンがいないことを使った．J_z 項についてはそもそも(1-2-1c)が局所的に書けてい

て，結局

$$H=-\frac{J_\perp}{2}\sum_{i=1}^{N}(f_i^\dagger f_{i+1}+f_{i+1}^\dagger f_i)+J_z\sum_{i=1}^{N}\left(f_i^\dagger f_i-\frac{1}{2}\right)\left(f_{i+1}^\dagger f_{i+1}-\frac{1}{2}\right) \tag{1-2-11}$$

と書ける．ここで，1-1 節で述べたように $J_\perp$ の符号は自由に選べることから，$-$ の符号を $J_\perp(>0)$ につけた．これは最近接サイトで J_z の相互作用をするスピンレスフェルミオン模型を表わす．

ここで周期的境界条件について少し注意しておこう．いま，リングを考えているので

$$\boldsymbol{S}_{N+1}=\boldsymbol{S}_1 \tag{1-2-12}$$

とすると，(1-2-11)の $J_\perp$ 項で $i=N$ の項は

$$\frac{J_\perp}{2}(S_N^+S_1^-+S_N^-S_1^+) \tag{1-2-13}$$

を表わしている．ここで

$$S_N^+S_1^-=K(N)f_N^\dagger f_1=-Kf_N^\dagger f_1 \tag{1-2-14}$$

を得る．因子 K は，

$$K=\exp\left[i\pi\sum_{i=1}^{N}f_i^\dagger f_i\right]=(-1)^M \tag{1-2-15}$$

と，フェルミオンの総数 $M=\sum_{i=1}^{N}f_i^\dagger f_i$ を用いて書ける．ここで(1-2-14)の最右辺における $-$ の符号は $K(N)$ の中に $f_N^\dagger f_N$ が含まれていないことから生じる．そこで

$$f_{N+1}=-f_1\qquad (M：偶数) \tag{1-2-16a}$$

$$f_{N+1}=f_1\qquad (M：奇数) \tag{1-2-16b}$$

と定義すると，(1-2-11)がそのまま成立しているのである．

(1-2-11)では 1-1 節で述べた 1 重項形成と磁気秩序の競合が，フェルミオンの運動エネルギーつまり遍歴性と粒子間相互作用による密度波形成の競合として表現されている．(1-2-11)で著しい点の 1 つは，$J_z=0$ の場合(XY モデル)つまり量子極限が自由フェルミオン模型となって厳密に解けることである．これは前節の終りに述べたイジング極限と逆の極限である．

$$f_n = \frac{1}{\sqrt{N}} \sum_k f_k e^{ikn} \tag{1-2-17a}$$

$$f_n^\dagger = \frac{1}{\sqrt{N}} \sum_k f_k^\dagger e^{-ikn} \tag{1-2-17b}$$

でフーリエ変換を導入すると，(1-2-11)から

$$H_{XY} = \sum_k \varepsilon(k)\cdot f_k^\dagger f_k \qquad (\varepsilon(k) = -J_\perp \cos k) \tag{1-2-18}$$

となる．このエネルギー分散を図 1-3 に示した．

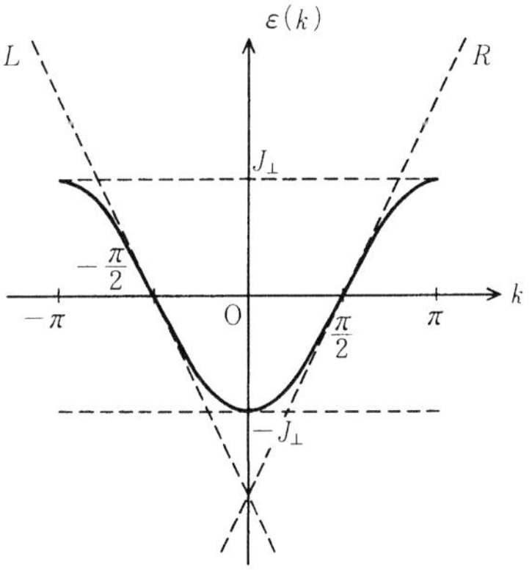

図 1-3　分散 $\varepsilon(k) = J_\perp \cos k$．破線は分散の線形近似を表わす．

いまフェルミオン数 M は(1-2-1c)により $S^z_{\rm tot}$ と $S^z_{\rm tot} = M - N/2$ の関係にあるので，$S^z_{\rm tot} = 0$ の空間はハーフフィルド $M = N/2$ に対応する．このときの基底状態はフェルミエネルギー $E_{\rm F} = 0$ までフェルミオンを詰めた状態である．その励起状態は粒子-正孔対を作ることで表現される．基底状態は N が偶数ならば $S_{\rm tot} = 0$ の 1 重項であるから，その励起状態は $S_{\rm tot} = 0$ または $S_{\rm tot} = 1$ から始まる．それが粒子-正孔対で表現されていることは，フェルミオンはスピン $S = 1/2$ をもっていることを示している．

模式的にいえば，スピンを 1 つ反転させることは，キンクを 2 つ導入することだから，フェルミオンが 2 つ必要なのである．図 1-4 に運動量 $q = k_{\rm p} - k_{\rm h}$ ($k_{\rm p}, k_{\rm h}$ はそれぞれ粒子と正孔の運動量)の関数として粒子-正孔対の励起エネ

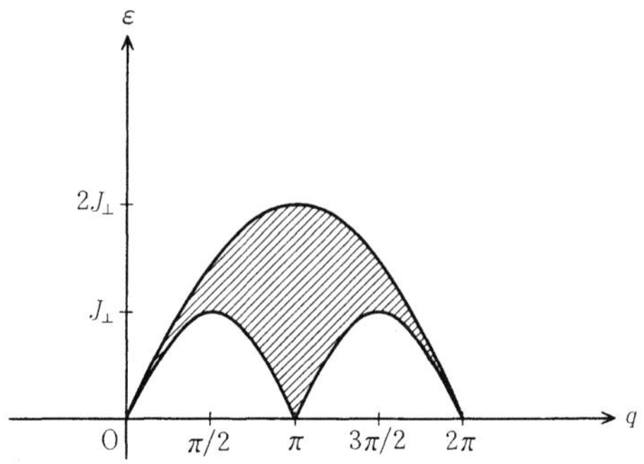

図1-4　波数 q をもつ粒子-正孔対のエネルギー

ルギーを書いた．

このように，XY モデルではスピンそのものよりもキンク——いまの場合はジョルダン-ウィグナーフェルミオン——の方がより基本的な励起であり，スピン励起はその組合せとして表現できることがわかった．相互作用している粒子系——多体系と呼ぶ——においては，モデルを構成する粒子(いまの場合はスピン)とは異なる粒子が基本的となることがよく起こる．いまの量子キンクもその1例である．

1-3　ベーテ仮説と厳密解

1-1節と1-2節で(1-1-1)のハミルトニアンの古典極限($J_\perp=0$)と量子極限($J_z=0$)を調べた．じつは，(1-1-1)または(1-1-9)のハミルトニアンには厳密解が存在するのである．ただし，例えば基底状態の波動関数がわかったからといってそれで物理量がすべて計算できるわけではない．後に述べるいろいろな方法論を組み合わせることによって全体像が得られることを最初に注意しておく．

まず簡単な強磁性的相互作用の場合($J_z<0$)から考えよう．まず，スピンが↑であるようなサイトで左から i 番目のものを n_i とする．↑スピン全体の数が r 個であるとして，そのような波動関数を

$$\Phi_{n_1 n_2 \cdots n_r} \tag{1-3-1}$$

とする．ここで全体のスピンを N 個とすると，↓スピンの数は $N-r$ 個である．まず，すべてのスピンが↓である状態 Φ_0 は(1-1-1)の固有関数である．

$$H\Phi_0 = \frac{J_z}{4}N\Phi_0 \equiv E_0\Phi_0 \tag{1-3-2}$$

ここで N 個のスピンは1次元リングを作り，周期的境界条件を満たすとした．さて，次に↑スピンが1個だけの空間を考えると，その波動関数は，c_n を線形結合の係数として

$$\Psi = \sum_{n=1}^{N} c_n\Phi_n \qquad (c_{n+N}=c_n) \tag{1-3-3}$$

と書ける．これに(1-1-1)を作用させてみると

$$\begin{aligned} H\Psi &= \frac{J_z}{4}(N-4)\Psi + \frac{J_\perp}{2}\sum_{n=1}^{N} c_n(\Phi_{n-1}+\Phi_{n+1}) \\ &= \frac{J_z}{4}(N-4)\Psi + \frac{J_\perp}{2}\sum_{n=1}^{N}(c_{n+1}+c_{n-1})\Phi_n \end{aligned} \tag{1-3-4}$$

(1-3-4)の右辺を $E\Psi$ と置き，Φ_n の係数を比較して

$$Ec_n = (E_0-J_z)c_n + \frac{J_\perp}{2}(c_{n+1}+c_{n-1}) \tag{1-3-5}$$

を得るが，これは直ちに平面波解

$$c_n = \frac{1}{\sqrt{N}}e^{ikn} \tag{1-3-6}$$

をもち，

$$E_k = E_0-J_z+J_\perp\cos k \tag{1-3-7}$$

を固有値とすることがわかる．これは明らかに波数 k のスピン波を表わしている．また周期的境界条件 $c_n=c_{n+N}$ から，m を整数として $k=\dfrac{2\pi}{N}m$ と波数 k は量子化される．基底状態から測った励起エネルギーを $\varepsilon_k=E_k-E_0$ とすると

$$\varepsilon_k = |J_z|+J_\perp\cos k \tag{1-3-8}$$

となるが，$|J_z|\geqq|J_\perp|$ であるかぎり ε_k は負にはならない．ところが $|J_z|<|J_\perp|$ ならば ε_k が負となってしまい，これは Φ_0 が基底状態であるという出発点の仮定が破れていることを意味する．この場合には1-2節で述べたようなスピン液体が実現しているのであるが，ここでは $|J_z|\geqq|J_\perp|$ を仮定しよう．

次にスピン波が２つ$(r=2)$の場合を考える．

$$\Psi = \sum_{n_1<n_2} c_{n_1n_2}\Phi_{n_1n_2} \tag{1-3-9}$$

にHを作用させると，$n_2=n_1+1$の場合とそれ以外の場合で異なることがわかる．つまり

$$H\Phi_{n_1n_2} = \left(E_0-\frac{J_z}{2}\cdot 4\right)\Phi_{n_1n_2} + \frac{J_\perp}{2}(\Phi_{n_1-1,\,n_2}+\Phi_{n_1+1,\,n_2}+\Phi_{n_1,\,n_2-1}+\Phi_{n_1,\,n_2+1}) \quad (n_2>n_1+1) \tag{1-3-10a}$$

$$H\Phi_{n_1,\,n_1+1} = \left(E_0-\frac{J_z}{2}\cdot 2\right)\Phi_{n_1,n_1+1}+\frac{J_\perp}{2}(\Phi_{n_1-1,\,n_1+1}+\Phi_{n_1,\,n_1+2}) \tag{1-3-10b}$$

なので，ふたたび係数$c_{n_1n_2}$に対する固有値問題に焼き直し$\varepsilon=E-E_0$とすると

$$\varepsilon c_{n_1n_2} = -2J_z c_{n_1n_2}+\frac{J_\perp}{2}(c_{n_1+1,\,n_2}+c_{n_1-1,\,n_2}+c_{n_1,\,n_2+1}+c_{n_1,\,n_2-1}) \quad (n_2>n_1+1) \tag{1-3-11a}$$

$$\varepsilon c_{n_1,\,n_1+1} = -J_z c_{n_1,\,n_1+1}+\frac{J_\perp}{2}(c_{n_1-1,\,n_1+1}+c_{n_1,\,n_1+2}) \tag{1-3-11b}$$

まず$n_2>n_1+1$の場合を考えよう．

$$c_{n_1n_2} = c_1e^{i(k_1n_1+k_2n_2)}+c_2e^{i(k_2n_1+k_1n_2)} \tag{1-3-12}$$

と置くと，これは波数k_1とk_2をもつ２つのスピン波が伝播する様子を表わしている．２つの項があるのは，いま$n_2>n_1$の制限がついているためで，第１項はk_1の波数をもつスピン波がk_2のスピン波より左側にいるのに対し，第２項では“追い越し”が起こって右側に出たと考えられる．この“追い越し”が起こるときに，一般には波数とエネルギーのやり取りが起こるはずであるが，１次元の場合，

$$k_1+k_2 = k_3+k_4 \tag{1-3-13a}$$

$$\varepsilon_{k_1}+\varepsilon_{k_2} = \varepsilon_{k_3}+\varepsilon_{k_4} \tag{1-3-13b}$$

を満たすk_3, k_4は，$(k_3, k_4)=(k_1, k_2)$または(k_2, k_1)に限られるので，(1-3-12)の形に書けるのである．それでは“追い越し”のときに起こるスピン波間の衝

突の効果は何に現われるかというと，「位相シフト」がそれである．衝突はスピン波が隣り同士になったときに起こるので，(1-3-11b)がそれを記述している．

そこで次に，$n_1 \leqq n_2 \leqq n_1+1$ の場合を考える．そのために，ここでトリックを導入する．(1-3-12)の $c_{n_1 n_2}$ は $n_1 < n_2$ に対してのみ定義されているが，$n_1 = n_2$ の場合にも拡張して $c_{n_1 n_1}$ をうまく定義し，(1-3-11b)が(1-3-11a)と同じ形をもつようにすると(1-3-12)はそのまま固有値問題の解となる．(1-3-11a)と(1-3-11b)を見比べると，$c_{n_1 n_1}$ を決めるための条件は

$$-J_z c_{n_1,\, n_1+1} + \frac{J_\perp}{2}(c_{n_1 n_1} + c_{n_1+1,\, n_1+1}) = 0 \qquad (1\text{-}3\text{-}14)$$

であることがわかる．この条件下で n_2, n_1 の制限なしに(1-3-11a)が成立し，(1-3-12)の $c_{n_1 n_2}$ は

$$\varepsilon = \varepsilon_{k_1} + \varepsilon_{k_2} \qquad (1\text{-}3\text{-}15)$$

の固有値をもつ固有状態を与える．このとき(1-3-14)は c_1 と c_2 に対する条件

$$-2J_z(c_1 e^{ik_2} + c_2 e^{ik_1}) + J_\perp(c_1 + c_2)(1 + e^{i(k_1+k_2)}) = 0 \qquad (1\text{-}3\text{-}16)$$

を与える．これを変形すると

$$\frac{c_1}{c_2} = -\frac{J_z e^{i\frac{k_1-k_2}{2}} - J_\perp \cos\dfrac{k_1+k_2}{2}}{J_z e^{-i\frac{k_1-k_2}{2}} - J_\perp \cos\dfrac{k_1+k_2}{2}} \qquad (1\text{-}3\text{-}17)$$

を得るが，右辺の分子と分母は，実数の k_1, k_2 に対しては複素共役の関係にあるので，$\left|\frac{c_1}{c_2}\right| = 1$ となる．そこで「位相シフト」ϕ を導入し，

$$c_1 = e^{i\phi/2}, \qquad c_2 = e^{-i\phi/2} \qquad (1\text{-}3\text{-}18)$$

と書く．すると(1-3-16)は

$$\cot\frac{\phi}{2} = \frac{J_z \sin\dfrac{k_1-k_2}{2}}{J_\perp \cos\dfrac{k_1+k_2}{2} - J_z \cos\dfrac{k_1-k_2}{2}} \qquad (1\text{-}3\text{-}19)$$

と書き直されて，これより ϕ を求めることができる．$|\phi| \leqq \pi$ とし，また $J_\perp = J_z$ のハイゼンベルク模型の場合を考えると，(1-3-19)は

$$\cot\frac{\phi}{2} = \frac{\sin\frac{k_1}{2}\cos\frac{k_2}{2}-\cos\frac{k_1}{2}\sin\frac{k_2}{2}}{-2\sin\frac{k_1}{2}\sin\frac{k_2}{2}}$$

$$= \frac{1}{2}\left(\cot\frac{k_1}{2}-\cot\frac{k_2}{2}\right) \qquad (1\text{-}3\text{-}20)$$

となる．ここで周期的境界条件

$$c_{n_1n_2} = c_{n_2,\, n_1+N} \qquad (1\text{-}3\text{-}21)$$

を課すと，(1-3-12)から

$$e^{i\phi/2} = e^{ik_1N-i\phi/2}, \qquad e^{-i\phi/2} = e^{ik_2N+i\phi/2} \qquad (1\text{-}3\text{-}22)$$

を得る．これより $m_1, m_2=0, 1, 2, \cdots, N-1$ として

$$k_1N = \phi+2\pi m_1 \qquad (1\text{-}3\text{-}23\text{a})$$

$$k_2N = -\phi+2\pi m_2 \qquad (1\text{-}3\text{-}23\text{b})$$

を得る．(1-3-7)の下で述べたスピン波1つの場合の波数 $k=\dfrac{2\pi m}{N}$ と比べて，(1-3-23)は $\pm\phi/N$ だけ位相がシフトしていることがわかる．これがスピン波間の相互作用を表わしている．

いま，m_1, m_2 を定めると(1-3-23)から k_1, k_2 が ϕ のみで書けるので，これを(1-3-20)に代入する．そうすると ϕ に対する方程式が得られるので，それを解けばよい．$\cot\dfrac{\phi}{2}$ の関数として ϕ を書くと図1-5のようになる．いま m_1 と m_2 を交換してもよいので，$m_1 \leqq m_2$ とする．k_2 を止めて，k_1 を0から k_2 まで動かすと，(1-3-20)の右辺は ∞ から0へと減少するので ϕ は0から π へと増加し，m_1 は0から m_2-1 へと変化する．$m_1=m_2-1$ のときには $\phi=\pi$ なので，$k_1=k_2=k$ となる．ところがこのとき，

$$c_{n_1n_2} = e^{i\phi/2+ik(n_1+n_2)}+e^{-i\phi/2+ik(n_1+n_2)}$$

$$= 2e^{ik(n_1+n_2)}\cos\frac{\phi}{2} = 0 \qquad (1\text{-}3\text{-}24)$$

となるので，解を与えないことがわかる．

一方，$m_1=0, 1, \cdots, m_2-2$ の m_2-1 個の値に対しては，有限の $c_{n_1n_2}$ を与えるので，これを採用してもよい．実数の波数 k_1, k_2 をもつこの解は全波数 $K=k_1+k_2$ の関数として励起エネルギーを書いたとき，連続的なスペクトルを与え

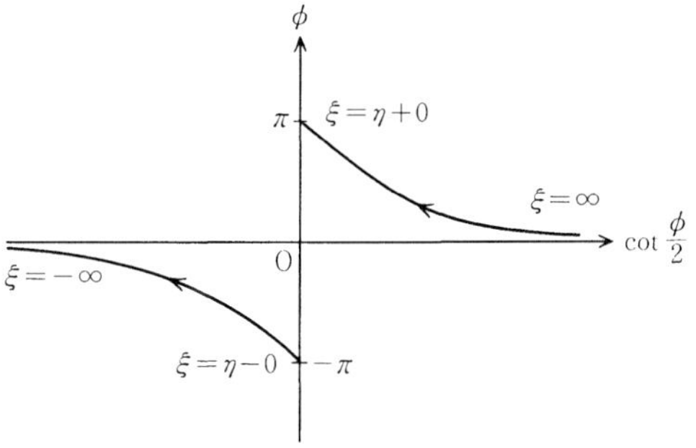

図 1-5 $\cot\dfrac{\phi}{2}$ の関数としての ϕ. ϕ の範囲は $[-\pi, \pi]$ に限った. ξ に関しては本文中(1-3-48)以降を参照.

る散乱解である. すなわち, $q=k_1-k_2$ とすると 2 スピン波の励起エネルギーは

$$\varepsilon(K, q) = \varepsilon_{\frac{K+q}{2}}+\varepsilon_{\frac{K-q}{2}} = 2|J_z|\left(1-\cos\frac{K}{2}\cos\frac{q}{2}\right) \tag{1-3-25}$$

となるので, 各 K に対して $4|J_z|\cos\dfrac{K}{2}$ の幅の連続スペクトルを与える.

それでは解はこれで尽きているのだろうか. それを見るために解の個数を数えてみよう. 上の散乱解の個数は,

$$N_s = \sum_{m_2=2}^{N-1}(m_2-1) = \frac{(N-1)(N-2)}{2} \tag{1-3-26}$$

であるが, 独立な解の数は

$$N_t = \sum_{m_2=1}^{N-1}m_2 = \frac{N(N-1)}{2} \tag{1-3-27}$$

だから, まだ $N_t-N_s=N-1$ 個の解が存在しているはずである. じつは, この解は 2 つのスピン波の束縛状態に対応している. 束縛状態の存在は $|J_z|\gg|J_\perp|$ の極限では自明であろう. ↑ スピンを 2 つ並べた方が J_z 項のエネルギーコストを半分にできるからである.

しかし $|J_z|=J_\perp$ のハイゼンベルク模型の場合には自明ではない. 束縛状態は 2 つの ↑ スピン間の距離とともに波動関数が減衰するはずだから, k_1-k_2 が純虚数であることが期待される. 一方, 重心運動は平面波であろうから $K=k_1$

$+k_2$ は実数のままである．そこで u と v を実数として

$$\begin{aligned} k_1 &= u+iv \\ k_2 &= u-iv \end{aligned} \tag{1-3-28}$$

と置いてみよう．すると(1-3-23)は

$$\begin{aligned} u &= \frac{\pi}{N}(m_1+m_2) \\ \phi &= \pi(m_2-m_1)+iNv \end{aligned} \tag{1-3-29}$$

となる．(1-3-29)を(1-3-17)に代入すると($J_z=J_\perp$ として)，

$$e^{i\pi(m_2-m_1)}e^{-Nv} = -\frac{\cos u-e^{-v}}{\cos u-e^{v}} \tag{1-3-30}$$

となる．いま v を有限として $N\to\infty$ の極限をとると

$$e^{-v} = \cos u$$

となり，この式が $u=K/2$ を定めたときの v を定める．v は(1-3-28)を(1-3-12)に代入すればわかるように，相対座標 n_1-n_2 の局在長の逆数である．この束縛状態のエネルギーは

$$\begin{aligned} \varepsilon_{\mathrm{B}}(K) &= 2|J_z|-|J_z|\{\cos(u+iv)+\cos(u-iv)\} \\ &= 2|J_z|(1-\cos u\cosh v) \\ &= 2|J_z|\left(1-\frac{\cos^2 u+1}{2}\right) = |J_z|\left(1-\cos^2\frac{K}{2}\right) \\ &= \frac{1}{2}|J_z|(1-\cos K) \end{aligned} \tag{1-3-31}$$

と求まる．

以上，強磁性体のスピン波を考えてきたが，次に反強磁性的ハイゼンベルク模型($J_z=J_\perp=J>0$)の基底状態と励起状態を考える．この場合，基底状態でも $r=N/2$ 個の多数のスピンが ↑ を向いている．つまり $S^z_{\mathrm{tot}}=0$ の部分空間に解が存在するのである．

$$\Psi = \sum_{n_1<n_2<\cdots<n_r} c_{n_1n_2\cdots n_r}\Phi_{n_1n_2\cdots n_r} \qquad \left(r=\frac{N}{2}\right) \tag{1-3-32}$$

さらに，$c_{n_1n_2\cdots n_r}$ として**ベーテ仮説**と呼ばれる次の形を試してみよう．

$$c_{n_1n_2\cdots n_r} = \sum_P \exp\left[i\left(\sum_{j=1}^{r}k_{P_j}n_j+\frac{1}{2}\sum_{j<l}\phi_{P_j,\,P_l}\right)\right] \tag{1-3-33}$$

ここで P は1から r までの数字を置換する演算子であり $\phi_{j,l}$ は位相シフトで $\phi_{j,l}=-\phi_{l,j}$ とする．また，$c_{n_1n_2\cdots n_r}$ は周期的境界条件

$$c_{n_1n_2\cdots n_r}=c_{n_2n_3\cdots n_r,\,n_1+N} \tag{1-3-34}$$

を満たすとする．(1-3-33)の形は(1-3-12)の一般化であり，↑ スピン間の散乱が起こったとき，$k_1k_2\cdots k_r$ の波数の組み換えだけが起こって新しい波数が生じないこと，また多数個の間の散乱でも2体の散乱振幅の積で書けることを仮定しているのである．実際に H を(1-3-32)の Ψ に作用させると，(1-3-32)を導いたのと同じトリックを用いて

$$2c_{n_1,\cdots,n_k,n_k+1,\cdots,n_r}=c_{n_1,\cdots,n_k,n_k,\cdots,n_r}+c_{n_1,\cdots,n_k+1,n_k+1,\cdots,n_r} \tag{1-3-35}$$

が成立していれば，

$$H\Psi=E\Psi \tag{1-3-36}$$

が示せる．このとき，エネルギー固有値は

$$E=-\frac{NJ}{4}+J\sum_{j=1}^{r}\cos k_j=\frac{NJ}{4}-J\sum_{j=1}^{r}(1-\cos k_j) \tag{1-3-37}$$

で与えられる．(1-3-20)の導出と同様の計算により，(1-3-35)から

$$\cot\frac{\phi_{j,l}}{2}=\frac{1}{2}\left(\cot\frac{k_j}{2}-\cot\frac{k_l}{2}\right) \tag{1-3-38}$$

が導ける．

一方，周期的境界条件(1-3-34)の右辺は

$$\begin{aligned}c_{n_2n_3\cdots n_r,\,n_1+N}&=\sum_{P}\exp\left[i\sum_{j=1}^{r}k_{P_j}n_{j+1}+ik_{P_r}(n_1+N)+\frac{i}{2}\sum_{j<l}\phi_{P_j,P_l}\right]\\&=\sum_{P'}\exp\left[i\sum_{j=2}^{r-1}k_{P'_{j-1}}n_j+ik_{P'_r}(n_1+N)+\frac{i}{2}\sum_{j<l}\phi_{P'_j,P'_l}\right]\end{aligned} \tag{1-3-39}$$

となる．ここで P のかわりに P' に関する和としておく．(1-3-34)式の左辺は(1-3-33)であるから，そこの P に関する和と，(1-3-39)の最右辺に現われる P' に関する和は，

$$\begin{aligned}P'_{j-1}&=P_j\qquad(r\geqq j\geqq 2)\\P'_r&=P_1\end{aligned} \tag{1-3-40}$$

と対応して各項が等しくなければならない．そこで

$$Nk_{P'_r}+\frac{1}{2}\sum_{j<l}\phi_{P'_j,\,P'_l}-\frac{1}{2}\sum_{j<l}\phi_{P_j,\,P_l}=2\pi m_{P'_r} \tag{1-3-41}$$

という条件が得られる．

この式の左辺をもう少しくわしく見てみよう．

$$Nk_{P_1}+\frac{1}{2}\sum_{j<l\leqq r-1}\phi_{P_{j+1},\,P_{l+1}}+\frac{1}{2}\sum_{j=1}^{r-1}\phi_{P_{j+1},\,P_1}-\frac{1}{2}\sum_{2\leqq j<l}\phi_{P_j,\,P_l}-\frac{1}{2}\sum_{l=2}^{r}\phi_{P_1,\,P_l}$$

$$=Nk_{P_1}-\sum_{l=2}^{r}\phi_{P_1,\,P_l}=2\pi m_{P_1} \tag{1-3-42}$$

ここで P_1 は動き得るので，(1-3-42)は

$$Nk_j=\sum_{l\neq j}\phi_{j,l}+2\pi m_j \tag{1-3-43}$$

と書ける．この式が意味するところは明白である．粒子がリングを1回りするとき他のすべての粒子と衝突し，そのたびに位相シフトを受けてその総和が右辺の第1項であると読める．

さて，状態は整数の組 $\{m_j\}$ を指定すれば定まるのであるが，基底状態に対応するのは1つおきに m_j を配した

$$\{m_j\}=\{1,3,5,7,\cdots,N-1\} \tag{1-3-44}$$

である．なぜなら先の2つの強磁性スピン波理論で見たように，隣り合った m は束縛状態に対応するからである．つまり，反強磁性的相互作用の場合は，↑スピンが隣にくる反束縛状態はエネルギーが高くなってしまうのである．

さて，$N\to\infty$ の熱力学極限を考えて連続変数 x, y を(1-3-43)に導入する．

$$x=\frac{2j-1}{N},\qquad y=\frac{2l-1}{N} \tag{1-3-45}$$

$m_j=2j-1$ であることに注意し，(1-3-43)の両辺を N でわると，

$$k(x)=2\pi x+\frac{1}{2}\int_0^1 dy\phi(k(x),k(y)) \tag{1-3-46}$$

となる．ここで $\phi(k(x),k(y))$ は(1-3-38)より

$$\cot\frac{\phi(k(x),k(y))}{2}=\frac{1}{2}\left(\cot\frac{k(x)}{2}-\cot\frac{k(y)}{2}\right) \tag{1-3-47}$$

で与えられ，エネルギーは(1-3-37)より

$$E = \frac{NJ}{4} - J\sum_{j=1}^{N/2}[1-\cos k_j]$$
$$= \frac{NJ}{4} - \frac{JN}{2}\int_0^1 dx[1-\cos k(x)] \qquad (1\text{-}3\text{-}48)$$

と求まる．

ここで $\xi = \cot\frac{k(x)}{2}$ とすると，$k(0)=0$ には $\xi=+\infty$ が対応し，$k(1)=2\pi$ には $\xi=-\infty$ が対応する．これに対して(1-3-47)と図1-5より $\phi(k(x), k(y)) = \phi(\xi, \eta)$ $\left(\eta \equiv \cot\frac{k(y)}{2}\right)$ の変化は，$\xi=+\infty$ で $\phi(\xi,\eta)=+0$，$\xi=\eta+0$ で $\phi(\xi,\eta)=\pi$，$\xi=\eta-0$ で $\phi(\xi,\eta)=-\pi$，$\xi=-\infty$ で $\phi(\xi,\eta)=-0$ となる．これより(1-3-46)を

$$k(x) = 2\pi x + \int_0^1 \cot^{-1}\frac{\xi(x)-\eta(y)}{2}dy \qquad (1\text{-}3\text{-}49)$$

と書いたとき，$\cot^{-1}\frac{\xi-\eta}{2}$ は $\xi=\eta$ で π から $-\pi$ への飛びをもつ．そこで(1-3-49)の両辺を x で微分すると

$$\frac{dk(x)}{dx} = 2\pi + \int_{+\infty}^{-\infty}\left[\frac{-1}{1+(\xi-\eta)^2/4} + 2\pi\delta(\xi-\eta)\right]\frac{1}{2}\frac{d\xi}{dx}\frac{dy}{d\eta}d\eta$$
$$= \pi + \int_{-\infty}^{+\infty}\frac{2}{4+(\xi-\eta)^2}\frac{dy}{d\eta}d\eta\cdot\frac{d\xi}{dx} \qquad (1\text{-}3\text{-}50)$$

ここで

$$\frac{d\xi}{dx} = -\frac{1}{g(\xi)} \qquad (1\text{-}3\text{-}51)$$

なる関数を導入すると，

$$\frac{d\xi(x)}{dx} = \frac{d}{dx}\left[\cot\frac{k(x)}{2}\right] = -\frac{1}{2}\frac{1}{\sin^2\frac{k(x)}{2}}\frac{dk(x)}{dx}$$
$$= -\frac{1}{2}\left(1+\cot^2\frac{k(x)}{2}\right)\frac{dk(x)}{dx} = -\frac{1}{2}(1+\xi(x)^2)\frac{dk(x)}{dx}$$

より，

$$\frac{dk(x)}{dx} = -\frac{2}{1+\xi^2}\frac{d\xi}{dx} = \frac{2}{1+\xi^2}\frac{1}{g(\xi)}$$

を得る．すると(1-3-50)は

$$\frac{2}{1+\xi^2} = \pi g(\xi) + 2\int_{-\infty}^{\infty} \frac{g(\eta)}{4+(\xi-\eta)^2} d\eta \tag{1-3-52}$$

と書き直せる．フーリエ変換

$$G(u) = \int_{-\infty}^{\infty} g(\xi) e^{i\xi u} d\xi \tag{1-3-53}$$

を導入すると，(1-3-52)から

$$G(u) = \frac{1}{\cosh u} \tag{1-3-54}$$

と求まる．

これからエネルギーを計算してみよう．(1-3-48)より

$$\begin{aligned} E - \frac{NJ}{4} &= -\frac{JN}{2}\int_0^1 dx(1-\cos k(x)) = -JN\int_0^1 dx \sin^2\frac{k(x)}{2} \\ &= -JN\int_{+\infty}^{-\infty} \frac{1}{1+\cot^2\dfrac{k(x)}{2}} \frac{dx}{d\xi} d\xi = -JN\int_{-\infty}^{\infty} \frac{g(\xi)}{1+\xi^2} d\xi \\ &= -JN\int_{-\infty}^{\infty} \frac{d\xi}{2\pi}\int_{-\infty}^{\infty} du \frac{e^{-i\xi u}}{1+\xi^2} G(u) \\ &= -\frac{JN}{2}\int_{-\infty}^{\infty} du \frac{e^{-|u|}}{\cosh u} = -JN \ln 2 \end{aligned} \tag{1-3-55}$$

を得る．

以上が基底状態のベーテ仮説による議論であるが，次に，低エネルギー励起を考えてみよう．こんどは(1-3-44)の $\{m_j\}$ の選び方からすこし変更して，

$$\{m_j\} = \{0, 2, 4, \cdots, (2n-2), (2n+1), \cdots, (N-1)\} \tag{1-3-56}$$

と前半の n 個の m_j を1だけ小さくした組を考えよう．このとき，全運動量は

$$K = \sum_j k_j = \frac{2\pi}{N}\sum_j m_j \tag{1-3-57}$$

で与えられることになるが，基底状態から測った差を q とすると

$$q = \frac{2\pi}{N}\sum_{j=1}^{n}[(2j-2)-(2j-1)] = -\frac{2\pi n}{N} \tag{1-3-58}$$

となる．連続体近似を導入して $x=(2j-1)/N$ とし，$\lambda(x)$ を

$$\lambda(x) = x - \frac{1}{N}\theta\left(\frac{|q|}{\pi} - x\right) \tag{1-3-59}$$

で導入する．右辺第2項は，n 個の m_j の左へのシフトに対応する．すると(1-3-49)のかわりに

$$k(x) = 2\pi\lambda(x) + \int_0^1 \cot^{-1}\frac{\xi-\eta}{2}dy \tag{1-3-60}$$

が得られ，(1-3-52)のかわりに

$$\frac{2}{1+\xi^2} - \frac{2\pi}{N}\delta(\xi-\xi_0) = \pi g(\xi) + 2\int_{-\infty}^{\infty}\frac{g(\eta)}{4+(\xi-\eta)^2}d\eta \tag{1-3-61}$$

が得られる．ただし，$\xi_0 = \cot\frac{1}{2}k\left(\frac{|q|}{\pi}\right)$ である．

この左辺の $O\left(\frac{1}{N}\right)$ のオーダーの補正は $g(\xi)$ および $G(u)$ にも同じオーダーの補正を与え，エネルギーには $O(1)$ のオーダーの励起エネルギーを加える．これを評価しよう．(1-3-61)から，フーリエ変換 $G(u)$ は

$$G(u) = \frac{1}{\cosh u} - \frac{2}{N}\frac{e^{iu\xi_0}}{1+e^{-2|u|}} \tag{1-3-62}$$

と求まる．これから

$$\begin{aligned}\varDelta E &= -NJ\int_{-\infty}^{\infty}\frac{\varDelta g(\xi)}{1+\xi^2}d\xi = +\frac{J}{2}\int_{-\infty}^{\infty}du\frac{e^{iu\xi_0}}{\cosh u}\\ &= \frac{\pi J/2}{\cosh(\pi\xi_0/2)}\end{aligned} \tag{1-3-63}$$

を得る．後は ξ_0 と q の関係をつける仕事が残っているだけである．(1-3-51)式から

$$x(\xi_0) - x(-\infty) = -\int_{-\infty}^{\xi_0} g(\xi)d\xi \tag{1-3-64}$$

であるが，(1-3-54)の右辺第1項に対応する補正なしの $g(\xi)$ で計算して十分である．(1-3-54)のフーリエ変換を実行すると

$$g(\xi) = \frac{1}{2\cosh\frac{\pi\xi}{2}} \tag{1-3-65}$$

を得，また $x(\xi=-\infty)=1$ から

$$x(\xi_0) = 1 - \int_{-\infty}^{\xi_0}\frac{d\xi}{2\cosh\frac{\pi\xi}{2}} = 1 - \int_{-\infty}^{y_0}\frac{dy}{\pi(1+y^2)}$$

$$= \frac{1}{\pi}\cot^{-1}\left(\sinh\frac{\pi\xi_0}{2}\right) \tag{1-3-66}$$

を得る．ここで $y=\sinh\dfrac{\pi\xi}{2}$ の変数変換を用い，また $\xi_0\to-\infty$ に対して $\cot^{-1}(-\infty)=-0$ の境界条件を用いた．

$$x(\xi_0) = \frac{|q|}{\pi} = \frac{1}{\pi}\cot^{-1}\left(\sinh\frac{\pi\xi_0}{2}\right) \tag{1-3-67}$$

の両辺の cot をとると

$$\cot|q| = \sinh\frac{\pi\xi_0}{2} \tag{1-3-68}$$

なので，これから

$$\cosh\frac{\pi\xi_0}{2} = \sqrt{1+\left(\sinh\frac{\pi\xi_0}{2}\right)^2} = \sqrt{1+\cot^2|q|} = \frac{1}{\sin|q|}$$

となる．

以上をまとめると，

$$\Delta E = \frac{\pi J}{2}|\sin q| \tag{1-3-69}$$

となり，これが**デクラゾ-ピアソン**(des Cloiseaux-Pearson)**モード**と呼ばれる励起の分散を与える．これはあたかも，反強磁性長距離秩序が存在したときのスピン波励起のような振舞をしている．すなわち，$q=0$ 近傍と $q=\pi$ 近傍で線形の分散を示し，$q=\pm\dfrac{\pi}{2}$ でブリュアンゾーンを折り返したような形となっている．しかし，実際には長距離秩序はなく，周期性の破れも起こっていないことに注意しなければならない．(1-3-69)はスピン波の分散というよりは図1-2および図1-4の連続スペクトルの下端と対応するものである．図1-2より出発して $J_\perp$ を大きくしてゆくと斜線部が太ってゆき，$|J_\perp|=J_z$ のときに下端が $q=0$ と $q=\pm\pi$ でエネルギー0につく．その後は $|J_\perp|/J_z\to\infty$ まで図1-4と同様の励起スペクトルとなる．

2
1+1 次元における場の理論

1 次元の量子多体問題を扱うための強力な理論的手法がいくつか存在している．この章では前章で調べた 1 次元量子スピン系を例にとり，場の理論による解析について述べる．

2-1 ボゾン化法

この章では，前章の 1-2 節で導いた相互作用しているフェルミオン模型について考えよう．相互作用している 1 次元の多粒子系は，**朝永-ラッティンジャー流体**と呼ばれる量子流体として記述されるが，XXZ 模型はその 1 例である．

まず，(1-2-11)のハミルトニアンの連続体近似を導入する．J_z が $J_\perp$ に比べて小さいときは，フェルミオンの運動エネルギーが支配的であるから，相互作用は弱い摂動として扱えるだろうと単純には予想される．これは厳密には正しくないのだが，いずれにせよ $J_\perp$ で作られた(1-2-18)のバンド構造で J_z は粒子-正孔対を作り出し，この中でフェルミ面近傍の状態を使った低エネルギーの粒子-正孔対が重要となるだろう．

そこで，$k=\pm k_{\mathrm{F}}=\pm\pi/2$ 近傍の分散を線形化し，2 本のフェルミオン分散で置き換える．するとフェルミオンの消滅演算子 f_n は

$$f_n = R(x_n)\,e^{ik_{\mathrm{F}}x_n}+L(x_n)\,e^{-ik_{\mathrm{F}}x_n} \qquad (2\text{-}1\text{-}1)$$

と書ける．ここで $x_n=n$ であるが，$R(x)$ や $L(x)$ は格子間隔 $a=1$ の範囲ではほとんど変化しない長波長成分のみを含むので，以降 x を連続変数として扱う．このとき(1-2-11)のハミルトニアンは

$$H_{XY} = -J_{\perp}\int dx\bar{\psi}i\gamma_1\partial_x\psi \tag{2-1-2}$$

とコンパクトに書ける．

ここでいくつかの記号を導入した．まず ψ は2成分のスピノールで

$$\psi(x) = \begin{pmatrix} R(x) \\ L(x) \end{pmatrix} \tag{2-1-3}$$

で定義される．一方の $\bar{\psi}$ は

$$\bar{\psi}(x) = (L^{\dagger}(x), R^{\dagger}(x)) \tag{2-1-4}$$

で定義される．(2-1-3)と(2-1-4)で R と L の並びが逆になっていることに注意されたい．次に1+1次元でのディラック行列 γ_μ を

$$\gamma_0 = \sigma_x = \begin{bmatrix} 0 & 1 \\ 1 & 0 \end{bmatrix} \tag{2-1-5a}$$

$$\gamma_1 = -i\sigma_2 = \begin{bmatrix} 0 & -1 \\ 1 & 0 \end{bmatrix} \tag{2-1-5b}$$

$$\gamma_5 = \gamma_0\gamma_1 = \sigma_3 = \begin{bmatrix} 1 & 0 \\ 0 & -1 \end{bmatrix} \tag{2-1-5c}$$

で導入した．これより $\bar{\psi}=\psi^{\dagger}\gamma_0$ と書け，

$$\begin{aligned}\bar{\psi}i\gamma_1\partial_x\psi &= (L^{\dagger}, R^{\dagger})\begin{pmatrix} 0 & -i \\ i & 0 \end{pmatrix}\begin{pmatrix} \partial_x R \\ \partial_x L \end{pmatrix} \\ &= i(R^{\dagger}\partial_x R - L^{\dagger}\partial_x L)\end{aligned} \tag{2-1-6}$$

となる．これをフーリエ変換すれば(2-1-2)は

$$H_{XY} = \sum_k J_{\perp}k(R^{\dagger}(k)R(k) - L^{\dagger}(k)L(k)) \tag{2-1-7}$$

となることは明らかである．J_z 項は(2-1-1)より

$$\begin{aligned}f_n^{\dagger}f_n &= [R^{\dagger}(x_n)R(x_n) + L^{\dagger}(x_n)L(x_n)] \\ &\quad + e^{2ik_{\mathrm{F}}x_n}[R^{\dagger}(x_n)L(x_n) + L^{\dagger}(x_n)R(x_n)]\end{aligned} \tag{2-1-8}$$

となるが，$e^{2ik_{\mathrm{F}}x_n}=(-1)^n$ であることから，右辺第1項は一様成分，第2項は

交番成分に対応することがわかる．

ここで**正規積**(normal product)というものを導入する．一般にフェルミオンの演算子 $f_k, f_k^\dagger$ があって，$|k|<k_F$ は占拠され $|k|>k_F$ は占拠されていないとする．このようなフェルミ面まで詰まった状態を $|F\rangle$ と書くことにすると，例えば $f_{k_1}^\dagger f_{k_2}$ の正規積 $:f_{k_1}^\dagger f_{k_2}:$ を

$$:f_{k_1}^\dagger f_{k_2}: = \begin{cases} f_{k_1}^\dagger f_{k_2} & (|k_2|>k_F) \\ -f_{k_2} f_{k_1}^\dagger & (|k_2|<k_F) \end{cases} \tag{2-1-9}$$

で定義する．つまり $|F\rangle$ に作用したときに0を与える演算子を，そうでない演算子の右側へ順序入れ換えを行ない，その際にはフェルミオンの反交換関係に従うというのが一般規則である．(2-1-9)は

$$:f_{k_1}^\dagger f_{k_2}: = f_{k_1}^\dagger f_{k_2} - \langle F|f_{k_1}^\dagger f_{k_2}|F\rangle \tag{2-1-10}$$

と書くこともできる．

これを(2-1-8)の $f_n^\dagger f_n$ に適用すると，$\langle F|f_n^\dagger f_n|F\rangle = 1/2$ だから

$$\begin{aligned} f_n^\dagger f_n - \frac{1}{2} &= :f_n^\dagger f_n: \\ &= [:R^\dagger(x_n)R(x_n): + :L^\dagger(x_n)L(x_n):] \\ &\quad + e^{i\pi n}[:R^\dagger(x_n)L(x_n): + :L^\dagger(x_n)R(x_n):] \end{aligned} \tag{2-1-11}$$

ここで連続体近似における微妙かつ重要な点について述べておこう．図1-3のように $R, R^\dagger$ や $L, L^\dagger$ の分散は $k=-\infty$ から $k=+\infty$ まで続いているとすると，例えば

$$\begin{aligned} \langle F|R^\dagger(x)R(x)|F\rangle &= \frac{1}{L}\sum_k \langle F|R^\dagger(k)R(k)|F\rangle \\ &= \frac{1}{L}\sum_{k<0} 1 \end{aligned} \tag{2-1-12}$$

となり発散してしまう．だから $R^\dagger(x)R(x)$ や $L^\dagger(x)L(x)$ を直接扱うと無限大の量を扱うことになり，不都合である．したがって，(2-1-11)に現われた正規積

$$\rho_R(x) = :R^\dagger(x)R(x): \tag{2-1-13a}$$

$$\rho_L(x) = :L^\dagger(x)L(x): \tag{2-1-13b}$$

を扱う．これらは $|F\rangle$ 状態から測った右向き，左向きのフェルミオンの密度

の揺らぎを記述しているのである．

さて，以上の注意を心に留めていただいて，以降必要がない限り：：の記号を省略することにする．ボゾン化法の基本的なアイディアは，(2-1-13)式の密度ゆらぎの演算子(これはフェルミオンの演算子の積だからボゾンの演算子となる)を用いてフェルミオン系を記述しようというものである．系全体の密度を $\rho(x)$，カレント密度を $j(x)$ とすると，

$$\rho(x)=\rho_{\mathrm{R}}(x)+\rho_{\mathrm{L}}(x) \tag{2-1-14a}$$

$$j(x)=\rho_{\mathrm{R}}(x)-\rho_{\mathrm{L}}(x) \tag{2-1-14b}$$

となる．$\rho_{\mathrm{R}}(x), \rho_{\mathrm{L}}(x)$ のもう1つの解釈はフェルミ点のシフトである．$\rho_{\mathrm{R}}(x)$, $\rho_{\mathrm{L}}(x)$ の空間依存性は $k_{\mathrm{F}}{}^{-1}$ の範囲では無視できるから，点 x のまわりで右向き，および左向きのフェルミ波数 $k_{\mathrm{F}}^{\mathrm{R}}(x), k_{\mathrm{F}}^{\mathrm{L}}(x)$ がそれぞれ，

$$k_{\mathrm{F}}^{\mathrm{R}}(x)=k_{\mathrm{F}}+2\pi\rho_{\mathrm{R}}(x) \tag{2-1-15a}$$

$$k_{\mathrm{F}}^{\mathrm{L}}(x)=-k_{\mathrm{F}}-2\pi\rho_{\mathrm{L}}(x) \tag{2-1-15b}$$

とシフトすると考えられる．つまり $\rho_{\mathrm{R}}(x), \rho_{\mathrm{L}}(x)$ は「フェルミ球」の空間に依存した変形を表現しており，1次元では2つのフェルミ点しか存在しないことを考えると，その変形はすべて集団励起モードで尽くされているはずである．このことが1次元のボゾン化の本質であり，後に高次元系のボゾン化の議論をする際に，もういちどこの点が重要となる．

さてそこで，演算子としての $\rho_{\mathrm{R}}(x), \rho_{\mathrm{L}}(x)$ の性質をしらべよう．その基本となるのは交換関係であるが，一見すると ρ_{R} 同士，ρ_{L} 同士は可換であるように思うかもしれない．ところが，上に述べたように，分散が $-\infty$ から ∞ まで広がり底が抜けていることから，そうではなくなるのである．$p, p'>0$ として $\rho_{\mathrm{R}}(-p)$ と $\rho_{\mathrm{R}}(p')$ の交換関係を作ってみよう．

$$\begin{aligned}[\rho_{\mathrm{R}}(-p), \rho_{\mathrm{R}}(p')] &= \frac{1}{L}\left[\sum_{k} R^{\dagger}(k+p)R(k), \sum_{k'} R^{\dagger}(k')R(k'+p')\right] \\ &= \frac{1}{L}\sum_{k, k'}\{\delta_{kk'}R^{\dagger}(k+p)R(k'+p')-\delta_{k+p, k'+p'}R^{\dagger}(k')R(k)\} \\ &= \frac{1}{L}\sum_{k}\{R^{\dagger}(k+p)R(k+p')-R^{\dagger}(k+p-p')R(k)\}\end{aligned} \tag{2-1-16}$$

この右辺はふたたび演算子であるが，これを

$$R^\dagger(k+p)R(k+p') = :R^\dagger(k+p)R(k+p'): + \delta_{p,p'}n^{\mathrm{R}}_{k+p}$$

のように正規積と $n^{\mathrm{R}}_k = \langle F|R^\dagger(k)R(k)|F\rangle$ に分けて書く．すると正規積の部分は第2項で $k \to k+p'$ の変数変換をすると第1項と相殺する．その結果

$$[\rho_{\mathrm{R}}(-p), \rho_{\mathrm{R}}(p')] = \delta_{pp'}\frac{1}{L}\sum_k [n^{\mathrm{R}}_{k+p} - n^{\mathrm{R}}_k] \tag{2-1-17}$$

となる．ここで「底が抜けている」ことは

$$n^{\mathrm{R}}_k = \begin{cases} 0 & (k>0) \\ 1 & (k<0) \end{cases} \tag{2-1-18}$$

と表現されるので，(2-1-17)は

$$[\rho_{\mathrm{R}}(-p), \rho_{\mathrm{R}}(p')] = -\frac{p}{2\pi}\delta_{pp'} \tag{2-1-19a}$$

となる．同様に

$$[\rho_{\mathrm{L}}(-p), \rho_{\mathrm{L}}(p')] = \frac{p}{2\pi}\delta_{pp'} \tag{2-1-19b}$$

これらの関係式は実空間表示で

$$\begin{aligned}
[\rho_{\mathrm{R}}(x), \rho_{\mathrm{R}}(x')] &= \frac{1}{L}\sum_{p,p'} e^{-ipx+ip'x'}[\rho_{\mathrm{R}}(-p), \rho_{\mathrm{R}}(p')] \\
&= \frac{1}{L}\sum_{p>0} e^{-ip(x-x')}\left(-\frac{p}{2\pi}\right) + \frac{1}{L}\sum_{p>0} e^{ip(x-x')}\frac{p}{2\pi} \\
&= \frac{1}{L}\sum_p \left(-\frac{p}{2\pi}\right)e^{-ip(x-x')} = -\frac{i}{2\pi}\partial_x\delta(x-x')
\end{aligned} \tag{2-1-20a}$$

および

$$[\rho_{\mathrm{L}}(x), \rho_{\mathrm{L}}(x')] = \frac{i}{2\pi}\partial_x\delta(x-x') \tag{2-1-20b}$$

となる．ここで右辺に x 微分が現われることに注意して欲しい．

そこで $\rho_{\mathrm{R,L}}(x)$ を x で積分した位相 $\phi_{\mathrm{R,L}}(x)$ というものを導入しよう．

$$\rho_{\mathrm{R}}(x) = \partial_x\phi_{\mathrm{R}}(x)/2\pi \tag{2-1-21a}$$

$$\rho_{\mathrm{L}}(x) = \partial_x\phi_{\mathrm{L}}(x)/2\pi \tag{2-1-21b}$$

もっと具体的には

$$\phi_R(x) = \frac{2\pi}{\sqrt{L}} \sum_{p>0} e^{-\alpha p/2} \frac{1}{ip} \{ e^{ipx} \rho_R(p) - e^{-ipx} \rho_R(-p) \}$$
$$\equiv \phi_R^-(x) + \phi_R^+(x) \tag{2-1-22a}$$
$$\phi_L(x) = \frac{2\pi}{\sqrt{L}} \sum_{p>0} e^{-\alpha p/2} \frac{1}{ip} \{ e^{ipx} \rho_L(p) - e^{-ipx} \rho_L(-p) \}$$
$$\equiv \phi_L^+(x) + \phi_L^-(x) \tag{2-1-22b}$$

と書ける．ここで α はカットオフであり $\alpha \sim 1$ である．

ここで，フェルミオン系の基底状態 $|F\rangle$ に対応するボゾン ρ_R, ρ_L の真空 $|0\rangle$ を定義できる．(2-1-19)において $p>0$ としているために，交換関係の右辺の符号は定まっていることに注意して欲しい．以下 ρ_R, ρ_L をボゾンの生成，消滅演算子 $b^\dagger, b$ で表現しよう．いま，(2-1-19)から，$p>0$ として

$$\rho_R(p) = \sqrt{\frac{p}{2\pi}} b_{1,p}, \quad \rho_R(-p) = \sqrt{\frac{p}{2\pi}} b_{1,p}^\dagger \tag{2-1-23a}$$
$$\rho_L(p) = \sqrt{\frac{p}{2\pi}} b_{2,-p}^\dagger, \quad \rho_L(-p) = \sqrt{\frac{p}{2\pi}} b_{2,-p} \tag{2-1-23b}$$

ただし $b^\dagger, b$ は交換関係 $[b_{i,p}, b_{j,p'}^\dagger] = \delta_{ij}\delta_{pp'}$ を満たす．そして真空 $|0\rangle$ は

$$\phi_R^-(x)|0\rangle = \phi_L^-(x)|0\rangle = 0$$

で定義される．この ϕ_R と ϕ_L から

$$\theta_+(x) = \phi_R(x) + \phi_L(x) \tag{2-1-24a}$$
$$\theta_-(x) = \phi_R(x) - \phi_L(x) \tag{2-1-24b}$$

を定義すると，(2-1-14)と(2-1-21)から

$$\rho(x) = \partial_x \theta_+(x)/2\pi \tag{2-1-25a}$$
$$j(x) = \partial_x \theta_-(x)/2\pi \tag{2-1-25b}$$

を得る．

次に交換関係を作ってみよう．

$$[\theta_\pm(x), \theta_\pm(x')] = [\phi_R(x), \phi_R(x')] + [\phi_L(x), \phi_L(x')]$$
$$= 0 \tag{2-1-26a}$$
$$[\theta_+(x), \theta_-(x')] = [\phi_R(x), \phi_R(x')] - [\phi_L(x), \phi_L(x')]$$
$$= +2\pi i \,\mathrm{sgn}(x-x') \tag{2-1-26b}$$

となる．ここで(2-1-22a)より

$$-[\phi_{\rm R}(x),\phi_{\rm R}(x')]=\sum_{p>0}e^{-\alpha p}\frac{2\pi}{pL}(-e^{ip(x-x')}+e^{-ip(x-x')})$$

$$=-2i\int_0^\infty dp\frac{e^{-\alpha p}\sin p(x-x')}{p} \tag{2-1-27}$$

となるが，この積分は $\alpha\to0$ でも収束し，$-i\pi\,\mathrm{sgn}(x-x')$ となることを使った．これより θ_+ と θ_- は互いにカノニカル共役関係であることがわかるが，

$$\pi(x)=-\frac{1}{4\pi}\partial_x\theta_-(x) \tag{2-1-28}$$

を定義すると，(2-1-26b)は

$$[\theta_+(x),\pi(x')]=i\delta(x-x') \tag{2-1-29}$$

となるので，π は θ_+ に対する「運動量」であることがわかる．

このように $\theta_\pm$，あるいは $\phi_{\rm R,L}$ を定義したとき，フェルミオンの演算子もこれらを用いて書くことができる．その形は

$$R(x)=\frac{1}{\sqrt{2\pi\alpha}}\eta_1e^{i\phi_{\rm R}(x)} \tag{2-1-30a}$$

$$L(x)=\frac{1}{\sqrt{2\pi\alpha}}\eta_2e^{-i\phi_{\rm L}(x)} \tag{2-1-30b}$$

である．ここで η_1,η_2 はマヨラナフェルミオンと呼ばれる実フェルミオンの演算子 ($\eta_i^\dagger=\eta_i$) で，反交換関係 $\{\eta_i,\eta_j\}=2\delta_{ij}$ を満たす．この演算子は，いままでの議論には含まれていなかった波数 $p=0$ の「ゼロモード」に関連しており，後述の(2-2-79)で Q や P を指数関数の肩に乗せたものである．このマヨラナフェルミオンは $R^\dagger,R$ と $L^\dagger,L$ の間の反交換関係をもたらす．以下は厳密な証明ではないが，(2-1-30)にたいするいくつかの状況証拠を挙げよう．

［1］ $\langle F|R^\dagger(x)R(x')|F\rangle$ を正しく再現すること

フェルミオンの演算子で計算すると

$$\langle F|R^\dagger(x)R(x')|F\rangle=\frac{1}{L}\sum_k e^{-ik(x-x')}\langle F|R^\dagger(k)R(k)|F\rangle$$

$$=\frac{1}{L}\sum_k e^{-ik(x-x')}n_k^{\rm R}=\frac{1}{L}\sum_{k<0}e^{-ik(x-x')}$$

$$=\frac{1}{2\pi}\int_{-\infty}^0dke^{[\varepsilon-i(x-x')]k}$$

$$= \frac{1}{2\pi} \frac{1}{\varepsilon - i(x-x')} \tag{2-1-31}$$

となる．ここで無限小のカットオフ $\varepsilon>0$ を導入した．一方，ボゾンを用いた表式(2-1-30a)からは

$$\langle 0|R^\dagger(x)R(x')|0\rangle = \frac{1}{2\pi\alpha} \langle 0| e^{-i\phi_{\mathrm{R}}(x)} e^{i\phi_{\mathrm{R}}(x')} |0\rangle \tag{2-1-32}$$

となる．$[A, B]$ が c-数である場合に成立する公式

$$e^{A+B} = e^A e^B e^{-\frac{1}{2}[A,\, B]} = e^B e^A e^{\frac{1}{2}[A,\, B]} \tag{2-1-33}$$

を使うと，(2-1-22a)から

$$\begin{aligned} e^{-i\phi_{\mathrm{R}}(x)} e^{i\phi_{\mathrm{R}}(x')} &= e^{i(-\phi_{\mathrm{R}}(x)+\phi_{\mathrm{R}}(x'))} e^{\frac{1}{2}[\phi_{\mathrm{R}}(x),\, \phi_{\mathrm{R}}(x')]} \\ &= e^{i(-\phi_{\mathrm{R}}^+(x)+\phi_{\mathrm{R}}^+(x'))+i(-\phi_{\mathrm{R}}^-(x)+\phi_{\mathrm{R}}^-(x'))} e^{\frac{1}{2}[\phi_{\mathrm{R}}(x),\, \phi_{\mathrm{R}}(x')]} \\ &= e^{i(-\phi_{\mathrm{R}}^+(x)+\phi_{\mathrm{R}}^+(x'))} e^{i(-\phi_{\mathrm{R}}^-(x)+\phi_{\mathrm{R}}^-(x'))} \\ &\quad \times e^{\frac{1}{2}[-\phi_{\mathrm{R}}^+(x)+\phi_{\mathrm{R}}^+(x'),\, -\phi_{\mathrm{R}}^-(x)+\phi_{\mathrm{R}}^-(x')]+\frac{1}{2}[\phi_{\mathrm{R}}(x),\, \phi_{\mathrm{R}}(x')]} \end{aligned} \tag{2-1-34}$$

を得るが，

$$\langle 0| e^{i(-\phi_{\mathrm{R}}^+(x)+\phi_{\mathrm{R}}^+(x'))} = \langle 0|, \qquad e^{i(-\phi_{\mathrm{R}}^-(x)+\phi_{\mathrm{R}}^-(x'))} |0\rangle = |0\rangle$$

を用いれば

$$\langle 0|R^\dagger(x)R(x')|0\rangle = \frac{1}{2\pi\alpha} e^{[\phi_{\mathrm{R}}^+(0),\, \phi_{\mathrm{R}}^-(0)]-[\phi_{\mathrm{R}}^+(x'),\, \phi_{\mathrm{R}}^-(x)]} \tag{2-1-35}$$

となる．(2-1-22a)の表式と(2-1-19a)の交換関係から

$$\langle 0|R^\dagger(x)R(x')|0\rangle = \frac{1}{2\pi\alpha} \exp\left[-\frac{2\pi}{L} \sum_{p>0} e^{-\alpha p} \frac{1-e^{ip(x-x')}}{p} \right] \tag{2-1-36}$$

を得るが，指数関数の肩の和は $L\to\infty$ で積分となり

$$\begin{aligned} \int_0^\infty dp e^{-\alpha p} \frac{1-e^{ip(x-x')}}{p} &= -\int_0^\infty dp e^{-\alpha p} \sum_{n=1}^\infty \frac{i^n}{n!} (x-x')^n p^{n-1} \\ &= -\sum_{n=1}^\infty \frac{i^n}{n!} (x-x')^n \frac{(n-1)!}{\alpha^n} \\ &= -\sum_{n=1}^\infty \frac{1}{n} \left[\frac{i(x-x')}{\alpha} \right]^n = \ln\left[1 - \frac{i(x-x')}{\alpha} \right] \end{aligned} \tag{2-1-37}$$

と評価されるので，

$$\langle 0|R^\dagger(x)R(x')|0\rangle = \frac{1}{2\pi}\frac{1}{\alpha - i(x-x')} \qquad (2\text{-}1\text{-}38)$$

となり，(2-1-31)と $\alpha \leftrightarrow \varepsilon$ の対応関係で一致する．

［2］　反交換関係

(2-1-30a)と(2-1-33)から

$$R(x)R(x') = \frac{1}{2\pi\alpha}e^{i\phi_R(x)}e^{i\phi_R(x')} = \frac{1}{2\pi\alpha}e^{i\phi_R(x')}e^{i\phi_R(x)}e^{[\phi_R(x),\ \phi_R(x')]} \qquad (2\text{-}1\text{-}39)$$

を得るが，$[\phi_R(x), \phi_R(x')] = i\pi\,\mathrm{sgn}(x-x')$ から $e^{[\phi_R(x),\ \phi_R(x')]} = -1$．よって，(2-1-39)から $R(x)R(x') = -R(x')R(x)$ が得られた．

［3］　フェルミオン演算子と密度演算子との交換関係

フェルミオンで計算した

$$[R(x), \rho_R(p)] = \left[\frac{1}{\sqrt{L}}\sum_k e^{ikx}R(k), \frac{1}{\sqrt{L}}\sum_{k'}R^\dagger(k')R(k'+p)\right]$$
$$= \frac{1}{L}\sum_k e^{ikx}R(k+p) = \frac{1}{\sqrt{L}}e^{-ipx}R(x) \qquad (2\text{-}1\text{-}40)$$

は，ボゾンでは

$$[R(x), \rho_R(p)] = \frac{1}{\sqrt{2\pi\alpha}}\eta_1\{e^{i\phi_R(x)}\rho_R(p) - \rho_R(p)e^{i\phi_R(x)}\}$$
$$= \{e^{i\phi_R(x)}\rho_R(p)e^{-i\phi_R(x)} - \rho_R(p)\}R(x)$$
$$= \int_0^1 d\eta\frac{d}{d\eta}[e^{i\eta\phi_R(x)}\rho_R(p)e^{-i\eta\phi_R(x)}]R(x)$$
$$= \int_0^1 d\eta e^{i\eta\phi_R(x)}[i\phi_R(x), \rho_R(p)]e^{-i\eta\phi_R(x)}R(x)$$
$$= \frac{1}{\sqrt{L}}e^{-ipx-\alpha p/2}R(x) \qquad (2\text{-}1\text{-}41)$$

となって，$\alpha\to 0$ で再現する．

それでは，(2-1-29)の表式の物理的な意味は何だろうか．$\phi_R(x) = \frac{1}{2}(\theta_+(x) + \theta_-(x))$，$\phi_L(x) = \frac{1}{2}(\theta_+(x) - \theta_-(x))$ を用いて

$$R(x) = \frac{1}{\sqrt{2\pi\alpha}}\eta_1 e^{i\frac{\theta_+(x)+\theta_-(x)}{2}} \qquad (2\text{-}1\text{-}42a)$$

$$L(x) = \frac{1}{\sqrt{2\pi\alpha}}\eta_2 e^{i\frac{-\theta_+(x)+\theta_-(x)}{2}} \tag{2-1-42b}$$

と書くと，(2-1-26)の交換関係と合わせて，$\theta_\pm$ および R, L の意味が浮かび上がってくる．まず，

$$R^\dagger(x)L(x) = \frac{1}{2\pi\alpha}\eta_1\eta_2 e^{-i\theta_+(x)} \tag{2-1-43}$$

は(2-1-11)で現われる $2k_\mathrm{F}=\pi$ 近傍の波数をもつ交番密度である．つまり

$$\rho_{2k_\mathrm{F}}(x) = \frac{1}{\pi\alpha}\cos(\theta_+(x)-2k_\mathrm{F}x) \tag{2-1-44}$$

となり $\theta_+(x)$ は「粒子密度波」の位相を表わしており，その x 微分が粒子密度 $\rho(x)$ を与える((2-1-25a))ことは，波の疎密が密度の揺らぎをもたらすことから理解される．

一方，波数0近傍のクーパー対は k_F と $-k_\mathrm{F}$ の波数のフェルミオン演算子の積

$$R(x)L(x) = \frac{1}{2\pi\alpha}\eta_1\eta_2 e^{i\theta_-(x)} \tag{2-1-45}$$

で与えられるから，$\theta_-(x)$ は超伝導のジョセフソン位相であることがわかる．このとき，(2-1-25b)はジョセフソンの関係式そのものである．そして，θ_+ と θ_- のカノニカル共役関係は粒子数と位相のカノニカル共役関係の1次元系での表現であることも理解されるだろう．

それでは，$R(x)$ や $L(x)$ 自身の意味づけは何であろうか．前節でフェルミオンの演算子がキンクの演算子に対応することを見たが，ボゾン化の手法でもその性質はそのまま保存されている．いま，$\theta_+(x)=\theta_0=\mathrm{const}$ であるような状態 $|\theta_0\rangle$ に $R(x)$ を作用させることを考えよう．$R^\dagger(x)$ に含まれる $e^{-\frac{i}{2}\theta_-(x)}$ は，$\theta_+(x)$ に対する並進対称操作を与えるユニタリー演算子である．

$$U_\eta(x) \equiv e^{i\eta\frac{\theta_-(x)}{2}} \tag{2-1-46}$$

を定義し，

$$\theta_+(x',\eta) \equiv U_\eta^\dagger(x)\theta_+(x')U_\eta(x) \tag{2-1-47}$$

を微分すると，

$$\frac{\partial\theta_+(x',\eta)}{\partial\eta} = U_\eta^\dagger(x)\left[-i\frac{\theta_-(x)}{2},\ \theta_+(x')\right]U_\eta(x)$$
$$= \pi\,\mathrm{sgn}(x-x') \tag{2-1-48}$$

なので

$$\theta_+(x',\eta=1) = \theta_+(x')+\pi\,\mathrm{sgn}(x-x') \tag{2-1-49}$$

となり，$x'=x$ に 2π の飛び幅の θ_+ に関するキンクを生成することがわかる．ここで交換関係(2-1-26b)の非局所性とキンク生成が密接に関係していることに注意されたい．

さて，以上までの準備の上で(2-1-7)および J_z 項をボゾンで表現することを考える．まず H_{XY} であるが，これをボゾン化するために，$\rho_{\mathrm{R,L}}(p)$ との交換関係を再現するボゾンの2次形式のハミルトニアン $\tilde{H}_{\mathrm{B}}$ で置き換える．まず，フェルミオンで計算すると，

$$[\rho_{\mathrm{R}}(p), H_{XY}] = \left[\sum_k R^\dagger(k)R(k+p),\ \sum_{k'} J_\perp k' R^\dagger(k')R(k')\right]$$
$$= J_\perp \sum_{k,k'} k'\{R^\dagger(k)R(k')\delta_{k+p,k'} - R^\dagger(k')R(k+p)\delta_{kk'}\}$$
$$= J_\perp \sum_k \{(k+p)R^\dagger(k)R(k+p) - kR^\dagger(k)R(k+p)\}$$
$$= J_\perp p\rho_{\mathrm{R}}(p) \tag{2-1-50}$$

および

$$[\rho_{\mathrm{L}}(p), H_{XY}] = -J_\perp p\rho_{\mathrm{L}}(p) \tag{2-1-51}$$

を得る．これと同じ交換関係を与える $\tilde{H}_{\mathrm{B}}$ として

$$\tilde{H}_{\mathrm{B}} = 2\pi J_\perp \sum_{p>0}\{\rho_{\mathrm{R}}(-p)\rho_{\mathrm{R}}(p)+\rho_{\mathrm{L}}(p)\rho_{\mathrm{L}}(-p)\} \tag{2-1-52}$$

を採用すると，たしかに

$$[\rho_{\mathrm{R}}(p), \tilde{H}_{\mathrm{B}}] = 2\pi J_\perp[\rho_{\mathrm{R}}(p),\ \rho_{\mathrm{R}}(-p)\rho_{\mathrm{R}}(p)]$$
$$= 2\pi J_\perp \frac{p}{2\pi}\rho_{\mathrm{R}}(p) = J_\perp p\rho_{\mathrm{R}}(p) \tag{2-1-53}$$

を再現する．これを実空間表示で書くと，定数項を除いて

$$\tilde{H}_{\mathrm{B}} = \pi J_\perp \int dx\{\rho_{\mathrm{R}}(x)^2+\rho_{\mathrm{L}}(x)^2\}$$
$$= \frac{J_\perp}{8\pi}\int dx\{(\partial_x\theta_+(x))^2+(\partial_x\theta_-(x))^2\} \tag{2-1-54}$$

と書ける．

次にフェルミオン間の相互作用 J_z 項は，(2-1-11)と(2-1-44)から

$$H_{J_z} = J_z \int dx \left\{ (\rho_{\mathrm{R}}(x) + \rho_{\mathrm{L}}(x))^2 - \left(\frac{1}{2\pi\alpha} (e^{i(\phi_{\mathrm{R}}+\phi_{\mathrm{L}})} + e^{-i(\phi_{\mathrm{R}}+\phi_{\mathrm{L}})}) \right)^2 \right\}$$
$$= J_z \int dx \left\{ \left(\frac{1}{2\pi} \partial_x \theta_+(x) \right)^2 - \left(\frac{1}{\pi\alpha} \cos \theta_+(x) \right)^2 \right\} \tag{2-1-55}$$

ここで $\cos^2\theta_+ = \frac{1}{2}(1+\cos 2\theta_+)$ を用いれば，結局ハミルトニアンは

$$H = \int dx \left\{ \left(\frac{J_\perp}{8\pi} + \frac{J_z}{4\pi^2} \right) (\partial_x \theta_+)^2 + \frac{J_\perp}{8\pi} (\partial_x \theta_-)^2 - \frac{J_z}{2(\pi\alpha)^2} \cos 2\theta_+ \right\} \tag{2-1-56}$$

となり，**量子サインゴルドン系**が得られた．ここで，(2-1-28)で導入した運動量 $\pi(x)$ を用いると，(2-1-56)は

$$H = \int dx \{ A\pi(x)^2 + C(\partial_x \theta_+(x))^2 - B \cos 2\theta_+(x) \} \tag{2-1-57}$$

と書ける．ここで係数 A, B, C を

$$A = 2\pi J_\perp \tag{2-1-58a}$$

$$C = \frac{1}{8\pi} \left(J_\perp + \frac{2J_z}{\pi} \right) \tag{2-1-58b}$$

$$B = \frac{J_z}{2(\pi\alpha)^2} \tag{2-1-58c}$$

で導入した．

ここでひとまず B 以外の項 H_0 について考えよう．これは線形分散をもつ調和振動子のハミルトニアンである．(2-1-57)において A と C はそれぞれ，運動量 π と θ_+ を固定しようとする項の係数であるから，その大小関係でこのカノニカル共役なペアーの力関係が定まるわけである．つまり A/C が大きなときは π および θ_- が固定され，元のスピンの言葉に翻訳すれば1重項の形成が，フェルミオンの言葉では超伝導相関が強められる．一方 A/C が小さいときは θ_+ が固定されて，スピンでは反強磁性長距離秩序が，フェルミオンでは電荷密度波が強められることになる．そこで，次の式で量子パラメーター η を定義しよう．

$$\eta \equiv \frac{1}{2\pi} \sqrt{\frac{A}{C}} \tag{2-1-59}$$

もう1つの重要な量は，エネルギーの次元をもつ

$$v = 2\sqrt{AC} \tag{2-1-60}$$

であるが，これは線形分散の音速を与えることが次のようにしてわかる．(2-1-29)の交換関係から，ハイゼンベルクの運動方程式を作ると，

$$\begin{aligned}\frac{\partial\theta_+(x,t)}{\partial t} &= \frac{1}{i}[\theta_+(x,t), H_0] \\ &= \frac{1}{i}\int dx' 2A[\theta_+(x,t), \pi(x',t)]\pi(x',t) \\ &= 2A\pi(x,t)\end{aligned} \tag{2-1-61a}$$

$$\begin{aligned}\frac{\partial\pi(x,t)}{\partial t} &= \frac{1}{i}[\pi(x,t), H_0] \\ &= \frac{1}{i}\int dx' 2C\partial_{x'}\theta_+(x',t)[\pi(x,t), \partial_{x'}\theta_+(x',t)] \\ &= \frac{1}{i}\int dx' 2C\partial_{x'}\theta_+(x',t)(-i)\partial_{x'}\delta(x'-x) \\ &= 2C\partial_x{}^2\theta_+(x,t)\end{aligned} \tag{2-1-61b}$$

であるので，θ_+ に対する波動方程式

$$\frac{\partial^2\theta_+(x,t)}{\partial t^2} = 4AC\frac{\partial^2\theta_+(x,t)}{\partial x^2} \tag{2-1-62}$$

を得る．これは，

$$\omega^2 = 4ACq^2 = v^2q^2 \tag{2-1-63}$$

の分散関係を与える．

さて，(2-1-58)の A, B は $J_\perp$ と J_z で与えられているので，(2-1-59)と(2-1-60)で η と v が計算できることになる．しかし(2-1-58)は連続体近似の範囲で求められた式であるから，$|J_z| \ll J_\perp$ のときのみ適用できるのであって，$|J_z| \sim J_\perp$ のときには信用できない．それでは，(2-1-57)のハミルトニアンも，$|J_z| \sim J_\perp$ では信用できないかというとそうではなくて，長波長，低周波数の物理を議論している限り(2-1-57)は正しい記述を与えるのである．系の励起スペクトルにギャップがない限り(つまり $|J_z| \leqq |J_\perp|$ のとき)，低エネルギー状態は(2-1-57)で記述される．それでは一般に，η や v をどのように選べばよいかという問題が生じる．以下ではハイゼンベルク模型($J_z = J_\perp = J$)の場合について考

えてみよう．

まず v は，1-3節で求めたデクラゾ-ピアソンモードの線形分散を再現するように

$$v=\frac{\pi}{2}J \tag{2-1-64}$$

とするべきである．一方の η は，以下に述べるように各種の相関関数の振舞を決める臨界指数であることから定めることができる．そのために，v と η を用いてハミルトニアン(2-1-57)を書き直しておこう．

$$\begin{aligned} H_0 &= v\int dx\left\{\pi\eta\pi(x)^2+\frac{1}{4\pi\eta}(\partial_x\theta_+(x))^2\right\} \\ &= \int dx\frac{v}{4\pi}\left\{\frac{\eta}{4}(\partial_x\theta_-(x))^2+\frac{1}{\eta}(\partial_x\theta_+(x))^2\right\} \end{aligned} \tag{2-1-65}$$

対応するラグランジアン L は

$$\begin{aligned} L &= \int\pi(x)\partial_t\theta_+(x)\,dx-H_0 \\ &= \int dx\left\{-\frac{1}{4\pi}\partial_x\theta_-(x)\partial_t\theta_+(x)-\frac{v}{4\pi}\left[\frac{\eta}{4}(\partial_x\theta_-(x))^2+\frac{1}{\eta}(\partial_x\theta_+(x))^2\right]\right\} \end{aligned} \tag{2-1-66}$$

となる．ここで θ_- を積分すれば

$$L_{\theta_+}=\int dx\frac{1}{4\pi\eta}\left[\frac{1}{v}(\partial_t\theta_+(x))^2-v(\partial_x\theta_+(x))^2\right] \tag{2-1-67}$$

を得るし，θ_+ を積分すれば

$$L_{\theta_-}=\int dx\frac{\eta}{16\pi}\left[\frac{1}{v}(\partial_t\theta_-(x))^2-v(\partial_x\theta_-(x))^2\right] \tag{2-1-68}$$

を得る．

以上のことを踏まえて，次にスピンの演算子の θ_+, θ_- による表式を導こう．まず，S_n^z は(1-2-1c)と(2-1-11)とから

$$S_n^z=\frac{1}{2\pi}\partial_x\theta_+(x_n)+(-1)^n\frac{1}{\pi\alpha}\cos\theta_+(x_n) \tag{2-1-69}$$

と書ける．$S_n^\pm$ は，(1-2-1a, b)でフェルミオンと関係がついているが，ここで非局所的な演算子 $K(n)$ を考える必要が生じる．

$$K(n)=\exp\left[i\pi\sum_{j=1}^{n-1}f_j^\dagger f_j\right]=\exp\left[\frac{i\pi(n-1)}{2}+i\pi\sum_{j=1}^{n-1}:f_j^\dagger f_j:\right]$$
$$\cong\exp\left[\frac{i\pi(n-1)}{2}+i\pi\int_0^{x_n}\frac{1}{2\pi}\partial_x\theta_+(x')\,dx'\right]$$
$$=\exp\left[\frac{i\pi(n-1)}{2}+\frac{i}{2}[\theta_+(x)-\theta_+(0)]\right]$$
$$=\mathrm{const}\times e^{i\frac{\pi n}{2}+i\frac{\theta_+(x)}{2}} \tag{2-1-70}$$

よって,

$$S_n^+\cong[R^\dagger(x_n)e^{-i\frac{\pi}{2}n}+L^\dagger(x_n)e^{i\frac{\pi}{2}n}]e^{i\frac{\pi}{2}n+i\frac{\theta_+(x)}{2}}$$
$$=\frac{1}{\sqrt{2\pi\alpha}}[e^{-i\frac{\theta_+(x)+\theta_-(x)}{2}+i\frac{\theta_+(x)}{2}}+(-1)^n e^{i\frac{\theta_+(x)-\theta_-(x)}{2}+i\frac{\theta_+(x)}{2}}]$$
$$=\frac{1}{\sqrt{2\pi\alpha}}[e^{-i\frac{\theta_-(x)}{2}}+(-1)^n e^{i\theta_+(x)-\frac{1}{2}\theta_-(x)}] \tag{2-1-71}$$

となる. ここで(1-2-11)で述べたように S_n^+, S_n^- については一つ置きに符号を逆転した表示(つまり $J_\perp\to -J_\perp$)で考えていることに注意すると交番成分に対して

$$(S_n^z)_{交番}=M_n^z\sim\cos\theta_+(x_n) \tag{2-1-72a}$$
$$(S_n^x)_{交番}=M_n^x\sim\cos\frac{\theta_-(x_n)}{2} \tag{2-1-72b}$$

なる表式を得る.

ここで時間と空間を対称に扱うために, 虚時間形式に移ろう. そのためには, 作用積分

$$A=\int dtL$$

が経路積分で

$$e^{iA}$$

という形で入ってくることに注意する. ここで $\tau=it$ の関係で虚時間 τ に移ると, 上式が

$$e^{-A}$$

と変化するのに対応して

$$A = -\int_0^{\beta} d\tau \int dx L(\tau = it)$$

となる．ここで $\beta=1/T$ は温度の逆数である．具体的には，例えば(2-1-67)に対しては

$$A_0 = \int_0^{\beta} d\tau \int dx \frac{1}{4\pi\eta}\left[\frac{1}{v}(\partial_\tau \theta_+(x,\tau))^2 + v(\partial_x \theta_+(x,\tau))^2\right] \qquad (2\text{-}1\text{-}73)$$

となる．

この作用に対して，$M^z(x,\tau)$ の相関関数を計算してみよう．T_τ を時間順序の演算子として

$$\langle T_\tau e^{i\theta_+(x,\tau)} e^{-i\theta_+(0,0)} \rangle = \frac{1}{Z}\int \mathcal{D}\theta_+(x,\tau)\, e^{i(\theta_+(x,\tau)-\theta_+(0,0))-S_0} \qquad (2\text{-}1\text{-}74)$$

ここで Z は状態和

$$Z = \int \mathcal{D}\theta_+(x,\tau)\, e^{-S_0}$$

である．(2-1-73)は θ_+ に関する2次形式で，フーリエ変換

$$\theta_+(x,\tau) = \frac{1}{\sqrt{\beta L}}\sum_{i\omega_n}\sum_q e^{iqx-i\omega_n\tau}\theta_+(q, i\omega_n) \qquad (\omega_n = 2\pi T n) \quad (2\text{-}1\text{-}75)$$

を導入すると，(2-1-73)は

$$A_0 = \sum_{i\omega_n}\sum_q \frac{{\omega_n}^2 + v^2q^2}{4\pi\eta v}\theta_+(q, i\omega_n)\,\theta_+(-q, -i\omega_n) \qquad (2\text{-}1\text{-}76)$$

となる．したがって(2-1-74)は

$$\begin{aligned}
&\langle T_\tau e^{i\theta_+(x,\tau)} e^{-i\theta_+(0,0)} \rangle \\
&= \left\langle \exp\left[i\frac{1}{\sqrt{\beta L}}\sum_{q,\, i\omega_n}(e^{iqx-i\omega_n\tau}-1)\,\theta_+(q, i\omega_n)\right]\right\rangle \\
&= \exp\left[-\frac{1}{\beta L}\sum_{q,\, i\omega_n}\frac{\pi\eta v}{\omega^2{}_n + v^2q^2}(1-e^{iqx-i\omega_n\tau})(1-e^{-iqx+i\omega_n\tau})\right] \qquad (2\text{-}1\text{-}77)
\end{aligned}$$

となる．$\beta\to\infty$，$L\to\infty$ の極限で和は積分となり，(2-1-77)の右辺は

$$\begin{aligned}
&\exp\left[-\frac{1}{(2\pi)^2}\int d\omega dq \frac{2\pi\eta v}{\omega^2 + v^2q^2}[1-\cos(qx-\omega\tau)]\right] \\
&\quad \sim \exp[-\eta \ln\sqrt{x^2+v^2\tau^2}] = \frac{1}{(x^2+v^2\tau^2)^{\eta/2}} \qquad (2\text{-}1\text{-}78)
\end{aligned}$$

と評価される．2次元ベクトル $\boldsymbol{k}=(\omega, vq)$ の積分を行なう際，赤外の発散が

$|\boldsymbol{k}|\sim(x^2+v^2\tau^2)^{-1/2}$ でカットオフされるとして評価した．これより

$$\langle M^z(x,\tau)M^z(0,0)\rangle\sim(x^2+v^2\tau^2)^{-\eta/2} \tag{2-1-79}$$

同様に(2-1-68)と(2-1-72b)から

$$\langle M^x(x,\tau)M^x(0,0)\rangle\sim(x^2+v^2\tau^2)^{-1/2\eta} \tag{2-1-80}$$

が導かれる．ここでハイゼンベルク模型に対しては x 成分も z 成分も区別がないはずなので，(2-1-79)と(2-1-80)は同じ振舞をしなければならない．この要請から，$\eta=1$ が結論される．

次に，これまで無視してきた項，**ウムクラップ散乱**を考えよう．この過程はフェルミオンの演算子で書くと $R^\dagger R^\dagger LL+\mathrm{h.c.}$ という形になり $\pm4k_{\mathrm{F}}=\pm2\pi$ の運動量移動を伴うものである．(2-1-42)を用いるとウムクラップ散乱も含んだ作用は虚時間形式で

$$A=\int_0^\beta d\tau\int dx\left\{\frac{1}{4\pi\eta}\left[\frac{1}{v}(\partial_\tau\theta_+(x,\tau))^2+v(\partial_x\theta_+(x,\tau))^2\right]\right.$$
$$\left.-\frac{J_z}{2(\pi\alpha)^2}\cos2\theta_+(x,\tau)\right\} \tag{2-1-81}$$

となる．ここですこし作用を書き直しておく．まず，$\theta_+(x,\tau)=\theta_+(x,\tau+\beta)$ から τ の積分範囲を $(-\beta/2,\beta/2)$ とし，さらに絶対零度を考えて $(-\infty,\infty)$ とする．さらに $r_0=v\tau$，$r_1=x$ として $\theta_+(x,\tau)=\sqrt{2\pi\eta}\,\phi(x,\tau)$ で $\phi(x,\tau)$ を定義すると，(2-1-81)は

$$A=\int_{-\infty}^{\infty}d^2r\left[\frac{1}{2}(\nabla\phi(r))^2-\mu\cos(\zeta\phi(x,\tau))\right] \tag{2-1-82}$$

となる．ここで $\zeta=2\sqrt{2\pi\eta}$，$\mu=\dfrac{J_z}{2(\pi\alpha)^2v}$ である．

以降(2-1-82)を**くり込み群**を用いて扱ってみよう．まず，(2-1-82)の作用積分は連続体極限における表式だから短波長の極限では使えない．そこで波数 p にカットオフを入れるが，容易にわかるように，自然なカットオフ Λ はもともとの格子模型の格子間隔 a の逆数のオーダーである．

$$\Lambda\sim a^{-1}\sim\alpha^{-1}$$

くり込み群とは，このカットオフ Λ を徐々に小さくしていき，長波長，低周波の極限を記述する有効作用を求める理論的手法である．具体的には

$$\phi_\Lambda(r) = \int_{0<p<\Lambda} \frac{d^2p}{(2\pi)^2} e^{ipr}\phi(p) \tag{2-1-83}$$

(ただし $\phi(p)^* = \phi(-p)$)としたときに，カットオフ Λ をすこし小さい値に変化させ

$$\phi_\Lambda(r) = \phi_{\Lambda'}(r) + h(r) \tag{2-1-84}$$

$$h(r) = \int_{\Lambda'<p<\Lambda} \frac{d^2p}{(2\pi)^2} e^{ipr}\phi(p) \tag{2-1-85}$$

としたとき，$h(r)$ に関する経路積分を実行してしまう．つまり

$$Z_\Lambda = \int \mathcal{D}\phi_\Lambda e^{-A(\phi_\Lambda)} = \int \mathcal{D}\phi_{\Lambda'}\mathcal{D}h e^{-A(\phi_{\Lambda'}+h)} \equiv \int \mathcal{D}\phi_{\Lambda'} e^{-A'(\phi_{\Lambda'})} \tag{2-1-86}$$

と書いたとき，$A'(\phi_{\Lambda'})$ が長波成分 $\phi_{\Lambda'}$ に対する有効作用である．

それでは具体的に $A'(\phi_{\Lambda'})$ を求めてみよう．

$$\begin{aligned} e^{-A'(\phi_{\Lambda'})} &= \int \mathcal{D}h \exp\Big[-\int\Big\{\frac{1}{2}[(\nabla\phi_{\Lambda'}(r))^2 + (\nabla h(r))^2] \\ &\qquad -\mu\cos\zeta(\phi_{\Lambda'}+h)\Big\}d^2r\Big] \\ &= \text{const}\times\exp\Big[-\int\frac{1}{2}(\nabla\phi_{\Lambda'}(r))^2d^2r\Big]\langle e^{\mu\int\cos\zeta(\phi_{\Lambda'}+h)d^2r}\rangle_h \end{aligned} \tag{2-1-87}$$

ここで

$$\langle C\rangle_h = \int \mathcal{D}h e^{-\int\frac{1}{2}(\nabla h)^2d^2r} C \Big/ \int \mathcal{D}h e^{-\int\frac{1}{2}(\nabla h)^2d^2r} \tag{2-1-88}$$

なる記号を導入した．さて，μ が十分小さいときに話を限ることにしよう．このときには(2-1-87)を μ に関して摂動展開して調べることができる．これは単純な摂動展開ではないことに注意していただきたい．つまり，(2-1-82)でいきなり ϕ_Λ 全部を積分して μ に関する摂動展開をしようとすると，p の小さいところからの赤外発散を含む(可能性がある)のに対して，(2-1-87), (2-1-88)においては短波成分の $h(r)$ のみを積分するために，その心配がないのである．

$$\begin{aligned} &\Big\langle\exp\Big[\mu\int\cos\zeta(\phi_{\Lambda'}+h)\,d^2r\Big]\Big\rangle_h \\ &= 1+\mu\int\langle\cos\zeta(\phi_{\Lambda'}+h)\rangle_h d^2r \end{aligned}$$

$$+\frac{1}{2}\mu^2\int d^2rd^2r'\langle\cos\zeta(\phi_{\Lambda'}(r)+h(r))\cos\zeta(\phi_{\Lambda'}(r')+h(r'))\rangle_h \tag{2-1-89}$$

とし，まず μ の1次の項を調べる．

$$\begin{aligned}\langle\cos\zeta(\phi_{\Lambda'}(r)+h(r))\rangle_h &= \frac{1}{2}\left(\exp[i\zeta\phi_{\Lambda'}(r)]\langle e^{i\zeta h(r)}\rangle_h+\text{c, c.}\right)\\ &= \exp\left\{-\frac{1}{2}\zeta^2G_h(0)\right\}\cos\zeta\phi_{\Lambda'}(r)\end{aligned} \tag{2-1-90}$$

ここでプロパゲーター

$$G_h(r)=\int_{\Lambda'<p<\Lambda}\frac{d^2p}{(2\pi)^2}e^{ipr}\frac{1}{p^2} \tag{2-1-91}$$

を定義した．さらに

$$B(r)=\exp\left\{-\frac{1}{2}\zeta^2G_h(r)\right\} \tag{2-1-92}$$

を定義すると，(2-1-90)は

$$\langle\cos\zeta(\phi_{\Lambda'}(r)+h(r))\rangle_h=B(0)\cos\zeta\phi_{\Lambda'}(r) \tag{2-1-93}$$

となる．$B(0)$ については後に解析することにする．

次は μ の2次の項であるが，同様に

$$\begin{aligned}&\langle\cos\zeta(\phi_{\Lambda'}(r)+h(r))\cos\zeta(\phi_{\Lambda'}(r')+h(r'))\rangle_h\\ &\quad-\langle\cos\zeta(\phi_{\Lambda'}(r)+h(r))\rangle_h\langle\cos\zeta(\phi_{\Lambda'}(r')+h(r'))\rangle_h\\ &=\frac{1}{2}B^2(0)[B^2(r-r')-1]\cos\zeta(\phi_{\Lambda'}(r)+\phi_{\Lambda'}(r'))\\ &\quad+\frac{1}{2}B^2(0)[B^{-2}(r-r')-1]\cos\zeta(\phi_{\Lambda'}(r)-\phi_{\Lambda'}(r'))\end{aligned} \tag{2-1-94}$$

を得る．キュムラントを計算したのは，後に $A'(\phi_{\Lambda'})$ を求めるときに指数関数の肩に乗せるからである．

ここで $G_h(r)$ および $B(r)$ の振舞いを考えよう．$G_h(r)$ は(2-1-91)から，Λ' 以上の波数のみを含むので $|r|>\Lambda'^{-1}$ では小さくなることが期待され，そのとき $B(r)\sim1$ となる．そこで(2-1-94)において $|r-r'|<\Lambda'^{-1}$ でのみ右辺は小さくない値をもつので，これを

$$\frac{1}{2}B^2(0)[B^2(\xi)-1]\cos 2\zeta\phi_{\Lambda'}(z)$$

$$+\frac{1}{2}B^2(0)[B^{-2}(\xi)-1]\left\{1-\frac{1}{2}\zeta^2(\xi\cdot\nabla\phi_{\Lambda}(z))^2\right\} \tag{2-1-95}$$

と近似しよう．ここで重心座標 z と相対座標 ξ を

$$z=\frac{1}{2}(r+r'),\qquad \xi=r-r' \tag{2-1-96}$$

で導入した．以上をまとめると，(2-1-87)から μ の2次までで

$$A'(\phi_{\Lambda'})=\int d^2r\left\{\frac{1}{2}\left(1+\frac{\zeta^2\mu^2}{8}B^2(0)a_2\right)(\nabla\phi_{\Lambda'}(r))^2\right.$$

$$\left.-\mu B(0)\cos\zeta\phi_{\Lambda'}(r)\right\} \tag{2-1-97}$$

と求まる．ここで

$$a_2=\int d^2\xi\cdot\xi^2[B^{-2}(\xi)-1] \tag{2-1-98}$$

であり，(2-1-95)の $\cos 2\zeta\phi_{\Lambda'}$ の項は，後に述べるように，Λ' を小さくしていくと無視できるので，(2-1-97)には含めなかった．

(2-1-97)でさらに $\phi_{\Lambda'}$ を

$$\tilde{\phi}_{\Lambda'}=\phi_{\Lambda'}\sqrt{1+\frac{\zeta^2\mu^2}{8}B^2(0)a_2} \tag{2-1-99}$$

とスケールし直すと，(2-1-97)は

$$S'(\tilde{\phi}_{\Lambda'})=\int d^2r\left\{\frac{1}{2}(\nabla\tilde{\phi}_{\Lambda'}(r))^2-\mu'\cos\zeta'\tilde{\phi}_{\Lambda'}(r)\right\} \tag{2-1-100}$$

ただし

$$\mu'=B(0)\mu \tag{2-1-101a}$$

$$\zeta'=\zeta\Big/\sqrt{1+\frac{\zeta^2\mu^2}{8}B^2(0)a_2} \tag{2-1-101b}$$

と書き直せる．このようにカットオフを Λ から Λ' へ小さくしたことにより，作用の中に現われるパラメーターが μ' と ζ' へと変化したのである．

この変化をもうすこし詳しく解析しよう．まず $\Lambda'-\Lambda$ が無限小であるとする．

$$\Lambda'=\Lambda+d\Lambda=\Lambda-|d\Lambda| \tag{2-1-102}$$

すると(2-1-91)の $G_h(r)$ は

$$G_h(r) = \frac{|d\Lambda|}{\Lambda}\frac{1}{(2\pi)^2}\int_0^{2\pi} d\theta e^{i\Lambda|r|\cos\theta} = \frac{|d\Lambda|}{\Lambda}\frac{1}{2\pi}J_0(\Lambda|r|) \qquad (2\text{-}1\text{-}103)$$

となるが，$J_0(x)$ は $x\gg 1$ でも振動成分をもってゆっくりとしか減衰しない．この欠陥は，p の成分をシャープにカットオフしたことによるもので，これを改善するためには p 空間で滑らかなカットオフを導入すればよい．その具体的な処方箋はここでは必要がなく，ただその改良により $J_0(\Lambda|r|)$ が $|r|\gg\Lambda^{-1}$ で強く減衰する関数 $\tilde{J}_0(\Lambda|r|)$ に置き換わったと考えよう．

$$G_h(r) = \frac{|d\Lambda|}{\Lambda}\frac{1}{2\pi}\tilde{J}_0(\Lambda|r|) \qquad (2\text{-}1\text{-}104)$$

同様の改良により，(2-1-98)の a_2 は，

$$a_2 = \int d^2\xi\cdot\xi^2\cdot\zeta^2 G_h(\xi) = \alpha_2\zeta^2\frac{|d\Lambda|}{\Lambda^5} \qquad (2\text{-}1\text{-}105)$$

$$\alpha_2 = \int_0^\infty d\rho\cdot\rho^3\tilde{J}_0(\rho) \qquad (2\text{-}1\text{-}106)$$

となる．さらに

$$B(0) = 1-\frac{1}{2}\zeta^2 G_h(0) = 1+\frac{1}{4\pi}\zeta^2\frac{d\Lambda}{\Lambda} \qquad (2\text{-}1\text{-}107)$$

から，(2-1-101a)と合わせて

$$d\mu = \mu'-\mu = (B(0)-1)\mu = \frac{1}{4\pi}\zeta^2\mu\frac{d\Lambda}{\Lambda} \qquad (2\text{-}1\text{-}108)$$

を得る．また，(2-1-101b)から

$$d\zeta = \zeta'-\zeta = -\frac{\zeta^2\mu^2}{16}B(0)^2 a_2\zeta = \frac{\alpha_2}{16}\zeta^5\mu^2\frac{d\Lambda}{\Lambda^5} \qquad (2\text{-}1\text{-}109)$$

μ は(2-1-82)の下に与えた定義から（長さ）$^{-2}$ の次元をもつことに着目し，無次元量 y を

$$y = \mu\Lambda^{-2} \qquad (2\text{-}1\text{-}110)$$

で定義する．さらに

$$\zeta^2 = 8\pi\eta = 4\pi(2+x) \qquad (2\text{-}1\text{-}111)$$

で x を定義すると，(2-1-108), (2-1-109)は

$$\frac{d \ln y}{d \ln \Lambda} = x \qquad \text{(2-1-112a)}$$

$$\frac{dx}{d \ln \Lambda} = 8\alpha_2 y^2 \qquad \text{(2-1-112b)}$$

となるが，新たに $8\alpha_2 y^2$ を y^2 と再定義すると，最終的な微分方程式

$$\frac{dy^2}{d \ln \Lambda} = 2xy^2 \qquad \text{(2-1-113a)}$$

$$\frac{dx}{d \ln \Lambda} = y^2 \qquad \text{(2-1-113b)}$$

を得る．

この微分方程式で Λ を小さくしていった時の xy 平面におけるフローは図2-1に示されている．特に，(2-1-113)から

$$\frac{d}{d \ln \Lambda}(x^2 - y^2) = 0 \qquad \text{(2-1-114)}$$

を示せるので，この線上に乗っている軌跡はその上に停まる．いま $x=y$ とすると，(2-1-113)は

$$\frac{dx}{d \ln \Lambda} = x^2 \qquad \text{(2-1-115)}$$

となり，すぐに

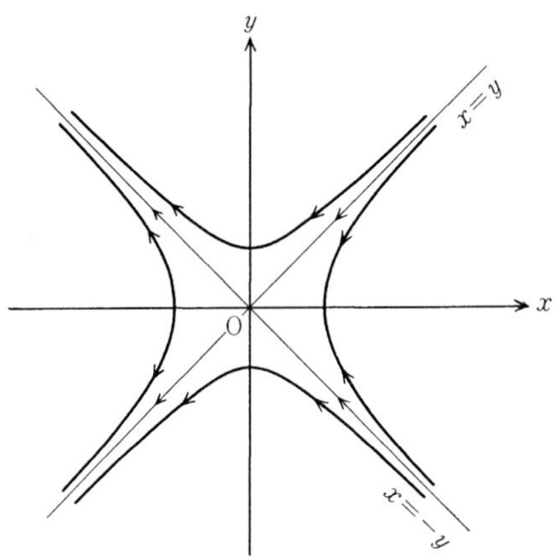

図2-1　サインゴルドン系に対するくり込み群のフロー図

$$x(\Lambda) = y(\Lambda) = \frac{x(\Lambda_0)}{1+x(\Lambda_0)\ln\dfrac{\Lambda_0}{\Lambda}} \tag{2-1-116}$$

と解ける．$\Lambda\to 0$ で $x(\Lambda)\sim[\ln(\Lambda_0/\Lambda)]^{-1}\to 0$ となることに注意されたい．

以上の考察を元の XXZ 模型に焼き直してみよう．(2-1-111)から $x=2(\eta-1)$ なので，この節の前半で議論したハイゼンベルク模型の長距離極限を記述する作用 S_0 はちょうど $x=y=0$ の原点に対応していることがわかる．$\Lambda\to 0$ で原点にフローしてゆくことは，ハイゼンベルク模型が図 2-1 の x 軸上に向かう軌跡のぎりぎり左端に対応することを意味し，そこでは(2-1-116)のようなカットオフ依存性が見られるはずである．XY 的異方性の場合は η がハイゼンベルク模型のそれよりも大きいはずだから $y(\Lambda)\to 0$ へとスケールし，やはり長距離極限でウムクラップ散乱が無視できてエネルギースペクトルにギャップはなく，系は臨界的である．

一方イジング的異方性の場合は η がハイゼンベルク模型の場合よりも小さいので，$y(\Lambda)$ が大きな値へとスケールしていき，上述の摂動論的なくり込み群の方程式が信頼できなくなる．しかし，$y(\Lambda)$ が大きくなるということは $\cos 2\theta_+$ の項が強く働いて，基底状態の θ_+ が 0 または π の値に固定されることを意味すると解釈される．これはスピンレスフェルミオンの電荷密度波，元のスピンモデルでは反強磁性長距離秩序を表わしている．

ボゾン化法の節を終わるにあたって，不純物問題について述べておこう．いま原点 $x=0$ に不純物があり，右向きのフェルミオンを左向きに，またはその逆へと散乱するとする．この過程を記述するハミルトニアンは

$$\begin{aligned} H_{\rm imp} &= \tilde{V}_0(R^\dagger(0)L(0)+L^\dagger(0)R(0)) \\ &= \int dx\,\tilde{V}_0\delta(x)(R^\dagger(x)L(x)+L^\dagger(x)R(x)) \end{aligned} \tag{2-1-117}$$

で与えられる．(2-1-30)を用いてボゾン表示を行なうとラグランジアン L は虚時間形式で

$$L = L_0 + L_{\rm imp}$$

$$= \int dx \left[\frac{1}{4\pi\eta} \left(\frac{1}{v} (\partial_\tau \theta_+(x))^2 + v (\partial_x \theta_+(x))^2 \right) + V_0 \delta(x) \cos \theta_+(x) \right] \tag{2-1-118}$$

となる．ただし $V_0 = \dfrac{\tilde{V}_0}{\pi\alpha}$ である．

このラグランジアンで非線形な項は $\theta_+(x=0)$ のみで書けているので，その他の $\theta_+(x \neq 0)$ を積分することで $\theta_+(x=0)$ に対する有効作用を求める．つまり $\theta_+(x \neq 0)$ をいわば熱浴と考えるわけである．そのために，$\theta(\tau) = \theta_+(x=0, \tau)$ の拘束条件の下に $\theta_+(x, \tau)$ を積分してしまう．つまり

$$\begin{aligned} Z &= \int \mathcal{D}\theta_+(x, \tau) e^{-\int_0^\beta d\tau L} \\ &= \int \mathcal{D}\theta_+(x, \tau) \mathcal{D}\theta(\tau) \delta(\theta(\tau) - \theta_+(0, \tau)) e^{-\int_0^\beta d\tau L} \\ &= \int \mathcal{D}\theta_+(x, \tau) \mathcal{D}\theta(\tau) \mathcal{D}\lambda(\tau) e^{-\int_0^\beta d\tau [L + \lambda(\tau)(\theta(\tau) - \theta_+(0, \tau))]} \\ &= \int \mathcal{D}\theta(\tau) e^{-A_{\mathrm{eff}}(\theta(\tau))} \end{aligned} \tag{2-1-119}$$

として $A_{\mathrm{eff}}(\theta(\tau))$ を求める．ここで $\delta(\theta(\tau) - \theta_+(0, \tau))$ をラグランジュ乗数 $\lambda(\tau)$ を導入することで表現した．これにより $\theta_+(x, \tau)$ に関する積分を拘束条件なしに実行できる．また，$L = L_0(\theta_+) + L_{\mathrm{imp}}(\theta_+(0, \tau))$ 中 $\theta_+(0, \tau)$ は $\theta(\tau)$ で置き換えられるので，作用積分のうち $\theta_+(x, \tau)$ を含むのは

$$\begin{aligned} &\int_0^\beta d\tau [L_0 - \lambda(\tau) \theta_+(0, \tau)] \\ &= \sum_{i\omega_n} \sum_q \left[\frac{{\omega_n}^2 + v^2 q^2}{4\pi\eta v} \theta_+(q, i\omega_n) \theta_+(-q, -i\omega_n) \right. \\ &\quad \left. - \frac{1}{2\sqrt{L}} (\lambda(i\omega_n) \theta_+(-q, -i\omega_n) + \theta_+(q, i\omega_n) \lambda(-i\omega_n) \right] \end{aligned} \tag{2-1-120}$$

であり，θ_+ に関する積分はガウス積分なので平方完成によって実行でき，λ に関する作用

$$-\frac{1}{L} \sum_{i\omega_n} \sum_q \frac{\pi\eta v}{{\omega_n}^2 + v^2 q^2} \lambda(i\omega_n) \lambda(-i\omega_n) \tag{2-1-121}$$

を得る．q に関する和は積分となり次式を得る．

$$\frac{1}{L}\sum_q \frac{\pi\eta v}{\omega_\eta{}^2+v^2q^2}=\int\frac{dq}{2\pi}\frac{\pi\eta v}{\omega_n{}^2+v^2q^2}=\frac{\pi\eta}{2|\omega_n|} \qquad (2\text{-}1\text{-}122)$$

以上より作用積分のうちλを含むのは

$$\sum_{i\omega_n}\left[-\frac{\pi\eta}{2|\omega_n|}\lambda(i\omega_n)\lambda(-i\omega_n)+\frac{1}{2}(\lambda(i\omega_n)\theta(-i\omega_n)+\theta(i\omega_n)\lambda(-i\omega_n))\right] \qquad (2\text{-}1\text{-}123)$$

となり，ふたたび平方完成することで

$$\sum_{i\omega_n}\frac{|\omega_n|}{2\pi\eta}\theta(i\omega_n)\theta(-i\omega_n) \qquad (2\text{-}1\text{-}124)$$

を得る．これが熱浴からくる $\theta(\tau)=\theta_+(0,\tau)$ への効果を表わしている．$|\omega_n|$ という形は散逸あるいは摩擦を意味し，不可逆過程を表わしている．ω_n から τ 表示にもどると，τ,τ' の 2 重積分の形となり，時間方向に非局所的な相互作用が働いていることになる．結局 $\theta(\tau)$ に対する有効作用 A_{eff} は

$$A_{\mathrm{eff}}=\sum_{i\omega_n}\frac{|\omega_n|}{2\pi\eta}\theta(i\omega_n)\theta(-i\omega_n)+V_0\int_0^\beta d\tau\cos\theta(\tau) \qquad (2\text{-}1\text{-}125)$$

となり $V_0\cos\theta$ という周期ポテンシャル中で摩擦係数 $\gamma=\dfrac{1}{2\pi\eta}$ の摩擦を受けながら運動する 1 粒子の問題と等価になる．

前著 5-2 節の解析によると(文献 G 1)，この 1 粒子の運動は，摩擦が小さい場合にはブロッホ運動(バンド運動)となるが，摩擦係数 γ が臨界値 $\gamma_{\mathrm{c}}=\dfrac{1}{4\pi}$ より大きくなると並進対称性の破れが起こり，ポテンシャルのある極小で粒子は局在する．これを元のフェルミオンの問題に戻って考えよう．$\theta(\tau)=\theta_+(0,\tau)$ が 2π 進むことは，(2-1-25a)からわかるようにフェルミオンが 1 つ左から右へと通過することに対応する．だから $\theta(\tau)$ のブロッホ状態はフェルミオンが不純物ポテンシャルを完全透過することに対応し，一方の局在状態は完全反射に対応する．前者は引力的相互作用 $\eta>2$，後者は斥力相互作用 $\eta<2$ の場合に対応するが，$\eta=2$ の場合(つまり相互作用のないフェルミオン)だけが特別で，このときは $V_0\cos\theta$ は marginal となり V_0 に依存する透過および反射係数が不純物散乱を特徴づける．以上のことは η が粒子性と波動性の競合関係を支配していることを考えれば理解できるであろう．このように非フェルミ流体であ

る1次元朝永-ラッティンジャー流体中の不純物効果はフェルミ流体中では見られない特異性が現われるのである．

2-2 共形場理論

この節では，1次元量子系の臨界的性質を調べる上で有力な手法である共形場理論について述べる．共形場理論とは，複素関数論で出てくる等角写像に対して不変な場の理論である．

このように高い対称性を系がもつと，量子状態のスペクトルの形がかなりの部分まで定まってしまう．その結果，例えば，相関関数の漸近的振舞が有限系のエネルギー固有値を見るだけで決まってしまう．そのために，この手法は数値計算やベーテ仮説による厳密解と組み合わせられて，1次元量子系を調べる上での強力な方法論を提供する．ここでは，体系的な記述ではなく，(2-1-73)の作用積分に則してその考え方を述べたい．

$$A_0 = \int d\tau \int dx \frac{1}{4\pi\eta}\left[\frac{1}{v}(\partial_\tau\theta_+)^2 + v(\partial_x\theta_+)^2\right] \tag{2-2-1}$$

ここで簡単のためにスケール変換をする．

$$\theta_+ = \sqrt{2\eta}\,\phi \tag{2-2-2}$$

$$r_0 = v\tau \tag{2-2-3}$$

$$r_1 = x \tag{2-2-4}$$

これらの変数を用いて，A_0 を

$$A_0 = \int_S \frac{d^2r}{2\pi}(\nabla\phi)^2 \tag{2-2-5}$$

と書く．ここで (r_0, r_1) 平面の積分の領域 S は $[0, v\beta]\times[0, L]$ (L は系の長さ)であるが，以降はしばらく一般的な S を考える．さて(2-2-1), (2-2-5)にはそもそも右向きと左向きの成分が含まれていたことを思い出していただきたい．つまり，作用(2-2-1)から実時間での運動方程式を作ると，波動方程式

$$(v^2\partial_t{}^2 - \partial_x{}^2)\,\theta_+(x, t) = 0 \tag{2-2-6}$$

を得るので，$\theta_+(x, t)$ は一般に

$$\theta_+(x,t) = \phi_R(x-vt)+\phi_L(x+vt) \tag{2-2-7}$$

と右向き成分 ϕ_R と左向き成分 ϕ_L の和として書ける．

さらにさかのぼれば，これは(2-1-24a)を時間発展させたもので，ϕ_R と ϕ_L は右向きと左向きのフェルミオンの位相自由度である．いまは虚時間形式で考えているので，(2-2-7)は

$$\phi(r) = \bar{\varphi}(r_0-ir_1)+\varphi(r_0+ir_1) \tag{2-2-8}$$

と書き直せる．ここで複素数 $\xi=r_0+ir_1$, $\bar{\xi}=r_0-ir_1$ を導入すると $\varphi(\xi)$ は ξ のみの関数で $\bar{\varphi}(\bar{\xi})$ は $\bar{\xi}$ のみの関数となる．この“ξ のみの関数”ということは，複素関数論でよく知られている“解析関数”を意味する．このことから，$\varphi(\xi)$ に対しては解析関数に関する多くの美しい結果を適用することができるのである．$\bar{\varphi}(\bar{\xi})$ についても同様である．

共形場理論とは一口でいうと，複素関数論における解析関数を対象とする場の理論である．そこでは，複素平面から複素平面への正則関数による等角写像に関する変換性が中心的な役割を演じる．その中でも

$$z(\xi) = e^{2\pi\xi/L} \tag{2-2-9}$$

で与えられる等角写像は特別な重要性をもつ．いま，絶対零度 $\beta\to\infty$ を考え r_0 の範囲を $[-v\beta/2, v\beta/2]$ の極限として $[-\infty,\infty]$ とし，空間方向は周期的境界条件を課したサイズ L の系を考える($x\in[0,L]$)とする．このとき，$[-\infty,\infty]\times[0,L]$ の ξ 平面上の領域は，(2-2-9)により全 z 平面へと写像される．z 平面の動径方向が時間発展，角度方向が空間座標に対応する．

さて，ここですこし一般論を展開することにして，まず，演算子の等角写像に対する変換性を調べることから始めよう．いま，座標変換

$$\begin{aligned} &r_\mu \to r'_\mu = r_\mu+\delta r_\mu \\ &\frac{\partial}{\partial r_\mu} \to \frac{\partial}{\partial r'_\mu} = \left(\delta_{\mu\nu}-\frac{\partial\delta r_\nu}{\partial r_\mu}\right)\frac{\partial}{\partial r_\nu} \end{aligned} \tag{2-2-10}$$

に対応して，作用積分が

$$A\to A+\delta A = A-\frac{1}{2\pi}\int d^2r\sum_{\mu,\nu}T_{\mu\nu}(r)\,\partial_\mu(\delta r_\nu) \tag{2-2-11}$$

と変換されたとき，$T_{\mu\nu}(r)$ を**ストレス・エネルギーテンソル**と呼ぶ(付録B

参照)．(2-2-5)の A_0 に対して具体的に計算してみると，

$$T_{\mu\nu}(r) = :2\partial_\mu\phi\partial_\nu\phi - \delta_{\mu\nu}\sum_\lambda(\partial_\lambda\phi)^2: \tag{2-2-12}$$

となる．いくつかの形の δr_μ に対して作用が不変に保たれるという要請から，$T_{\mu\nu}(r)$ の形を制限することができる．

まず，並進対称性は，$\delta r_\mu = a_\mu =$ 定数 に対して $\delta A = 0$ であることから，部分積分により

$$\partial_\mu T_{\mu\nu}(r) = 0 \tag{2-2-13}$$

を導く．同様に回転対称性から($\delta r_\mu = \varepsilon_{\mu\nu} r_\nu$)

$$T_{\mu\nu}(r) = T_{\nu\mu}(r) \tag{2-2-14}$$

が，スケール対称性から($\delta r_\mu = \varepsilon r_\mu$)

$$\sum_\mu T_{\mu\mu}(r) = 0 \tag{2-2-15}$$

がそれぞれいえる．(2-2-12)がこれらを確かに満たしていることはすぐに確認できる．(ただしそこで場の方程式 $\nabla^2\phi(r)=0$ を使うことに注意.)

これより $T_{\mu\nu}$ を，正則部分 $T(z)$ と反正則部分 $\bar{T}(\bar{z})$ に分けることができる．つまり $T_{\mu\nu}$ は(2-2-14)と(2-2-15)から2つの独立な成分 T_{00}, T_{01} で書くことができ，

$$T = -\frac{1}{2}(T_{00} - iT_{01}), \qquad \bar{T} = -\frac{1}{2}(T_{00} + iT_{01}) \tag{2-2-16}$$

を定義すると，(2-2-13)より

$$\partial_{\bar{z}} T = 0, \qquad \partial_z \bar{T} = 0 \tag{2-2-17}$$

が示せる．したがって $T = T(z)$，$\bar{T} = \bar{T}(\bar{z})$ となる．(2-2-12)に則して計算すると，

$$\begin{aligned} T(z) &= -\frac{1}{2}\left[:(\partial_0\phi)^2 - (\partial_1\phi)^2 - 2i(\partial_0\phi)(\partial_1\phi):\right] \\ &= -2:(\partial_z\phi)^2: \end{aligned} \tag{2-2-18}$$

および $\bar{T}(\bar{z}) = -2:(\partial_{\bar{z}}\phi)^2:$ を得る．

以上のように作用の変換性が定まると，演算子の変換性を導くことができる．

いま，演算子 $\mathcal{O}_1, \mathcal{O}_2, \cdots, \mathcal{O}_N$ に対して相関関数

$$\langle \mathcal{O}_1(r_1)\cdots \mathcal{O}_N(r_N)\rangle = \int \mathcal{D}\phi e^{-A}\mathcal{O}_1(r_1)\cdots \mathcal{O}_N(r_N) \tag{2-2-19}$$

を考える．(2-2-10)の座標変換に対して $\mathcal{O}_i(r)\to \mathcal{O}_i(r)+\delta\mathcal{O}_i(r)$ と変換すると，相関関数が不変に保たれるという要請から

$$\begin{aligned}
&\langle \mathcal{O}_1(r_1)\cdots \mathcal{O}_N(r_N)\rangle \\
&= \int \mathcal{D}\phi e^{-A-\delta A}(\mathcal{O}_1(r_1)+\delta\mathcal{O}_1(r_1))\cdots(\mathcal{O}_N(r_N)+\delta\mathcal{O}_N(r_N)) \\
&= \langle \mathcal{O}_1(r_1)\cdots \mathcal{O}_N(r_N)\rangle - \int \mathcal{D}\phi e^{-A}\delta A\,\mathcal{O}_1(r_1)\cdots \mathcal{O}_N(r_N) \\
&\quad + \int \mathcal{D}\phi e^{-A}\sum_{i-1}^{N}\mathcal{O}_1(r_1)\cdots\delta\mathcal{O}_i(r_i)\cdots \mathcal{O}_N(r_N)
\end{aligned} \tag{2-2-20}$$

が得られ，これより

$$\begin{aligned}
&\sum_{i=1}^{N}\langle \mathcal{O}_1(r_1)\cdots\delta\mathcal{O}_i(r_i)\cdots\delta\mathcal{O}_N(r_N)\rangle \\
&\quad + \int\frac{d^2y}{2\pi}(\partial_\mu\delta r_\nu(y))\langle T_{\mu\nu}(y)\,\mathcal{O}_1(r_1)\cdots \mathcal{O}_N(r_N)\rangle = 0
\end{aligned} \tag{2-2-21}$$

が導かれる．

いま，$X\equiv \mathcal{O}_1(r_1)\cdots \mathcal{O}_N(r_N)$ と略記することにすると，(2-2-21)の左辺第2項は

$$\begin{aligned}
&\int\frac{d^2y}{2\pi}\partial_\mu(\delta r_\nu(y))\langle T_{\mu\nu}(y)X\rangle \\
&= \int\frac{d^2y}{2\pi}\{\partial_\mu[\delta r_\nu(y)\langle T_{\mu\nu}(y)X\rangle]-\delta r_\nu(y)\langle(\partial_\mu T_{\mu\nu}(y))X\rangle\}
\end{aligned} \tag{2-2-22}$$

となるが，右辺第2項は(2-2-13)により消える．第1項は $z=y_0+iy_1$ として $\epsilon(z)=\delta y_0+i\delta y_1$, $\bar{\epsilon}(\bar{z})=\delta y_0-i\delta y_1$ を定義し，(2-2-16)の $T(z)$, $\bar{T}(\bar{z})$ を用いると

$$\int\frac{d^2y}{2\pi}\{\partial_{\bar{z}}[\epsilon(z)\langle T(z)X\rangle]+\partial_z[\bar{\epsilon}(\bar{z})\langle T(\bar{z})X\rangle]\} \tag{2-2-23}$$

とまとまる．

ここで例えば $\epsilon(z)\langle T(z)X\rangle$ が z のみの関数ならこれに $\partial_{\bar{z}}$ を作用させると0になるように思うかも知れない．しかし，次の恒等式に注意する必要がある．

$$\frac{\partial}{\partial \bar{z}}\frac{1}{z}=\frac{\partial}{\partial z}\frac{1}{\bar{z}}=\pi\delta^2(r) \tag{2-2-24}$$

これは

$$\frac{1}{z}=\lim_{a\to 0}\frac{\bar{z}}{z\bar{z}+a^2} \tag{2-2-25}$$

として $\bar{z}$ に関する微分をとると導ける．これより

$$\frac{\partial}{\partial \bar{z}}\frac{\partial}{\partial z}\ln z=\frac{\partial}{\partial \bar{z}}\frac{\partial}{\partial z}\ln \bar{z}=\pi\delta^2(r) \tag{2-2-26}$$

である．ラプラシアンのグリーン関数を

$$-\nabla^2 G(r,r')=-\frac{\partial}{\partial z}\frac{\partial}{\partial \bar{z}}G(r,r')=\delta^2(r-r') \tag{2-2-27}$$

と適当な境界条件を満たす関数として定義すると，無限平面((2-2-9)の変換先の z 平面がこれに対応する)に対して

$$G(r,r')=\frac{1}{\pi}\langle\phi(r)\phi(r')\rangle=-\frac{1}{4\pi}\ln \bar{z}z=-\frac{1}{2\pi}\ln|z| \tag{2-2-28}$$

であることがわかる．

$\partial_{\bar{z}}$ を作用しても 0 とならない特異性が生じる可能性は，$\langle T(z)X\rangle$ から生じる．つまり $r_1,\cdots,r_N$ に対応する複素数を $w_1,\cdots,w_N$ とすると，後述するように，m を整数として $\langle T(z)X\rangle$ から

$$\frac{1}{(z-w_i)^m} \tag{2-2-29}$$

という特異性が生じることがある．このとき，

$$\epsilon(z)\frac{1}{(z-w)^m}=\sum_{l=0}^{\infty}\frac{1}{l!}\frac{\partial^l\epsilon(w)}{\partial w^l}(z-w)^{l-m} \tag{2-2-30}$$

とローラン展開し，これに $\partial_{\bar{z}}$ を作用させると，$l-m=-1$ の項だけが(2-2-24)の関係により積分に寄与をし，他の項は 0 となることがわかる．なぜなら，例えば

$$\frac{\partial}{\partial \bar{z}}\frac{1}{z^2}=\frac{2}{z}\frac{\partial}{\partial \bar{z}}\frac{1}{z}=\lim_{a\to 0}\frac{2(x-iy)}{x^2+y^2+a^2}\cdot 2\pi\delta^2(r)=0 \tag{2-2-31}$$

などが成立するからである．ところが，これらの関係はちょうど複素積分に対する留数定理に対応しているので，(2-2-23)の第1項は2次元積分のかわりに，

$w_1, \cdots, w_N$ をすべて囲む閉曲線 C に沿った複素積分

$$\oint_C \frac{dz}{2\pi i} \epsilon(z) \langle T(z) X \rangle \tag{2-2-32}$$

に置き換えてよい．

それでは，$\langle T(z)X \rangle$ が(2-2-29)の形の特異性をどのようにして示すかという問題を考えよう．そのためには演算子積展開(OPE)についてまず述べる必要がある．まずヴィックの定理から始めよう．(2-2-9)の変換において z 平面では，動径方向が時間発展に対応するので，動径方向順序付け R を次のように定義する．

$$RA(z)B(w) = \begin{cases} A(z)B(w) & (|z|>|w|) \\ B(w)A(z) & (|z|<|w|) \end{cases} \tag{2-2-33}$$

すると，ヴィックの定理は2つの演算子の積に対しては

$$RA(z)B(w) = \overline{A(z)B}(w) + :A(z)B(w): \tag{2-2-34}$$

となる．ここで，

$$\overline{A(z)B}(w) = \langle 0|RA(z)B(w)|0\rangle \tag{2-2-35}$$

はコントラクションと呼ばれる．

例として

$$\begin{aligned} A(z) &= \partial_z \phi(z) \\ B(w) &= \partial_w \phi(w) \end{aligned} \tag{2-2-36}$$

をとると，

$$\begin{aligned} \overline{\partial_z \phi(z) \partial_w \phi}(w) &= \partial_z \partial_w \overline{\phi(z) \phi}(w) \\ &= -\partial_z \partial_w \left[\frac{1}{2} \ln|z-w| \right] = -\frac{1}{4} \frac{1}{(z-w)^2} \end{aligned} \tag{2-2-37}$$

となる．これは正確な式である．これを用いると，例えば，

$$\begin{aligned} RT(z)\partial_w\phi(w) &= R[-2:(\partial_z\phi(z))^2:\partial_w\phi(w)] \\ &= -4\overline{\partial_z\phi(z)\partial_w\phi}(w):\partial_z\phi(z): -2:(\partial_z\phi(z))^2\partial_w\phi(w): \\ &= \frac{:\partial_z\phi(z):}{(z-w)^2} - 2:(\partial_z\phi(z))^2\partial_w\phi(w): \end{aligned} \tag{2-2-38}$$

を得るので，$\mathcal{O}_i$ の中に $\partial_w\phi(w)$ が含まれているときには，$(z-w)^{-2}$ といった

特異性が生じるのである．

以上より演算子 $\mathcal{O}(z)$ に対して，$z \to z+\epsilon(z)$ の変換に伴う変換性

$$\delta_\epsilon \mathcal{O}(z) = \oint_C \frac{d\zeta}{2\pi i} \epsilon(\zeta) T(\zeta) \mathcal{O}(z) \tag{2-2-39}$$

を得る．ここで C は点 z を囲む閉曲線である．(2-2-38)から，$\partial_z \phi(z)$ に対しては(: : を省略して)

$$\delta_\epsilon(\partial_z \phi(z)) \equiv T_\varepsilon(\partial_z \phi(z)) = \oint \frac{d\zeta}{2\pi i} \epsilon(\zeta) \left[\frac{\partial_\zeta \phi(\zeta)}{(\zeta - z)^2} + (\text{正則部分}) \right] \tag{2-2-40}$$

となるが，正則部分はコーシーの定理から積分に寄与せず，特異性をもつ部分は

$$\frac{\partial_\zeta \phi(\zeta)}{(\zeta - z)^2} = \frac{\partial_z \phi(z)}{(\zeta - z)^2} + \frac{\partial_z{}^2 \phi(z)}{(\zeta - z)} + (\text{正則部分}) \tag{2-2-41}$$

となるので，(2-2-40)は

$$\delta_\epsilon(\partial_z \phi(z)) = (\partial_z \epsilon(z)) \partial_z \phi(z) + \epsilon(z) \partial_z (\partial_z \phi(z)) \tag{2-2-42}$$

となる．これは微小変換に対する変換則であるが，積分により一般の等角写像 $z \mapsto w = w(z)$ に対しては

$$\partial_z \phi(z) \to \partial_w \phi(w) \frac{dw}{dz} \tag{2-2-43}$$

となることがわかる．実際，$w = z + \epsilon(z)$ ($\epsilon(z)$：無限小)とすると(2-2-42)に帰着することはすぐに確かめられる．一般にある演算子 $\mathcal{O}(z, \bar{z})$ があって，それが $z \mapsto w = w(z)$ および $\bar{z} \mapsto \bar{w} = \bar{w}(\bar{z})$ に対して

$$\mathcal{O}(z, \bar{z}) \to \tilde{\mathcal{O}}(w, \bar{w}) = \mathcal{O}(w, \bar{w}) \left(\frac{dw}{dz} \right)^{\Delta} \left(\frac{d\bar{w}}{d\bar{z}} \right)^{\bar{\Delta}} \tag{2-2-44}$$

と変換されるとき，$\mathcal{O}(z, \bar{z})$ を**プライマリー場**と呼ぶ．また，$(\Delta, \bar{\Delta})$ を**共形次元**と呼ぶ．このとき，

$$R[T(\zeta) \mathcal{O}(z, \bar{z})] = \frac{\Delta}{(\zeta - z)^2} \mathcal{O}(z, \bar{z}) + \frac{1}{\zeta - z} \partial_z \mathcal{O}(z, \bar{z}) + (\text{正則部分}) \tag{2-2-45}$$

および

$$\delta \mathcal{O}(z, \bar{z}) = \Delta (\partial_z \epsilon(z)) \mathcal{O}(z, \bar{z}) + \epsilon(z) \partial_z \mathcal{O}(z, \bar{z}) \tag{2-2-46}$$

が成立する．反正則部分についても同様の式が成立する．

このように，ストレス・エネルギーテンソル $T(z)$, $\bar{T}(\bar{z})$ との演算子積展開が，演算子の変換性を定めていることがわかった．それでは $T(z)$ や $\bar{T}(\bar{z})$ 自体の変換性はどうであろうか．じつは $T(z)$ や $\bar{T}(\bar{z})$ はプライマリー場ではないことがわかる．なぜなら，若干の計算の後，(2-2-18)に対して

$$RT(z)T(w) = \frac{c/2}{(z-w)^4} + \frac{2T(w)}{(z-w)^2} + \frac{\partial_w T(w)}{z-w} + (\text{正則部分}) \tag{2-2-47}$$

を得るからである．この c は**セントラルチャージ**と呼ばれる量で，いまの場合は $c=1$ であるが，これはだいたいボゾンの成分数を表わすものと考えればよい．この OPE に対応する変換則は，

$$\delta_\epsilon T(z) = \epsilon(z)(\partial_z T(z)) + 2(\partial_z \epsilon(z))T(z) + \frac{c}{12}\partial_z{}^3\epsilon(z) \tag{2-2-48}$$

であり，これから一般の $z \mapsto w(z)$ の場合の変換則は

$$T(z) \to \tilde{T}(w) = T(w)\left(\frac{dw}{dz}\right)^2 + \frac{c}{12}\{w, z\} \tag{2-2-49}$$

となる．ここで $\{w, z\}$ は**シュバルツ微分**と呼ばれ，

$$\{w, z\} = \frac{d^3w}{dz^3}\Big/\frac{dw}{dz} - \frac{3}{2}\left(\frac{d^2w}{dz^2}\right)^2\Big/\left(\frac{dw}{dz}\right)^2 \tag{2-2-50}$$

で定義される．

さて，ここで $T(z)$, $\bar{T}(\bar{z})$ を次のように展開しよう．

$$\begin{aligned} T(z) &= \sum_{n=-\infty}^{\infty} z^{-n-2}L_n \\ \bar{T}(\bar{z}) &= \sum_{n=-\infty}^{\infty} \bar{z}^{-n-2}\bar{L}_n \end{aligned} \tag{2-2-51}$$

すると逆に

$$\begin{aligned} L_n &= \oint_C \frac{dz}{2\pi i} z^{n+1}T(z) \\ \bar{L}_n &= \oint_C \frac{d\bar{z}}{2\pi i} \bar{z}^{n+1}\bar{T}(\bar{z}) \end{aligned} \tag{2-2-52}$$

を得る．ここで C は原点を囲む閉曲線であればどのように選んでもよい．この L_n の満たす交換関係を求めてみよう．C_w を点 w を囲む閉曲線として

$$[L_m, L_n] = \oint_{C_1} \frac{dz}{2\pi i} \oint_{C_2} \frac{dw}{2\pi i} z^{m+1} w^{n+1} (T(z)T(w) - T(w)T(z))$$

$$= \oint \frac{dz}{2\pi i} \oint_{|z|>|w|} \frac{dw}{2\pi i} z^{m+1} w^{n+1} R[T(z)T(w)]$$

$$- \oint \frac{dz}{2\pi i} \oint_{|z|<|w|} \frac{dw}{2\pi i} z^{m+1} w^{n+1} R[T(z)T(w)]$$

$$= \oint_C \frac{dw}{2\pi i} \left(\oint_{|z|>|w|} \frac{dz}{2\pi i} - \oint_{|z|<|w|} \frac{dz}{2\pi i} \right) z^{m+1} w^{n-1} R[T(z)T(w)]$$

$$= \oint_C \frac{dw}{2\pi i} \oint_{C_w} \frac{dz}{2\pi i} z^{m+1} w^{n+1}$$

$$\times \left[\frac{c/2}{(z-w)^4} + \frac{2T(w)}{(z-w)^2} + \frac{\partial_w T(w)}{z-w} + (\text{正則部分}) \right]$$

$$= \oint_C \frac{dw}{2\pi i} w^{n+1} \left[\frac{c}{12} (m+1) m (m-1) w^{m-2} \right.$$

$$\left. + 2(m+1) w^m T(w) + w^{m+1} \partial_w T(w) \right]$$

$$= \frac{c}{12} (m^3 - m) \delta_{n+m,0} + 2(m+1) L_{n+m} - (n+m+2) L_{n+m}$$

$$= \frac{c}{12} (m^3 - m) \delta_{n+m,0} + (m-n) L_{n+m}$$

つまり,

$$[L_m, L_n] = (m-n) L_{n+m} + \frac{c}{12} (m^3 - m) \delta_{n+m,0} \qquad (2\text{-}2\text{-}53)$$

が得られる. この交換関係が与える代数を**ビラソロ代数**と呼ぶ.

さて, いま, $\mathcal{O}(z)$ をプライマリー場としたとき, (2-2-45) より

$$R[T(z)\mathcal{O}(0)] = \frac{\Delta}{z^2} \mathcal{O}(0) + \frac{1}{z} \partial_z \mathcal{O}(0) + (\text{正則部分})$$

$$= \sum_{n=-\infty}^{\infty} \frac{1}{z^{n+2}} L_n \mathcal{O}(0) \qquad (2\text{-}2\text{-}54)$$

となるので,

$$\begin{aligned} L_0 \mathcal{O}(0) &= \Delta \mathcal{O}(0) \\ L_n \mathcal{O}(0) &= 0 \qquad (n>0) \end{aligned} \qquad (2\text{-}2\text{-}55)$$

を得る. つまり L_0 は $\mathcal{O}(0)$ の共形次元 Δ を与え, L_n $(n>0)$ は $\mathcal{O}(0)$ に作用

すると 0 となる．ここで，(2-2-53)で特に $m=0$ と置くと

$$[L_0, L_n] = -nL_n \tag{2-2-56}$$

なので，L_n $(n<0)$ は，L_0 の固有値を上げる演算子となる．

いま，真空 $|\mathrm{vac}\rangle$ が

$$L_n|\mathrm{vac}\rangle \qquad (n \geqq -1) \tag{2-2-57}$$

を満たすとすると，

$$|\mathcal{O}\rangle = \mathcal{O}(0)|\mathrm{vac}\rangle \tag{2-2-58}$$

に対して

$$L_0|\mathcal{O}\rangle = L_0\mathcal{O}(0)|\mathrm{vac}\rangle = \Delta\mathcal{O}(0)|\mathrm{vac}\rangle = \Delta|\mathcal{O}\rangle \tag{2-2-59}$$

が成立し，

$$\begin{aligned} L_0(L_{-n}|\mathcal{O}\rangle) &= ([L_0, L_{-n}]+L_{-n}L_0)|\mathcal{O}\rangle \\ &= nL_{-n}|\mathcal{O}\rangle+\Delta L_{-n}|\mathcal{O}\rangle = (n+\Delta)L_{-n}|\mathcal{O}\rangle \end{aligned} \tag{2-2-60}$$

となる．つまり，演算子 L_{-n} を作用させると，L_0 の固有値が n だけ増えるわけである．これはちょうど，角運動量で J^z の固有値が J^+ を作用させると増えることに対応している．

角運動量の理論において，J^+ を作用させると交換関係のみを用いて状態を作っていくことができたことを思い出すと，いまの場合も L_{-n} を作用させることで状態群を構成できるはずである．実際に $|\mathcal{O}\rangle$ から出発して

$$L_{-n_1}L_{-n_2}\cdots L_{-n_k}|\mathcal{O}\rangle \tag{2-2-61}$$

を作ると，L_0 の固有値は

$$\Delta+\sum_{j=1}^{k} n_j \tag{2-2-62}$$

となる．同様のことが反正則部分についても成り立つ．

このような状態群が，プライマリー場 $\mathcal{O}$ ごとに構成されることになり，それを**共形タワー構造**と呼ぶ．このように共形不変性から状態が整理，分類できることが共形場理論の大きな成果の1つである．逆にいえば，共形不変性をもつ系では，系のエネルギースペクトルから共形次元 $\Delta, \bar{\Delta}$ (それは一般には多数個，もしくは無限個)を読み取ることができるのである．そして Δ がわかれば対応するプライマリー場の相関関数の漸近的振舞も容易にわかるわけである．

このあたりの事情をふたたび(2-2-1)および(2-2-5)の作用に則して見てみよう．

まず，(2-2-5)においてはηがもはや現われていないことに注意する．ηは(2-2-2)のスケーリングでθ_+とϕの関係を与えているのだが，これは境界条件として(2-2-5)にも引き継がれているのである．つまりθ_+が2πの周期性をもつという条件は，ϕが$2\pi/\sqrt{2\eta}$の周期性をもつことを意味する．すこしの間，実時間に戻って考えると，この条件は

$$\phi(t, x+L) = \phi(t, x)+2\pi RN \tag{2-2-63}$$

と書ける．ここで$R=1/\sqrt{2\eta}$は**コンパクト化半径**と呼ばれるもので，Nは**巻き付き数**と呼ばれる整数である．これを考慮して$\phi(t, x)$を

$$\phi(t, x) = \frac{2\pi RN}{L}x+\hat{\phi}(t, x) \tag{2-2-64}$$

と書くと，$\hat{\phi}(t, x)$は周期関数である．

そこで$\hat{\phi}(t, x)$をフーリエ級数に展開しよう．

$$\hat{\phi}(t, x) = \frac{1}{\sqrt{L}}\sum_{n=-\infty}^{\infty} e^{ik_n x}\hat{\phi}(t, k_n) \tag{2-2-65}$$

ここで$k_n=\dfrac{2\pi n}{L}$である．$\hat{\phi}(t, x)$がエルミートであるという条件より

$$\hat{\phi}^\dagger(t, k_n) = \hat{\phi}(t, -k_n) \tag{2-2-66}$$

が成立する．次に$\phi(t, x)$に共役な運動量$\Pi(t, x)$を考えよう．$\Pi(t, x)$はラグランジアンより

$$\Pi(t, x) = \frac{\delta L}{\delta(\partial_t\phi(t, x))} = \frac{1}{\pi v}\partial_t\phi(t, x) \tag{2-2-67}$$

と求まる．これをふたたび

$$\Pi(t, x) = \frac{1}{\sqrt{L}}\sum_{n=-\infty}^{\infty} e^{ik_n x}\Pi(t, k_n) \tag{2-2-68}$$

とフーリエ展開すると，同時刻交換関係は

$$[\phi(t, x), \Pi(t, x')] = \frac{1}{L}\sum_{n, m} e^{ik_n x+ik_m x'}[\hat{\phi}(t, k_n), \Pi(t, k_m)] \tag{2-2-69}$$

となるが，これが$i\delta(x-x')$になるという要請から，

$$[\hat{\phi}(t, k_n), \Pi(t, k_m)] = i\delta_{k_n, -k_m} \tag{2-2-70}$$

が導かれる．

これを満たすために，γ_n を係数とし，$b_n^\dagger, b_n$ をボゾンの生成，消滅演算子として

$$\hat{\phi}(t, k_n) = \gamma_n(b_n + b_{-n}^\dagger)$$
$$\Pi(t, k_n) = \frac{i}{2\gamma_{-n}}(-b_n + b_{-n}^\dagger) \tag{2-2-71}$$

と書こう．ここで $\hat{\phi}^\dagger(t, k_n) = \hat{\phi}(t, -k_n)$，$\Pi^\dagger(t, k_n) = \Pi(t, -k_n)$ が自動的に満たされ，また，(2-2-70)も成立していることに注意して欲しい．

次にこれをハミルトニアン

$$H = \int dx \Pi(x)\dot{\phi}(x) - L$$
$$= \int dx \pi v \Pi(x)^2 - \int \frac{dx}{2\pi}(\pi^2 v \Pi(x)^2 - v(\nabla\phi(x))^2)$$
$$= \int dx \left[\frac{\pi}{2} v \Pi(x)^2 + \frac{v}{2\pi}(\nabla\phi(x))^2\right] \tag{2-2-72}$$

に代入すると

$$H = \sum_{n=-\infty}^{\infty}\left(\frac{\pi}{2} v \Pi(k_n)\Pi(-k_n) + \frac{v k_n{}^2}{2\pi}\hat{\phi}(k_n)\hat{\phi}(-k_n)\right) + \frac{2\pi v}{L}R^2 N^2 \tag{2-2-73}$$

となるが，この中で $b_n b_{-n}$ や $b_n^\dagger b_{-n}^\dagger$ といった項が相殺するという条件から

$$(\gamma_n \gamma_{-n})^2 = \left(\frac{\pi}{2k_n}\right)^2 \tag{2-2-74}$$

を得る．そこで $n \neq 0$ に対しては

$$\gamma_n = \gamma_{-n} = \sqrt{\frac{\pi}{2|k_n|}} \tag{2-2-75}$$

ととることにする．

一方，$n=0$ は「ゼロモード」と呼ばれるものに対応するので，$\hat{\phi}(k_n=0) = \sqrt{L}Q$，$\hat{\Pi}(k_n=0) = \frac{1}{\sqrt{L}}P$ と置くと，ハミルトニアンは

$$H = \frac{\pi v}{2L}P^2 + \sum_{n\neq 0} v|k_n|\left(b_n^\dagger b_n + \frac{1}{2}\right) + \frac{2\pi v}{L}R^2 N^2 \tag{2-2-76}$$

となり，P は保存量である．さらに交換関係 $[Q, P] = i$ を使うと

$$Q(t) = Q + \frac{\pi P}{L} vt \tag{2-2-77}$$

となり，また，

$$b_n(t) = b_n e^{-iv|k_n|t}$$
$$b_n^\dagger(t) = b_n^\dagger e^{iv|k_n|t} \qquad (2\text{-}2\text{-}78)$$

となる．

以上の考察をまとめると

$$\phi(t,x) = \frac{2\pi RN}{L}x + Q + \frac{\pi P v}{L}t + \frac{1}{2}\sum_{n\neq 0}\sqrt{\frac{1}{|n|}}(b_n e^{ik_n x - iv|k_n|t} + b_n^\dagger e^{-ik_n x + iv|k_n|t}) \qquad (2\text{-}2\text{-}79)$$

と書けることになる．ここで，$\phi(t,x)$ につき，$2\pi R$ の周期性があるということから，P の値は M を整数として

$$P = \frac{M}{R} \qquad (2\text{-}2\text{-}80)$$

に量子化される．これは，Q に対する波動関数を $\Psi(Q)$ としたとき，$\Psi(Q+2\pi R) = \Psi(Q)$ の条件から P の固有状態は $\Psi(Q) \propto e^{i\frac{M}{R}Q}$ (M：整数)となること，また，$P = \frac{1}{i}\frac{\partial}{\partial Q}$ であることから導かれる．

さて，(2-2-79)には $|n|$ や $|k_n|$ が現われて，右向きと左向きの成分がすっきり分かれていない．この点を見やすくするために，$b_n^\dagger, b_n$ より $n>0$ として

$$b_n = i\sqrt{\frac{1}{n}}\bar{\alpha}_n, \qquad b_{-n} = i\sqrt{\frac{1}{n}}\alpha_n$$
$$b_n^\dagger = -i\sqrt{\frac{1}{n}}\bar{\alpha}_{-n}, \qquad b_{-n}^\dagger = -i\sqrt{\frac{1}{n}}\alpha_{-n} \qquad (2\text{-}2\text{-}81)$$

と置くと，交換関係は

$$[\alpha_m, \alpha_n] = [\bar{\alpha}_m, \bar{\alpha}_n] = m\delta_{m+n,0}$$
$$[\alpha_m, \bar{\alpha}_n] = 0 \qquad (2\text{-}2\text{-}82)$$

となり，(2-2-79)は

$$\phi(t,x) = \frac{2\pi}{L}\left(RNx + \frac{M}{2R}vt\right) + Q + \frac{i}{2}\sum_{n\neq 0}\frac{1}{n}[\alpha_n e^{-ikn(x+vt)} + \bar{\alpha}_n e^{-ikn(-x+vt)}] \qquad (2\text{-}2\text{-}83)$$

となる．虚時間に移ったとき $x+vt \to x - iv\tau = -i(r_0 + ir_1) = -i\xi$ の方が z

に対応し，α_n が正則部分を，$\bar{\alpha}_n$ が反正則部分を表わす．この対応でいくと，(2-2-9)の変換を用いて

$$e^{i\frac{2\pi}{L}(vt+x)} \Rightarrow e^{i\frac{2\pi}{L}(-i\xi)} = e^{\frac{2\pi\xi}{L}} = z$$
$$e^{i\frac{2\pi}{L}(vt-x)} \Rightarrow e^{i\frac{2\pi}{L}(-i\bar{\xi})} = e^{\frac{2\pi\bar{\xi}}{L}} = \bar{z} \tag{2-2-84}$$

となる．これより(2-2-83)は

$$\phi(z, \bar{z}) = \frac{1}{2}(\varphi(z) + \bar{\varphi}(\bar{z})) \tag{2-2-85}$$

$$\varphi(z) = Q - i\alpha_0 \ln z + i\sum_{n\neq 0}\frac{1}{n}z^{-n}\alpha_n$$
$$\bar{\varphi}(\bar{z}) = Q - i\bar{\alpha}_0 \ln \bar{z} + i\sum_{n\neq 0}\frac{1}{n}\bar{z}^{-n}\bar{\alpha}_n \tag{2-2-86}$$

と書ける．ここで

$$\alpha_0 = \frac{P}{2} + RN, \qquad \bar{\alpha}_0 = \frac{P}{2} - RN \tag{2-2-87}$$

を定義した．(2-2-86)は ln を含むが，z や $\bar{z}$ に関する微分をとると，コンパクトに

$$\partial_z\varphi(z) = -i\sum_{n=-\infty}^{\infty} z^{-(n+1)}\alpha_n$$
$$\partial_{\bar{z}}\bar{\varphi}(\bar{z}) = -i\sum_{n=-\infty}^{\infty} \bar{z}^{-(n+1)}\bar{\alpha}_n \tag{2-2-88}$$

と書ける．

$T(z)$ は，(2-2-18)より

$$T(z) = -\frac{1}{2}:(\partial_z\varphi(z))^2: = \frac{1}{2}\sum_{n,\, m} z^{-(n+1)}z^{-(m+1)} : \alpha_n\alpha_m :$$
$$= \sum_n z^{-(n+2)}L_n \tag{2-2-89}$$

となり，

$$L_n = \frac{1}{2}\sum_m : \alpha_{m-n}\alpha_{-m} : \tag{2-2-90}$$

を得る．特に

$$L_0 = \frac{1}{2}\alpha_0{}^2 + \sum_{n=1}^{\infty}\alpha_{-n}\alpha_n \tag{2-2-91}$$

となる．なぜなら(2-2-81)の定義より $\alpha_n\ (n\geqq 1)$ は消滅演算子となるからである．同様に

$$\bar{L}_0=\frac{1}{2}\bar{\alpha}_0{}^2+\sum_{n=1}^{\infty}\bar{\alpha}_{-n}\bar{\alpha}_n \tag{2-2-92}$$

ここで，ハミルトニアンと全運動量を考えよう．これらの量は時間発展，および空間並進の生成子であるから，$T_{\mu\nu}$ と関係することは容易に理解される．付録Bに示したように，ハミルトニアン H と運動量 P は

$$H=v\int\frac{dx}{2\pi}T_{00}(x,t)=v\int\frac{dx}{2\pi}[T(\xi)+\bar{T}(\bar{\xi})] \tag{2-2-93}$$

$$P=iv\int\frac{dx}{2\pi}T_{01}(x,t)=v\int\frac{dx}{2\pi}[T(\xi)-\bar{T}(\bar{\xi})] \tag{2-2-94}$$

で与えられる．ここで $\xi=ivt+ix$，$\bar{\xi}=ivt-ix$ である．ここで(2-2-9)の等角写像によって ξ 平面から z 平面に移ったとき，(2-2-49)で z と w を入れ換えて

$$\tilde{T}(z)=\left(\frac{2\pi}{L}\right)^2\left[T(z)z^2-\frac{c}{24}\right] \tag{2-2-95}$$

となる．これより

$$\begin{aligned}\int\frac{dx}{2\pi}T(\xi)&=\oint_C\frac{dz}{2\pi iz}\left(\frac{L}{2\pi}\right)\tilde{T}(z)\\&=\frac{2\pi}{L}\oint_C\frac{dz}{2\pi iz}\left[T(z)z^2-\frac{c}{24}\right]=\frac{2\pi}{L}\left(L_0-\frac{c}{24}\right)\end{aligned} \tag{2-2-96}$$

となり，同様に

$$\int\frac{dx}{2\pi}\bar{T}(\bar{\xi})=\frac{2\pi}{L}\left(\bar{L}_0-\frac{c}{24}\right) \tag{2-2-97}$$

を得るので，(2-2-93),(2-2-94)より

$$H=\frac{2\pi v}{L}(L_0+\bar{L}_0)-\frac{\pi cv}{6L} \tag{2-2-98}$$

$$P=\frac{2\pi v}{L}(L_0-\bar{L}_0) \tag{2-2-99}$$

となる．これらの式はハミルトニアンと運動量が共形次元 Δ や $\bar{\Delta}$ を用いて表わせることばかりではなく，L が有限であることからくるエネルギー補正が $-\frac{\pi cv}{6L}$ というセントラルチャージと速度 v のみによることを示している．こ

れから逆に有限系のエネルギー固有値，運動量固有値から $\Delta, \bar{\Delta}, c$ といった理論を特徴づける重要な量を読みとることができるのである．

ここまでの一般論をふたたび(2-2-5)の作用に則して考えることにすると，L_0 の固有値 Δ は(2-2-91)から

$$\Delta = \frac{1}{2}\left(\frac{M}{2R}+RN\right)^2+\sum_{n<0}|n|N_n \tag{2-2-100}$$

となり，同様に $\bar{L}_0$ に対して

$$\bar{\Delta} = \frac{1}{2}\left(\frac{M}{2R}-RN\right)^2+\sum_{n>0}nN_n \tag{2-2-101}$$

を得る．ここで $N_n=\langle b_n^\dagger b_n\rangle$ は非負の整数である．

ここで，(2-2-100)および(2-2-101)の右辺第1項の意味を考えよう．そもそも2-1節の議論から，N_{R} と N_{L} をそれぞれ真空から測った右向きおよび左向きのフェルミオンの数とすると，(2-2-79)から

$$\begin{aligned} N_{\mathrm{R}}+N_{\mathrm{L}} &= \int\frac{dx}{2\pi}\partial_x\theta_+(x) = N \\ N_{\mathrm{R}}-N_{\mathrm{L}} &= \int\frac{dx}{2\pi}\partial_x\theta_-(x) = \int\frac{dx}{2\pi}\frac{2}{\eta v}\partial_t\theta_+ = M \end{aligned} \tag{2-2-102}$$

となる．つまり整数 N, M は左右のフェルミオンブランチの粒子数の増減を記述していたのである．さらに，(2-2-91)から

$$[L_0, \alpha_0] = 0 \tag{2-2-103}$$

であるので，両者を同時対角化する固有状態をとることができる．つまり(2-2-100)の右辺第1項と第2項を別々に考えてよいというわけである．第2項は各ブランチの粒子数を変化させない，フォノン場の励起($\alpha_n\,(n\neq0)$)に対応している．$\alpha_{n\neq0}$ に関する真空で α_0 の固有値を $\beta=\dfrac{M}{2R}+RN$ とするような状態は，

$$|\beta\rangle = \lim_{z\to0}:e^{i\beta\varphi(z)}:|\mathrm{vac}\rangle \tag{2-2-104}$$

で与えられる．つまり(2-2-58)との対応でいえば，$\mathcal{O}(z)=:e^{i\beta\varphi(z)}:$ は $\Delta=\beta^2/2$ とするプライマリー場であり，かつ $\alpha_0|\beta\rangle=\beta|\beta\rangle$ を満たすのである．

このことを具体的に確かめよう．前者については，$T(z)$ とのOPEを計算してみればよい．

$$
\begin{aligned}
RT(z)\mathcal{O}(w) &= -\frac{1}{2}:(\partial_z\varphi(z))^2::e^{i\beta\varphi(w)}: \\
&= -\frac{1}{2}:\partial_z\varphi(z)\partial_z\varphi(z)(:e^{i\beta\varphi(w)}:): \\
&\quad -:\partial_z\varphi(z)(:\partial_z\varphi(z)e^{i\beta\varphi(w)}:): \\
&= \frac{\beta^2/2}{(z-w)^2}:e^{i\beta\varphi(w)}:+i\beta:\partial_z\varphi(z)\left(\frac{1}{z-w}:e^{i\beta\varphi(w)}:\right): \\
&= \frac{\beta^2/2}{(z-w)^2}:e^{i\beta\varphi(w)}:+\frac{1}{z-w}\partial_w:e^{i\beta\varphi(w)}:+\text{正則部分}
\end{aligned}
\tag{2-2-105}
$$

となるので，たしかに$:e^{i\beta\varphi(z)}:$は$\Delta=\beta^2/2$を共形次元とするプライマリー場である．ただしここで

$$
\langle\varphi(z)\varphi(w)\rangle = -\ln(z-w) \tag{2-2-106}
$$

および

$$
\begin{aligned}
&\partial_z\varphi(z):e^{i\beta\varphi(w)}: \\
&= \sum_{n=0}^{\infty}\frac{(i\beta)^n}{n!}\partial_z\varphi(z):(\varphi(w))^n: \\
&= \sum_{n=0}^{\infty}\frac{(i\beta)^n}{n!}n\partial_z\varphi(z):\varphi(w)(\varphi(w))^{n-1}:+\text{正則部分} \\
&= \sum_{n=0}^{\infty}\frac{(i\beta)^n}{(n-1)!}\frac{-1}{z-w}:(\varphi(w))^{n-1}:+\text{正則部分} \\
&= -i\beta\frac{1}{z-w}:e^{i\beta\varphi(w)}:+\text{正則部分}
\end{aligned}
\tag{2-2-107}
$$

を使った．一方の$\alpha_0|\beta\rangle=\beta|\beta\rangle$は，(2-2-88)より

$$
\alpha_0 = \oint\frac{dz}{2\pi i}i\partial_z\varphi(z) \tag{2-2-108}
$$

と書けることに注意すると，(2-2-107)を使って

$$
\begin{aligned}
\alpha_0|\beta\rangle &= \lim_{w\to 0}\oint\frac{dz}{2\pi i}i\partial_z\varphi(z):e^{i\beta\varphi(w)}:|\mathrm{vac}\rangle \\
&= \lim_{w\to 0}\oint\frac{dz}{2\pi i}\frac{\beta}{z-w}|\beta\rangle = \beta|\beta\rangle
\end{aligned}
\tag{2-2-109}
$$

と示すことができる．

以上のように，(2-2-100)の右辺第1項はプライマリー場と完全に対応がついた．右辺第2項については，ボゾンの占拠数 N_n ですでにコンパクトな形で書けている．これをビラソロ代数の言葉で表わすためには $\partial_z\varphi(z)$ の多項式で書けてフォノンの励起を引き起こすプライマリー場を見つけ出す必要がある．われわれはすでに $\partial_z\varphi(z)$ がその例であることを知っているのであるが，それ以外のものもすべて求めるのはむしろ複雑である．この点の詳細については文献[1]を参照されたい．

この節の最後に，共形不変性から相関関数に対して何がいえるのかを述べる．

共形次元 $(\Delta_i, \bar{\Delta}_i)$ をもつプライマリー場 $\mathcal{O}_i$ を考え，2点相関関数

$$G^{(2)}(z_i, \bar{z}_i) = \langle \mathcal{O}_1(z_1, \bar{z}_1)\, \mathcal{O}_2(z_2, \bar{z}_2) \rangle \tag{2-2-110}$$

を考える．$z \mapsto z+\epsilon(z)$，$\bar{z} \mapsto \bar{z}+\bar{\epsilon}(\bar{z})$ に対して $G^{(2)}(z_i, \bar{z}_i)$ が不変に保たれるという要請は，(2-2-42)より

$$\begin{aligned}&[(\epsilon(z_1)\partial_{z_1}+\Delta_1\partial_{z_1}\epsilon(z_1))+(\epsilon(z_2)\partial_{z_2}+\Delta_2\partial_{z_2}\epsilon(z_2))\\&\quad+(\bar{\epsilon}(\bar{z}_1)\partial_{\bar{z}_1}+\bar{\Delta}_1\partial_{\bar{z}_1}\bar{\epsilon}(\bar{z}_1))+(\bar{\epsilon}(\bar{z}_2)\partial_{\bar{z}_2}+\bar{\Delta}_2\partial_{\bar{z}_2}\epsilon(\bar{z}_2))]\\&\quad\times G^{(2)}(z_i, \bar{z}_i) = 0\end{aligned} \tag{2-2-111}$$

という方程式で表現される．ここで並進対称操作 $\epsilon(z)=1$ および $\bar{\epsilon}(\bar{z})=1$ に対する(2-2-111)より $G^{(2)}(z_i, \bar{z}_i)$ が $z_{12}=z_1-z_2$，および $\bar{z}_{12}=\bar{z}_1-\bar{z}_2$ のみに依存することがわかる．

また，スケール変換 $\epsilon(z)=z$ および $\bar{\epsilon}(\bar{z})=\bar{z}$ に対して(2-2-111)は

$$\begin{aligned}&[z_{12}\partial_{z_{12}}+(\Delta_1+\Delta_2)]G^{(2)}(z_{12}, \bar{z}_{12}) = 0\\&[\bar{z}_{12}\partial_{\bar{z}_{12}}+(\bar{\Delta}_1+\bar{\Delta}_2)]G^{(2)}(z_{12}, \bar{z}_{12}) = 0\end{aligned} \tag{2-2-112}$$

を与えるので，C_{12} を定数として

$$G^{(2)}(z_{12}, \bar{z}_{12}) = \frac{C_{12}}{z_{12}{}^{\Delta_1+\Delta_2}\bar{z}_{12}{}^{\bar{\Delta}_1+\bar{\Delta}_2}} \tag{2-2-113}$$

となる．さらに $\epsilon(z)=z^2$，および $\bar{\epsilon}(\bar{z})=\bar{z}^2$ に対して(2-2-111)は(2-2-113)の具体的な形を代入すると

$$\begin{aligned}&-(\Delta_1+\Delta_2)(z_1+z_2)+2(\Delta_1 z_1+\Delta_2 z_2) = 0\\&-(\bar{\Delta}_1+\bar{\Delta}_2)(\bar{z}_1+\bar{z}_2)+2(\bar{\Delta}_1\bar{z}_1+\bar{\Delta}_2\bar{z}_2) = 0\end{aligned} \tag{2-2-114}$$

が得られるので $\Delta_1=\Delta_2=\Delta$，$\bar{\Delta}_1=\bar{\Delta}_2=\bar{\Delta}$ が結論され，そうでない場合は $G^{(2)}$ は

0となる．したがって，最終的に

$$G^{(2)}(z_{12}, \bar{z}_{12}) = \frac{C_{12}}{z_{12}{}^{2\Delta}\bar{z}_{12}{}^{2\bar{\Delta}}} \tag{2-2-115}$$

という形が得られた．つまり，プライマリー場の2点相関関数は共形次元によりその臨界指数が決まってしまうのである．

以上の一般的議論を具体例に則して考えると，例えば

$$\mathcal{O}_1 = \mathcal{O}_2 = e^{i2\beta\phi(z, \bar{z})} \tag{2-2-116}$$

は(2-2-104)以降の議論からわかるように，$(\Delta, \bar{\Delta}) = (\beta^2/2, \beta^2/2)$ を共形次元とするプライマリー場なので

$$\langle e^{i2\beta\phi(z, \bar{z})} e^{-i2\beta\phi(0, 0)} \rangle = \frac{C_{12}}{|z|^{2\beta^2}} \tag{2-2-117}$$

となる．

(2-2-115)は，z 平面全体での共形不変な形なので，等角写像(2-2-9)の写像先での相関関数と考えられる．これより ξ 平面での相関関数は(2-2-44)より

$$\begin{aligned} G^{(2)}(\xi_i, \bar{\xi}_i) &= \left(\frac{dz(\xi_1)}{d\xi_1}\frac{dz(\xi_2)}{d\xi_2}\right)^{\Delta}\left(\frac{d\bar{z}(\bar{\xi}_1)}{d\bar{\xi}_1}\frac{d\bar{z}(\bar{\xi}_2)}{d\bar{\xi}_2}\right)^{\bar{\Delta}} \\ &\quad \times G^{(2)}(z(\xi_1) - z(\xi_2),\ \bar{z}(\xi_1) - \bar{z}(\xi_2)) \\ &= C_{12}\left\{\frac{\pi/L}{\sinh\dfrac{\pi(\xi_1 - \xi_2)}{L}}\right\}^{2\Delta}\left\{\frac{\pi/L}{\sinh\dfrac{\pi(\bar{\xi}_1 - \bar{\xi}_2)}{L}}\right\}^{2\bar{\Delta}} \end{aligned} \tag{2-2-118}$$

となる．これは，有限サイズ効果を含んだ相関関数の形が共形不変性により定まるという著しい性質を示している．

$$\begin{aligned} \frac{1}{\sinh\left[\dfrac{\pi(\xi_1 - \xi_2)}{L}\right]} &= 2e^{-\frac{\pi(\xi_1 - \xi_2)}{L}}\left[1 - e^{-\frac{2\pi(\xi_1 - \xi_2)}{L}}\right]^{-1} \\ &= 2e^{-\frac{\pi(\xi_1 - \xi_2)}{L}}\sum_{n=0}^{\infty} e^{-\frac{2\pi n(\xi_1 - \xi_2)}{L}} \end{aligned} \tag{2-2-119}$$

と展開すると，(2-2-118)は a_{nm} を係数として

$$G^{(2)}(\xi_i, \bar{\xi}_i) = \sum_{n,m} a_{nm} e^{-\frac{2\pi}{L}(\Delta + n)(\xi_1 - \xi_2)} e^{-\frac{2\pi}{L}(\bar{\Delta} + m)(\bar{\xi}_1 - \bar{\xi}_2)} \tag{2-2-120}$$

と書ける．

一方，$|q\rangle$ をエネルギー固有値 E_q および運動量固有値 P_q をもつ状態だとすると，これは基底をなすので，$G^{(2)}(\xi_i, \bar{\xi}_i)$ は $|0\rangle$ を基底状態として

$$G^{(2)}(\xi_i, \bar{\xi}_i) = \sum_q \langle 0|\mathcal{O}_1(0,0)|q\rangle\langle q|\mathcal{O}_2(0,0)|0\rangle \times e^{-(E_q-E_0)(\tau_1-\tau_2)-iP_q(x_1-x_2)/v} \tag{2-2-121}$$

と書ける．$\tau_1-\tau_2=\dfrac{1}{2v}(\xi_1-\xi_2+\bar{\xi}_1-\bar{\xi}_2)$，$i(x_1-x_2)=\dfrac{1}{2}(\xi_1-\xi_2-\bar{\xi}_1+\bar{\xi}_2)$ であることに注意し，(2-2-120)と(2-2-121)を比べると

$$\begin{aligned} v^{-1}(E_q+P_q) &= \frac{4\pi}{L}(\Delta+n) \\ v^{-1}(E_q-P_q) &= \frac{4\pi}{L}(\bar{\Delta}+m) \end{aligned} \tag{2-2-122}$$

という関係が求まる．これより，n_1, n_2 を整数として

$$\begin{aligned} E_q &= \frac{2\pi v}{L}(\Delta+\bar{\Delta}+n_1) \\ P_q &= \frac{2\pi v}{L}(\Delta-\bar{\Delta}+n_2) \end{aligned} \tag{2-2-123}$$

となる，$\Delta, \bar{\Delta}$ がそれぞれ $L_0, \bar{L}_0$ の固有値であることを考慮すると，これは(2-2-98)，(2-2-99)および共形タワー構造を表現していることになる．

2-3　非線形シグマ模型——量子反強磁性体の有効理論

この節では，前節まで調べてきた1次元量子反強磁性体に対する別のアプローチを紹介する．この方法は1次元に限らず任意の次元で使えることと，スピン S が大きいときによい半古典近似なので，前節までの議論とは相補的であるといえる．

基本的な考え方は，系に含まれる「ゆっくりと変動する自由度」を取り出し，それに対する有効作用を求めるというものである．ハミルトニアン

$$H = \sum_{i,j} J_{ij}\boldsymbol{S}_i\cdot\boldsymbol{S}_j \tag{2-3-1}$$

に対する状態和 Z は，経路積分表示で

$$Z = \int \prod_i \mathscr{D}\boldsymbol{S}_i(\tau)\, e^{-A} \tag{2-3-2}$$

と書け，作用 A は，

$$A = iS\sum_i \omega(\{\boldsymbol{S}_i(\tau)\}) + \int_0^\beta d\tau \sum_{ij} J_{ij}\boldsymbol{S}_i(\tau)\cdot\boldsymbol{S}_j(\tau) \tag{2-3-3}$$

で与えられる．以下，格子間隔 a の d 次元の立方格子を考え，$J_{ij}=J>0$ は最隣接サイト間のみに働くとする．ここで右辺第1項は**ベリー位相項**と呼ばれ，$\omega(\{\boldsymbol{S}_i(\tau)\})$ は $\boldsymbol{S}_i(\tau)$ が $\tau=0$ から $\tau=\beta$ まで運動するときに，$\boldsymbol{n}_i(\tau)=\boldsymbol{S}_i(\tau)/S$ が単位球面上で描く軌跡が囲む立体角で，$\boldsymbol{n}=(\sin\theta\cos\varphi, \sin\theta\sin\varphi, \cos\theta)$ と極座標表示すると，

$$\omega(\{\boldsymbol{S}(\tau)\}) = \int_0^\beta d\tau(1-\cos\theta(\tau))\,\dot{\varphi}(\tau) \tag{2-3-4}$$

で与えられる．

さて，(2-3-2)と(2-3-3)は正確な表式であるが，これから長波長，低エネルギーの有効理論を連続体近似で導いていく．まず，「ゆっくりと変動する自由度」の同定を行なう．その指導原理は2つある．

1つは保存則である．いまの場合，全スピン $\boldsymbol{S}_{\rm tot}=\sum_i \boldsymbol{S}_i$ はハミルトニアン(2-3-1)と交換するので，$\boldsymbol{S}_{\rm tot}$ は保存量である．つまり時間によらない．したがって，フーリエ変換したとき，$\boldsymbol{S}(\boldsymbol{q}=\boldsymbol{0})$ が時間依存性をもたないので $|\boldsymbol{q}|$ が小さい成分，つまり $\boldsymbol{S}(\boldsymbol{q})$ $(|\boldsymbol{q}|\ll\pi/a)$ もゆっくりと運動するはずである．ここで a は格子間隔である．

もう1つの原理は対称性の破れとそれに伴うゴールドストーンモードである．いま J_{ij} が反強磁性的である場合を考えているので，

$$\langle \boldsymbol{S}_i \rangle = (-1)^i \boldsymbol{M}_S \tag{2-3-5}$$

となるような反強磁性長距離秩序が予想される．ここで

$$(-1)^i = e^{i\boldsymbol{Q}\cdot\boldsymbol{R}_i} \tag{2-3-6}$$

$\boldsymbol{Q}$ はすべての成分を π/a とする波数ベクトルであり，$\boldsymbol{R}_i$ はサイト i の位置ベクトルである．(2-3-5)で $\boldsymbol{M}_S$ の方向を一様に変化させてもエネルギーは縮退しているため，$\boldsymbol{M}_S$ を空間的に長波長の極限で変化させるとその周波数がゼロに近づくモード(**ゴールドストーンモード**)となる．これは $\boldsymbol{S}(\boldsymbol{q})$ の $\boldsymbol{q}$ が $\boldsymbol{Q}$ 近

傍であるような揺らぎであるから，そこでもゆっくりした変動が予想される．この予想は必ずしも真の長距離秩序が存在しない場合にもあてはまることに注意されたい．つまり強い長距離にわたる反強磁性相関が発達している場合には，ほとんど長距離秩序が存在すると近似的には見なせるので，やはり $\boldsymbol{S}(\boldsymbol{q})$ $(|\boldsymbol{q}-\boldsymbol{Q}|\ll\pi/a)$ はゆっくり変動するはずである．

以上の考察から，$\boldsymbol{\Omega}(\boldsymbol{R}_i)$ と $\boldsymbol{L}(\boldsymbol{R}_i)$ を時間的にも空間的にもゆっくり変動する場として

$$\boldsymbol{S}_i(\tau) = (-1)^i S\boldsymbol{\Omega}(\boldsymbol{R}_i) + a\boldsymbol{L}(\boldsymbol{R}_i) \tag{2-3-7}$$

と書く．ここで $\boldsymbol{\Omega}$ は単位ベクトル$(|\boldsymbol{\Omega}|=1)$であり，規格化条件 $|\boldsymbol{S}_i(\tau)|^2=S^2$ を a について1次まで満たすために

$$\boldsymbol{\Omega}(\boldsymbol{R}_i)\cdot\boldsymbol{L}(\boldsymbol{R}_i) = 0 \tag{2-3-8}$$

が必要条件となる．そもそも(2-3-7)で $\boldsymbol{L}(\boldsymbol{R}_i)$ に a がついたのは，完全な反強磁性秩序(例えば $\boldsymbol{\Omega}=\boldsymbol{e}_z$)に対しては一様磁化が出ないので，一様成分は $\boldsymbol{\Omega}$ の空間微分と関係しているからであり，このように書くことで格子定数 a の次数で整理してコンシステントな連続体近似が構成できるのである((2-3-9)式を見よ)．

(2-3-7)式を(2-3-3)式に代入しよう．まずハミルトニアンは，$\langle ij\rangle$ を最隣接のペアーとして

$$\begin{aligned}
H &= J\sum_{\langle ij\rangle}\boldsymbol{S}_i\cdot\boldsymbol{S}_j \\
&= J\sum_{\langle ij\rangle}[(-1)^i S\boldsymbol{\Omega}(\boldsymbol{R}_i)+a\boldsymbol{L}(\boldsymbol{R}_i)][(-1)^j S\boldsymbol{\Omega}(\boldsymbol{R}_j)+a\boldsymbol{L}(\boldsymbol{R}_j)] \\
&= -JS^2\sum_{i,\alpha}\boldsymbol{\Omega}(\boldsymbol{R}_i)\cdot\boldsymbol{\Omega}(\boldsymbol{R}_i+a\boldsymbol{e}_\alpha) \\
&\quad +JSa\sum_{i,\alpha}(-1)^i\{\boldsymbol{\Omega}(\boldsymbol{R}_i)\cdot\boldsymbol{L}(\boldsymbol{R}_i+a\boldsymbol{e}_\alpha)+\boldsymbol{\Omega}(\boldsymbol{R}_i)\cdot\boldsymbol{L}(\boldsymbol{R}_i-a\boldsymbol{e}_\alpha)\} \\
&\quad +Ja^2\sum_{i,\alpha}\boldsymbol{L}(\boldsymbol{R}_i)\cdot\boldsymbol{L}(\boldsymbol{R}_i+a\boldsymbol{e}_\alpha) \\
&= -JS^2\sum_{i,\alpha}\left\{1+a\boldsymbol{\Omega}(\boldsymbol{R}_i)\cdot\frac{\partial\boldsymbol{\Omega}(\boldsymbol{R}_i)}{\partial R_i^\alpha}+\frac{1}{2}a^2\boldsymbol{\Omega}(\boldsymbol{R}_i)\cdot\frac{\partial^2\boldsymbol{\Omega}(\boldsymbol{R}_i)}{\partial R_i^{\alpha 2}}\right\}
\end{aligned}$$

$$+2JSa^2\sum_{i,\ \alpha}(-1)^i\boldsymbol{\Omega}(\boldsymbol{R}_i)\cdot\boldsymbol{L}(\boldsymbol{R}_i)+Ja^2d\sum_i|\boldsymbol{L}(\boldsymbol{R}_i)|^2+O(a^3)$$

(2-3-9)

ここで α は $x, y, \cdots$ 等の方向を表わす．$|\boldsymbol{\Omega}|^2=1$ から $\boldsymbol{\Omega}\cdot\dfrac{\partial\boldsymbol{\Omega}}{\partial R^\alpha}=0$ がいえることと，(2-3-8)から，(2-3-9)は

$$\begin{aligned}H &= -JS^2\sum_{i,\ \alpha}\left\{1+\frac{1}{2}a^2\boldsymbol{\Omega}(\boldsymbol{R}_i)\cdot\frac{\partial^2\boldsymbol{\Omega}(\boldsymbol{R}_i)}{\partial R_i^{\alpha 2}}\right\}\\ &\quad +Jda^2\sum_i|\boldsymbol{L}(\boldsymbol{R}_i)|^2+O(a^3)\\ &\cong -JS^2\sum_{i,\ \alpha}1\\ &\quad +\int d^d\boldsymbol{R}\left\{\frac{JS^2a^{2-d}}{2}|\nabla\boldsymbol{\Omega}(\boldsymbol{R})|^2+Jda^{2-d}\boldsymbol{L}(\boldsymbol{R})^2\right\}\end{aligned}\qquad(2\text{-}3\text{-}10)$$

と連続体近似で積分形に書き直せる．

次はベリー位相項であるが，これは $\boldsymbol{n}_i(\tau)=\boldsymbol{S}_i(\tau)/S$ として

$$\begin{aligned}S\sum_i\omega(\{\boldsymbol{n}_i(\tau)\}) &= S\sum_i\omega\left(\left\{(-1)^i\boldsymbol{\Omega}(\boldsymbol{R}_i,\tau)+\frac{a}{S}\boldsymbol{L}(\boldsymbol{R}_i,\tau)\right\}\right)\\ &\cong S\sum_i\left\{\omega(\{(-1)^i\boldsymbol{\Omega}(\boldsymbol{R}_i)\})\right.\\ &\quad\left.+\int_0^\beta d\tau\frac{\delta\omega(\{\boldsymbol{n}(\tau)\})}{\delta\boldsymbol{n}(\tau)}\bigg|_{\boldsymbol{n}(\tau)=(-1)^i\boldsymbol{\Omega}(\boldsymbol{R}_i,\tau)}\cdot\frac{a}{S}\boldsymbol{L}(\boldsymbol{R}_i,\tau)\right\}\end{aligned}$$

(2-3-11)

ここで(2-3-4)で $-\boldsymbol{n}=(\sin(\pi-\theta)\cos(\varphi+\pi), \sin(\pi-\theta)\sin(\varphi+\pi), \cos(\pi-\theta))$ であることに注意すると

$$\begin{aligned}S\omega(\{-\boldsymbol{n}(\tau)\}) &= S\int_0^\beta d\tau(1+\cos\theta(\tau))\dot{\varphi}(\tau)\\ &= -S\omega(\{\boldsymbol{n}(\tau)\})+2S[\varphi(\beta)-\varphi(0)]\end{aligned}\qquad(2\text{-}3\text{-}12)$$

となることと，$2S[\varphi(\beta)-\varphi(0)]$ が 2π の整数倍になることから

$$e^{-iS\omega(\{-\boldsymbol{n}(\tau)\})}=e^{iS\omega(\{\boldsymbol{n}(\tau)\})}\qquad(2\text{-}3\text{-}13)$$

がいえる．そこで(2-3-11)の最右辺の第1項は

$$S\sum_i(-1)^i\omega(\{\boldsymbol{\Omega}(\boldsymbol{R}_i)\})\qquad(2\text{-}3\text{-}14)$$

で置き換えてよい．また，

$$\frac{\delta\omega(\{\boldsymbol{n}(\tau)\})}{\delta\boldsymbol{n}(\tau)}=\frac{\partial\boldsymbol{n}(\tau)}{\partial\tau}\times\boldsymbol{n}(\tau) \tag{2-3-15}$$

より，(2-3-11)の右辺第2項は

$$\sum_i\int_0^\beta d\tau a\boldsymbol{L}(\boldsymbol{R}_i,\tau)\cdot\frac{\partial\boldsymbol{\Omega}(\boldsymbol{R}_i,\tau)}{\partial\tau}\times\boldsymbol{\Omega}(\boldsymbol{R}_i,\tau) \tag{2-3-16}$$

と書ける．ここで $\boldsymbol{n}=(-1)^i\boldsymbol{\Omega}$ を代入しても $(-1)^i$ の因子は2つで相殺することに注意されたい．

以上をまとめると，有効作用はいまの段階で

$$\begin{aligned}A_{\mathrm{eff}}=&\,iS\sum_i(-1)^i\omega(\{\boldsymbol{\Omega}(\boldsymbol{R}_i,\tau)\})\\&+\int_0^\beta d\tau\int d^d\boldsymbol{R}\left\{\frac{JS^2a^{2-d}}{2}|\nabla\boldsymbol{\Omega}(\boldsymbol{R},\tau)|^2+Jda^{2-d}|\boldsymbol{L}(\boldsymbol{R},\tau)|^2\right.\\&\left.+ia^{1-d}\boldsymbol{L}(\boldsymbol{R},\tau)\cdot\left(\frac{\partial\boldsymbol{\Omega}(\boldsymbol{R},\tau)}{\partial\tau}\times\boldsymbol{\Omega}(\boldsymbol{R},\tau)\right)\right\}\end{aligned} \tag{2-3-17}$$

ここで一様成分 $\boldsymbol{L}$ と交番成分 $\boldsymbol{\Omega}$ はちょうど運動量と座標に対応するカノニカル共役関係となっていることが見える．つまり，$\boldsymbol{L}$ についての積分はガウス積分であるが，その際

$$\boldsymbol{L}\sim\frac{-i}{2Jda}\left(\frac{\partial\boldsymbol{\Omega}}{\partial\tau}\times\boldsymbol{\Omega}\right) \tag{2-3-18}$$

の関係が示唆される．この $\boldsymbol{L}$ の積分は(2-3-8)の条件を満たすようになされるべきであるが，(2-3-18)の右辺は $\boldsymbol{\Omega}$ と直交しているので，結局通常の平方完成の手続きをすればよく，$\boldsymbol{\Omega}$ のみで書いた次の有効作用が得られる．

$$\begin{aligned}A_{\mathrm{eff}}=&\,iS\sum_i(-1)^i\omega(\{\boldsymbol{\Omega}(\boldsymbol{R}_i)\})\\&+\int_0^\beta d\tau\int d^d\boldsymbol{R}\left\{\frac{JS^2a^{2-d}}{2}|\nabla\boldsymbol{\Omega}(\boldsymbol{R},\tau)|^2+\frac{a^{-d}}{4Jd}\left(\frac{\partial\boldsymbol{\Omega}(\boldsymbol{R},\tau)}{\partial\tau}\right)^2\right\}\end{aligned} \tag{2-3-19}$$

これが**非線形シグマ模型**と呼ばれるものである．

ここでスピン波の速度 c と結合定数 g を

$$c=\sqrt{2d}\,JSa \tag{2-3-20a}$$

$$g = \frac{2\sqrt{2d}}{S}a^{d-1} \tag{2-3-20b}$$

で導入する．$x_0 = c\tau$，$x_\alpha = R_\alpha$ として $d+1$ 次元の座標 x_μ を定義すると，(2-3-19)はさらに

$$A_{\mathrm{eff}} = iS\sum_i(-1)^i\omega(\{\boldsymbol{\Omega}(\boldsymbol{R}_i)\}) + \frac{1}{g}\int_0^{c\beta}dx_0\int d^d\boldsymbol{x}\,(\partial_\mu\boldsymbol{\Omega})^2 \tag{2-3-21}$$

とコンパクトに書ける．

(2-3-21)の右辺第1項のベリー位相項に対してさらに考察を進めよう．まず1次元の場合からはじめる．偶数サイト数 $2N$ で周期的境界条件 $\boldsymbol{\Omega}(R_{2N+1}) = \boldsymbol{\Omega}(R_1)$ を課すとすると，

$$\begin{aligned}
&S\sum_{i=1}^{2N}(-1)^i\omega(\{\boldsymbol{\Omega}(ia)\})\\
&= S\sum_{k=1}^{N}[\omega(\{\boldsymbol{\Omega}(2ka)\}) - \omega(\{\boldsymbol{\Omega}((2k-1)a)\})]\\
&\cong \frac{S}{2}\int_0^\beta d\tau\int dx\frac{\delta\omega(\{\boldsymbol{\Omega}(x,\tau)\})}{\delta\boldsymbol{\Omega}(x,\tau)}\frac{\partial\boldsymbol{\Omega}(x,\tau)}{\partial x}\\
&= \frac{S}{2}\int_0^{\beta c}dx_0\int_0^{L=2Na}dx_1\frac{\partial\boldsymbol{\Omega}(x)}{\partial x_0}\times\boldsymbol{\Omega}(x)\cdot\frac{\partial\boldsymbol{\Omega}(x)}{\partial x_1}
\end{aligned} \tag{2-3-22}$$

と変形できる．ここで現われた1/2の因子は，偶奇の2サイトを1まとめにしたことから生じたことに注意されたい．

(2-3-22)の最後に得られた積分は，次のような幾何学的な意味をもつ．2次元平面から単位球面上への写像

$$(x_0, x_1) \mapsto \boldsymbol{\Omega}(x_0, x_1) \tag{2-3-23}$$

を考えたとき，2次元平面の微小領域 dx_0dx_1 が単位球面上に作る面素ベクトルは $d\boldsymbol{\mathcal{A}}$

$$d\boldsymbol{\mathcal{A}} = \left(\frac{\partial\boldsymbol{\Omega}}{\partial x_0}\times\frac{\partial\boldsymbol{\Omega}}{\partial x_1}\right)dx_0dx_1 \tag{2-3-24}$$

であるが，これは $\boldsymbol{\Omega}$ と平行なので，微少面素は符号も含めて

$$d\mathcal{A} = d\boldsymbol{\mathcal{A}}\cdot\boldsymbol{\Omega}$$

で与えられる．これを (x_0, x_1) について $[0,\beta]\times[0,L]$ の領域で積分すると，これは(2-3-23)の写像により，この領域が球面上に作る像の面積となる．

$\boldsymbol{\Omega}(x)$ は x_0, x_1 の両方向に周期的境界条件が課せられていることを考慮し，$[0, \beta]\times[0, L]$ の境界で $\boldsymbol{\Omega}$ がすべて同じ方向を向いていると仮定すると，この境界を貼り合わせて 1 点として球面を作ることができる．すると $\boldsymbol{\Omega}(x)$ は球面上から球面への写像を与え，

$$Q = \frac{1}{4\pi}\int dx_0 \int dx_1 \left(\frac{\partial \boldsymbol{\Omega}}{\partial x_0}\times\frac{\partial \boldsymbol{\Omega}}{\partial x_1}\right)\cdot\boldsymbol{\Omega} \tag{2-3-25}$$

はこの写像が何回単位球面を包んだかを数える整数となる．この Q は**スキルミオン数**と呼ばれている．これにより(2-3-21)式中右辺第 1 項のベリー位相項は，位相因子

$$e^{-i2\pi SQ} \tag{2-3-26}$$

を与えることになる．

ここで S が整数の場合は，Q も整数だから $e^{-i2\pi SQ}=1$ となり，ベリー位相項は無視してもよい．ところが S が半奇数の場合は，(2-3-26)は

$$(-1)^Q \tag{2-3-27}$$

となり，Q の偶奇に応じて正負が変化する．

この違いは 1 次元量子スピン系の低エネルギーの性質を根本的に変えてしまうことがハルデインによって見出されたのであるが，詳細は後に述べることにして，ここでは定性的な議論をしておく．(2-3-2)の経路積分は，可能な量子揺らぎのスピン配置をすべて取り込んでいると読める．特に(2-3-21)式でベリー位相項が無視できる整数スピンのときには，A_{eff} が正であるから $e^{-A_{\mathrm{eff}}}$ はつねに正であり，すべての量子揺らぎが経路積分に同符号で寄与する．ところが半奇数スピンの場合には(2-3-27)の因子により，量子揺らぎの間に負の干渉効果が起こり相殺する結果として，量子揺らぎが抑えられることになる．

そのために交番成分 $\boldsymbol{\Omega}$ は，整数スピンの場合にはより量子的になり，半奇数スピンの場合にはより古典的となる．その結果 $\boldsymbol{\Omega}$ の相関関数をみたとき，半奇数の方がより長距離までその相関が及ぶことになる．相関距離を ξ としたとき，ξ は系の励起スペクトルのギャップ m と $\xi\propto m^{-1}$ の関係にある．整数スピンでは有限の m（ハルデインギャップ）と有限の ξ が得られ，半奇数スピンでは $m=0$（ギャップレス）で $\xi=\infty$ となり，相関関数はべきで減衰する．前節

までくわしく調べた $S=1/2$ はまさに後者の例である．

このように，ベリー位相項の干渉効果によって系が古典的となるのは，量子力学で経路積分

$$\int \mathcal{D}x(t)\, e^{\frac{i}{\hbar}S(\{x(t)\})} \tag{2-3-28}$$

を考えたとき，$\hbar\to 0$ で古典的な経路 $\delta S=0$ のみが寄与することと軌を一にしている．いまの場合は虚時間形式で考えているが，それでもベリー位相項は純虚数のままで量子干渉効果をもたらすのである．

次に2次元，3次元の場合を考えよう．2次元，3次元の格子を1次元鎖の集合体として考えると，鎖ごとにやはり反強磁性的な相関が存在することになる．したがって鎖の指標を i とすると，スキルミオン数 Q_i は $(-1)^i$ という因子で符号の交替が起こる．この結果，i について和をとると相殺が起こり，ベリー位相項は0となるとされている．注意を要するのは，この結論は連続体近似が成り立つゆっくり変化する場 $\boldsymbol{\Omega}$ に対するもので，不連続な変化や特異性をもつ場合は(それは元の格子点上で定義された $\boldsymbol{\Omega}$ では許される)，ベリー位相項が重要となる．しかしそれは反強磁性秩序が量子揺らぎのために消失したスピン液体の場合であり，後述するように，2次元，3次元の量子ハイゼンベルク模型では絶対零度で長距離秩序が生じると考えられているので，(2-3-21)においてベリー位相項は無視してもよいのである．

以上，ベリー位相項についての結論をまとめると，1次元で S が半奇数の場合(例えば $S=1/2$)にのみそれが重要となる．ベリー位相項のついた非線形シグマ模型の解析は難しい問題であるが，(2-3-21)の有効作用は，1次元で S が整数と半奇数の場合は低エネルギーの性質が異なること，しかも両者のグループがそれぞれ定性的には同じ性質を示すだろうという予想を与えてくれる．そうだとすれば，われわれはすでに $S=1/2$ の場合を前節まで詳細に調べてきたので，半奇数の場合はギャップレスの励起スペクトルが存在することになる．

ここではそこまでで満足することにして，1次元で S が整数の場合，および高次元の場合，つまりベリー位相項が無視できる場合について，以下に調べよう．以降，簡単のために $c=a=1$ の単位系で考える．状態和 Z は経路積分表

示で

$$Z = \int \mathscr{D}\boldsymbol{\Omega}(x)\prod_x \delta(\boldsymbol{\Omega}^2(x)-1)\exp\left[-\frac{1}{g}\int d^{d+1}x(\partial_\mu \boldsymbol{\Omega}(x))^2\right] \quad (2\text{-}3\text{-}29)$$

と書ける．作用は $\boldsymbol{\Omega}$ に関して 2 次形式であるが，δ 関数で表現されている拘束条件

$$\boldsymbol{\Omega}^2(x) = 1 \quad (2\text{-}3\text{-}30)$$

が系に非線形性を与えている．この拘束条件を

$$\prod_x \delta(\boldsymbol{\Omega}^2(x)-1) = \int \mathscr{D}\lambda(x)\exp\left[-\int \lambda(x)(\boldsymbol{\Omega}^2(x)-1)\,d^{d+1}x\right] \quad (2\text{-}3\text{-}31)$$

と書くことにする．ここで各 $\lambda(x)$ の積分は $-i\infty$ から $+i\infty$ まで行なうこととし，2π などの数係数は省略した．

これにより状態和 Z は

$$Z = \int \mathscr{D}\lambda(x)\,\mathscr{D}\boldsymbol{\Omega}(x)\exp\left[-\int d^{d+1}x\left\{\frac{1}{g}(\partial_\mu \boldsymbol{\Omega}(x))^2+\lambda(x)(\boldsymbol{\Omega}^2(x)-1)\right\}\right] \quad (2\text{-}3\text{-}32)$$

となる．ここで $\boldsymbol{\Omega}$ に関する積分は拘束条件なしに実行することができて，

$$Z = \int \mathscr{D}\lambda(x)\exp\left[\int \lambda(x)\,d^{d+1}x - 3\,\mathrm{Tr}\ln\left\{\frac{1}{g}\partial_\mu{}^2+\lambda(x)\right\}\Big/2\right] \quad (2\text{-}3\text{-}33)$$

を得る．ここで係数 3 は $\boldsymbol{\Omega}$ の成分数であり，2 でわったのは $\boldsymbol{\Omega}$ が実数の場だからである．Tr ln の項は λ に関して非線形な汎関数であるから，$\lambda(x)$ の経路積分は難しい．

そこで，この経路積分に対して鞍点法を適用する．(2-3-33)の指数関数の肩を $-A_{\mathrm{eff}}$ として

$$\delta A_{\mathrm{eff}}(\{\lambda(x)\}) = 0 \quad (2\text{-}3\text{-}34)$$

の方程式が鞍点解を定める．特に $\lambda(x)=\lambda=$定数 の範囲内で鞍点解を捜すことにすると絶対零度で

$$1 = \frac{3}{2}\,\mathrm{Tr}\frac{1}{\frac{1}{g}\partial_\mu{}^2+\lambda} \quad (2\text{-}3\text{-}35)$$

を得る．ここで Tr の意味は，波数空間で

$$\mathrm{Tr}\,\mathcal{O} \equiv \int \frac{d\omega}{2\pi} \int \frac{d^d \boldsymbol{k}}{(2\pi)^d} \langle \omega, \boldsymbol{k} | \mathcal{O} | \omega, \boldsymbol{k} \rangle \tag{2-3-36}$$

である．したがって，(2-3-35)は絶対零度で

$$\frac{2}{3} = \int_{|k|<\Lambda} \frac{d^{d+1}k}{(2\pi)^{d+1}} \frac{1}{\dfrac{k^2}{g} + \lambda} \tag{2-3-37}$$

となる．ここで波数のカットオフ $\Lambda\ (\sim \pi/a)$ を導入した．

(2-3-37)の積分は次元ごとに評価できる．まず $d=1$ の場合は

$$\int_0^{\Lambda} \frac{d^2k}{(2\pi)^2} \frac{g}{k^2 + g\lambda} = \frac{g}{4\pi} \ln \frac{\Lambda^2 + g\lambda}{g\lambda} \tag{2-3-38}$$

と対数関数が生じる．ここで $g\lambda$ はスピン励起におけるギャップ m と $g\lambda = m^2$ の関係にある．なぜなら，λ＝定数＝m^2/g と置いたときの $\boldsymbol{\Omega}$ に対する作用が

$$\frac{1}{g} \sum_{\omega, \boldsymbol{k}} (\omega^2 + \boldsymbol{k}^2 + m^2) \boldsymbol{\Omega}(\omega, \boldsymbol{k}) \cdot \boldsymbol{\Omega}(-\omega, -\boldsymbol{k}) \tag{2-3-39}$$

となり，これからスピン波の分散

$$\omega(\boldsymbol{k}) = \sqrt{\boldsymbol{k}^2 + m^2} \tag{2-3-40}$$

が読み取れるからである．(2-3-37)はこのギャップ m を決定する方程式であるが，右辺は m の減少関数であり，$m \to 0$ で $\sim \dfrac{g}{2\pi} \ln \dfrac{\Lambda}{m}$ と対数発散する．したがって，いかに g が小さくとも，必ず有限の m が生じる．

$$m \sim \Lambda e^{-\frac{4\pi}{3g}} \tag{2-3-41}$$

この考察はスピン波理論で低次元反強磁性体の長距離秩序の有無を評価する議論と類似している．1次元ではスピン波の揺らぎが発散することは(2-3-38)で $m=0$ と置くことに対応し，ここでは有限のギャップによりその揺らぎを抑えているのである．このとき，系は有限の相関長をもった量子スピン液体状態(**ハルデイン状態**)となっている．この m は**ハルデインギャップ**と呼ばれ整数スピンの1次元反強磁性体の最も顕著な特徴となっている．

2次元，3次元の場合には，上述の1次元におけるような赤外発散はない．$d=2$ に対して，積分は

$$\int_0^{\Lambda} \frac{d^3k}{(2\pi)^3} \frac{g}{k^2 + m^2} = \frac{g}{2\pi^2} \int_0^{\Lambda} dk \frac{k^2}{k^2 + m^2} \tag{2-3-42}$$

となる．右辺は $m=0$ のときに $g\Lambda/2\pi^2$ となり，(2-3-20b)の g の表式を代入すると，$\Lambda\sim\pi/a$ より

$$\frac{1}{2\pi^2}\frac{4}{S}a\Lambda\sim\frac{2}{\pi}\frac{1}{S} \tag{2-3-43}$$

となり，S のみで決まる無次元の数となる．これより S に臨界値 S_c が存在し，$S<S_c$ のときには(2-3-37)は有限の m を解にもつのに対し，$S>S_c$ のときには(2-3-37)の右辺は 2/3 よりも小さな値に留まることになる．

前者の場合はハルデイン状態と本質的に類似の状態である．後者の場合はスピンの大きな古典性の強い状況であるから，反強磁性長距離秩序が存在していることが予想される．実際，ボーズ凝縮の議論と同様に，(2-3-37)の積分が 2/3 に足りない分は $\boldsymbol{\Omega}$ の凝縮成分が担っており，それが長距離秩序に対応している．それでは，S_c の値はいくつだろうか．この問に対しては連続体近似の有効理論のみでは確からしい結論を下すことはできない．今日では $S_c<1/2$ であり，現実的な意味をもつ $S\geqq 1/2$ では絶対零度において長距離秩序が存在することが確立しているが，それは以下のような議論による．

実験は有限温度で行なわれるので，物理量の温度依存性が重要な情報を与える．2 次元で有限温度では長距離秩序は存在しない(マーミン-ワグナーの定理)から，相関長 ξ の温度変化が問題となる．ξ は中性子散乱によって観測される．有限温度 T では，(2-3-36)式の k に関する積分のうち $k_0=\omega$ に対するものが松原周波数 $\omega_n=2\pi Tn$ に離散化される．つまり

$$\mathrm{Tr}\ \mathcal{O}=\frac{1}{\beta}\sum_{\omega_n}\int\frac{d^d\boldsymbol{k}}{(2\pi)^d}\langle\omega_n,\boldsymbol{k}|\mathcal{O}|\omega_n,\boldsymbol{k}\rangle \tag{2-3-44}$$

となる．これから(2-3-35)の右辺は

$$\frac{3}{2}\frac{1}{\beta}\sum_{\omega_n}\int\frac{d^2\boldsymbol{k}}{(2\pi)^2}\frac{g}{\omega_n^2+\boldsymbol{k}^2+m^2} \tag{2-3-45}$$

となる．ω_n に関する和は，複素積分を用いた通常の手続きで実行できて，(2-3-45)は

$$\frac{3g}{4}\int\frac{d^2\boldsymbol{k}}{(2\pi)^2}\frac{1}{\omega(\boldsymbol{k})}\coth\left[\frac{\beta}{2}\omega(\boldsymbol{k})\right] \tag{2-3-46}$$

となる．ここで $\beta=1/T$ が有限のときは，$m\to 0$ で積分が対数発散することが

有限温度で長距離秩序が存在しないことに対応する．

だから，温度の関数としての $m(T)$ は T について増加関数であるが，$T\to 0$ で $S>S_c$ のときは0に，$S<S_c$ のときは有限値に近づく．$S>S_c$ のときは，低温では $m(T)$ は小さいから((2-3-48)より明らかに $m(T)\ll T$)，(2-3-46)の $\coth\left[\frac{\beta}{2}\omega(\boldsymbol{k})\right]$ を $\frac{2}{\beta\omega(\boldsymbol{k})}$ で近似すると

$$\frac{3g}{2\beta}\int_{|\boldsymbol{k}|<\Lambda}\frac{d^2\boldsymbol{k}}{(2\pi)^2}\frac{1}{\boldsymbol{k}^2+m(T)^2}\cong\frac{3g}{4\pi\beta}\ln\frac{\Lambda}{m(T)} \tag{2-3-47}$$

が得られる．上式から低温で

$$m(T)\cong\Lambda e^{-\frac{4\pi}{3g}\frac{1}{T}}\simeq\xi^{-1}(T) \tag{2-3-48}$$

と指数関数的な温度依存性を示す．このような $\xi(T)$ の $T\to 0$ での急激な温度依存性は $S<S_c$ の飽和と顕著な対照をなしており，実験で判別できる．この結果 $S=1/2$ に対して $S>S_c$ が成立していることが確立されたのである．

3次元の場合には，2次元よりもさらに量子揺らぎが抑えられることになるので，当然，長距離秩序が存在する．このように，低次元の量子反強磁性体では，量子性と幾何学的位相が絡んだ豊かな物理が存在しているのである．

3 強相関電子系

前章までは量子スピン系，特に1次元のそれを中心に調べてきた．これらの問題はほぼ確立したものであるが，本章では今日もなお活発に研究が行なわれている分野——電荷とスピンの自由度が共存する系——について述べたい．そこではスピン・電荷分離を始めとする新しいアイディアが議論されている．

3-1 強相関電子系を記述するいろいろな模型

電子相関とは電子間のクーロン斥力により電子が互いの運動を意識しながら振舞う現象のことである．この電子間の斥力を扱うための模型をこの節では議論する．

まず電子間相互作用がない場合から始めよう．固体内の周期的ポテンシャル $v(\boldsymbol{r})$ 中での1電子状態はブロッホ波として記述される．その1電子状態を $\phi_{n\boldsymbol{k}}(\boldsymbol{r})$ と書くと，$\phi_{n\boldsymbol{k}}(\boldsymbol{r})$ はシュレーディンガー方程式

$$\left[-\frac{\hbar^2}{2m}\nabla^2+v(\boldsymbol{r})\right]\phi_{n\boldsymbol{k}}(\boldsymbol{r}) = \varepsilon_n(\boldsymbol{k})\phi_{n\boldsymbol{k}}(\boldsymbol{r})$$

を満たす．このブロッホ状態で電子の場の演算子 $\psi_\sigma^\dagger(\boldsymbol{r}), \psi_\sigma(\boldsymbol{r})$ を展開し，

$$\psi_\sigma^\dagger(\boldsymbol{r}) = \sum_{n,\boldsymbol{k}} \phi_{n\boldsymbol{k}}^*(\boldsymbol{r}) C_{n\boldsymbol{k}\sigma}^\dagger$$
$$\psi_\sigma(\boldsymbol{r}) = \sum_{n,\boldsymbol{k}} \phi_{n\boldsymbol{k}}(\boldsymbol{r}) C_{n\boldsymbol{k}\sigma} \tag{3-1-1}$$

と書こう．n はバンド指標，$\boldsymbol{k}$ は第1ブリュアンゾーン内の結晶波数である．$C_{n\boldsymbol{k}\sigma}^\dagger$ $(C_{n\boldsymbol{k}\sigma})$ は $(n,\boldsymbol{k})$ で指定されるブロッホ状態のスピン σ の電子の生成(消滅)演算子であり，反交換関係

$$\{C_{n\boldsymbol{k}\sigma}, C_{n'\boldsymbol{k}'\sigma'}\} = \{C_{n\boldsymbol{k}\sigma}^\dagger, C_{n'\boldsymbol{k}'\sigma'}^\dagger\} = 0$$
$$\{C_{n\boldsymbol{k}\sigma}, C_{n'\boldsymbol{k}'\sigma'}^\dagger\} = \delta_{nn'}\delta_{\boldsymbol{k}\boldsymbol{k}'}\delta_{\sigma\sigma'} \tag{3-1-2}$$

を満たす．

ここで結晶の各辺のサイズを L として，各方向に周期的境界条件を課すことにすると，$\boldsymbol{m}$ を整数ベクトルとして

$$\boldsymbol{k} = \frac{2\pi}{L}\boldsymbol{m} \tag{3-1-3}$$

となる．このとき，可能な $\boldsymbol{m}$ の個数は結晶内の単位胞の数 N_0 である．ブロッホ状態に対する完全性条件

$$\sum_{n,\boldsymbol{k}} \phi_{n,\boldsymbol{k}}^*(\boldsymbol{r})\phi_{n,\boldsymbol{k}}(\boldsymbol{r}') = \delta(\boldsymbol{r}-\boldsymbol{r}') \tag{3-1-4}$$

から

$$\{\psi_\sigma(\boldsymbol{r}), \psi_{\sigma'}^\dagger(\boldsymbol{r}')\} = \delta_{\sigma\sigma'}\delta(\boldsymbol{r}-\boldsymbol{r}') \tag{3-1-5}$$

が導かれる．系のハミルトニアンは，μ を化学ポテンシャルとして

$$H_K = \int d\boldsymbol{r}\psi_\sigma^\dagger(\boldsymbol{r})\left[-\frac{\hbar^2}{2m}\nabla^2 + v(\boldsymbol{r}) - \mu\right]\psi_\sigma(\boldsymbol{r})$$
$$= \sum_{n,\boldsymbol{k},\sigma} (\varepsilon_n(\boldsymbol{k}) - \mu) C_{n\boldsymbol{k}\sigma}^\dagger C_{n\boldsymbol{k}\sigma} \tag{3-1-6}$$

と書ける．添字 K は運動エネルギー(kinetic energy)を意味する．

バンド理論における金属と絶縁体の区別は，状態密度

$$D(\varepsilon) = \sum_{n,\boldsymbol{k}} \delta(\varepsilon - \varepsilon_n(\boldsymbol{k})) \tag{3-1-7}$$

の示すエネルギーギャップと μ との相対位置で決定される．つまり $D(\varepsilon)$ は図3-1に示すようにエネルギーギャップで隔てられたいくつかのバンドから形

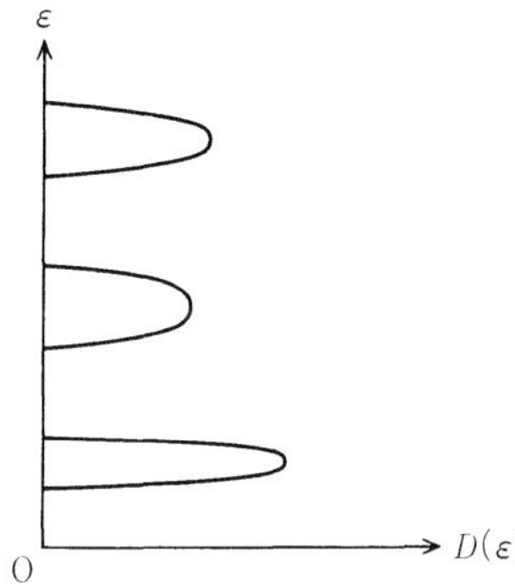

図 3-1　固体内電子のバンド構造

成される．(n で指定される分散 $\varepsilon_n(\boldsymbol{k})$ が n ごとに十分離れていれば，$D(\varepsilon)$ の各バンドが各 n に対応するが，重なりが生じるときはそうではないことに注意されたい．)

μ がギャップの中にある，つまり $D(\mu)=0$ のときは低エネルギーの電子・正孔対が存在しないので，系は絶縁体となる．各 n に対して第1ブリュアンゾーン内には N_0 個の $\boldsymbol{k}$ 点があり，スピンの縮退を考慮すると $2N_0$ 個の電子を収容できる．したがって μ より下の詰まったバンドには $2N_0$ 個の整数倍，つまり単位胞あたり偶数個の電子が収容されているのである．一方，金属とは $D(\mu)\neq 0$ の場合であり，絶対零度 $T=0$ での μ はフェルミエネルギー E_{F} と呼ばれる．$\varepsilon_n(\boldsymbol{k})=E_{\mathrm{F}}$ を満たす $\boldsymbol{k}$ 空間内の等エネルギー面をフェルミ面といい，このフェルミ面近傍の電子が金属の低温における性質を支配している．

以上がバンド理論と呼ばれるものの概要である．そこでは電子間の相互作用が無視されているといっても，実際の計算では電子間相互作用の効果が平均的なポテンシャルとして $v(\boldsymbol{r})$ の中に自己無撞着に取り入れられている．その意味で以下述べる電子相関とは $v(\boldsymbol{r})$ の中に取り込めない電子間斥力の効果と定義される．

さて，最も基本的な電子間相互作用のハミルトニアンは

$$H_{\mathrm{C}}=\frac{1}{2}\int d\boldsymbol{r}d\boldsymbol{r}'\,\psi_\sigma^\dagger(\boldsymbol{r})\,\psi_{\sigma'}^\dagger(\boldsymbol{r}')\frac{e^2}{|\boldsymbol{r}-\boldsymbol{r}'|}\psi_{\sigma'}(\boldsymbol{r}')\,\psi_\sigma(\boldsymbol{r}) \tag{3-1-8}$$

であり，$H=H_K+H_C$ が全体のハミルトニアンとなる．ここでまず問題となるのはクーロン相互作用の長距離性であり，これは H_C の摂動展開に赤外発散をもたらす．この困難は，プラズマ振動と遮蔽効果という概念で解決される．つまり，クーロン相互作用は集団励起モードとしてのプラズマ振動を引き起こし，その自由度を抜き出した後の電子系は遮蔽された短距離の相互作用をするのである．この了解の下で，以降では短距離相互作用に話を限ることにする．しかし注意を要するのは，遮蔽が有効なのは金属相であり，金属・絶縁体転移を短距離相互作用のモデルで議論するのは本来危険なことである．実際モット(Mott)のオリジナルな議論では，この長距離性のゆえに転移は1次となるとされている．

この短距離斥力をモデル化するには，空間的に広がったブロッホ状態 $\phi_{n\boldsymbol{k}}(\boldsymbol{r})$ よりも，各原子核の位置 $\boldsymbol{R}_l$ の近傍に局在したワニエ軌道 $\phi_n(\boldsymbol{r}-\boldsymbol{R}_l)$ に移った方がよい．

$$\phi_n(\boldsymbol{r}-\boldsymbol{R}_l) = \frac{1}{\sqrt{L^d}}\sum_{\boldsymbol{k}} e^{-i\boldsymbol{k}\cdot\boldsymbol{R}_l}\phi_{n\boldsymbol{k}}(\boldsymbol{r}) \tag{3-1-9}$$

このとき，電子の場の演算子は，

$$\begin{aligned}\psi_\sigma^\dagger(\boldsymbol{r}) &= \sum_{n,\ l}\phi_n^*(\boldsymbol{r}-\boldsymbol{R}_l)\,C_{nl\sigma}^\dagger \\ \psi_\sigma(\boldsymbol{r}) &= \sum_{n,\ l}\phi_n(\boldsymbol{r}-\boldsymbol{R}_l)\,C_{nl}\end{aligned} \tag{3-1-10}$$

と展開される．この表示で(3-1-6)の H_K は

$$H_K = -\sum_{n,\ l,\ l',\ \sigma} t_{l-l'}^{(n)} C_{nl\sigma}^\dagger C_{nl'\sigma} - \mu\sum_{n,\ l,\ \sigma} C_{nl\sigma}^\dagger C_{nl\sigma} \tag{3-1-11}$$

と書ける．ここで

$$t_{l-l'}^{(n)} = \frac{-1}{L^d}\sum_{\boldsymbol{k}}\exp\left[-i\boldsymbol{k}\cdot(\boldsymbol{R}_l-\boldsymbol{R}_{l'})\right]\varepsilon_n(\boldsymbol{k}) \tag{3-1-12}$$

はサイト l と l' の間の飛び移り積分と呼ばれる．

伝導に寄与するバンドが1本だけの場合は，バンド指標を落として単一バンドのタイトバインディング模型

$$H_K = -\sum_{l,l',\sigma} t_{l-l'} C_{l\sigma}^\dagger C_{l'\sigma} - \mu\sum_{l} C_{l\sigma}^\dagger C_{l\sigma} \tag{3-1-13}$$

となり，短距離斥力は $n_{l\sigma}=C_{l\sigma}^\dagger C_{l\sigma}$ をスピン σ の電子数として

$$H_U = U\sum_{l} n_{l\uparrow}n_{l\downarrow} \tag{3-1-14}$$

と表現される．U はエネルギーで測った電子間斥力の大きさを表わす．(3-1-13)と(3-1-14)を合わせた $H=H_K+H_U$ で与えられる模型は**ハバード模型**と呼ばれ，電子相関を考える上で最も基本的な模型とされており，遷移金属酸化物における d 電子を記述するのに使われる．

ここで H_K と H_U の表現している物理について定性的な描像を述べておこう．H_K は，電子が結晶中に広がろうとする波動性，もしくは遍歴性を表現している．ボゾンならば H_K はボーズ凝縮を引き起こし，巨視的に量子力学的位相が定まったコヒーレント状態を実現させる．しかし電子はフェルミオンであるから粒子交換に伴う負符号から生じる一種のフラストレーションのために低エネルギー状態を占めることが妨げられる．その結果フェルミ縮退という現象が起きる．

一方，H_U は電子の粒子数 $n_{l\sigma}$ を固定化し，粒子描像を強調しようとする相互作用である．したがって H_U は電子の局在化，絶縁体化を引き起こそうとする．この H_K と H_U の競合がハバード模型の記述する基本的な物理である．

しかし，ハバード模型にはもう 1 つの重要な問題が含まれている．上の記述は電子のもつ電荷の自由度に着目したものであるが，電子にはスピン自由度があることである．このスピンは系の磁気的性質——磁性——を支配する．この観点から H_K の働きを考えると，それはスピンの自由度をフェルミ縮退により抑え込もうとしている．つまりフェルミ面近傍を除くほとんどの電子はスピン反転を含めて身動きが取れなくなっており磁気的に不活性となるのである．帯磁率 $\chi(T)$ を考えるとその事情がよくわかる．自由スピンの帯磁率はキュリー則

$$\chi_{\mathrm{Curie}}(T) = \frac{S(S+1)\mu_{\mathrm{B}}^2}{3T} \tag{3-1-15}$$

に従う．μ_{B} はボーア磁子，S はスピンの大きさ(電子に対しては $S=1/2$)である．ところが H_K で表現される金属の帯磁率は，低温で温度によらないパウリ帯磁率

$$\chi_{\mathrm{Pauli}} = 2\mu_{\mathrm{B}}^2 D(E_{\mathrm{F}}) \tag{3-1-16}$$

となる．

このことは次のように理解される．温度 T において磁性に寄与し得る電子はフェルミ面近傍の $\sim T/E_{\mathrm{F}}$ 程度の割合のみである．この電子のみが自由スピンのように $\chi_{\mathrm{Curie}}(T)$ を示すとすれば

$$\chi(T) \sim \chi_{\mathrm{Curie}}(T) \times \frac{T}{E_{\mathrm{F}}} \sim \frac{{\mu_{\mathrm{B}}}^2}{E_{\mathrm{F}}} \tag{3-1-17}$$

と温度によらない帯磁率が得られる．$D(E_{\mathrm{F}}) \sim {E_{\mathrm{F}}}^{-1}$ であることを考慮すると，(3-1-17)は(3-1-16)とコンシステントである．実空間で見ると，これは ↑ スピンと ↓ スピンの電子が無関係に運動するため，スピンの相殺が起こっているのである．

一方の H_U は同一サイトに ↑ スピンと ↓ スピンの両者がきたときのエネルギー上昇を表わすので，上述の相殺を壊しスピンのモーメントを発生させる働きをする．このことを見やすくするために，H_U を次のように書こう．

$$H_U = U\sum_l n_{l\uparrow}n_{l\downarrow} = \frac{U}{2}\sum_l (n_{l\uparrow}+n_{l\downarrow}) - \frac{U}{2}\sum_l (n_{l\uparrow}-n_{l\downarrow})^2 \tag{3-1-18}$$

ここで ${n_{l\sigma}}^2 = n_{l\sigma}$ を用いた．$n_{l\uparrow}-n_{l\downarrow}$ はスピンの z 成分の 2 倍であるので，右辺第 2 項のマイナス符号は H_U がスピンの z 成分を誘起することを意味している．しかし特定のスピンの方向を選ぶ必要はないので，電子のスピン演算子

$$\boldsymbol{S}_l = \frac{1}{2}\sum_{\alpha,\beta} C^\dagger_{l\alpha}\boldsymbol{\sigma}_{\alpha\beta}C_{l\beta} \tag{3-1-19}$$

を用いて(3-1-18)を

$$H_U = \frac{U}{2}\sum_l (n_{l\uparrow}+n_{l\downarrow}) - \frac{2U}{3}\sum_l \boldsymbol{S}_l^2 \tag{3-1-20}$$

とスピン空間で等方的に書くこともできる．このように電子間の斥力はスピンモーメントの生成を通じて磁性の発現をもたらすのである．電子の遍歴性と局在性の競合に磁性の問題が絡んだ電荷とスピンの自由度が織りなす現象が，強相関電子系の物理が対象とするものである．

以上は単一バンドの場合であるが，複数のバンドが重要となる場合もある．例えば希土類化合物のように，伝導電子と，局在性の強い f 電子が共存するときには，次の周期的アンダーソン模型が考察されている．

$$H = \sum_{\boldsymbol{k},\sigma}(\varepsilon_{\boldsymbol{k}}-\mu)C^{\dagger}_{\boldsymbol{k}\sigma}C_{\boldsymbol{k}\sigma}+E_{\mathrm{f}}\sum_{\boldsymbol{k},\sigma}f^{\dagger}_{\boldsymbol{k}\sigma}f_{\boldsymbol{k}\sigma}+U\sum_{l}n_{\mathrm{f}l\uparrow}n_{\mathrm{f}l\downarrow}$$
$$-\sum_{\boldsymbol{k},\sigma}V_{\boldsymbol{k}}(C^{\dagger}_{\boldsymbol{k}\sigma}f_{\boldsymbol{k}\sigma}+f^{\dagger}_{\boldsymbol{k}\sigma}C_{\boldsymbol{k}\sigma}) \qquad (3\text{-}1\text{-}21)$$

ここでf電子にのみクーロン斥力 U が働き，遍歴性の強い伝導電子との間に混成 $V_{\boldsymbol{k}}$ が存在している．

金属中に希薄な磁性イオン不純物が存在する場合は，局所的な電子相関の問題として近藤効果を中心に精力的な研究が行なわれている．そこで基本になるのは，1不純物のアンダーソンハミルトニアン

$$H = \sum_{\boldsymbol{k},\sigma}(\varepsilon_{\boldsymbol{k}}-\mu)C^{\dagger}_{\boldsymbol{k}\sigma}C_{\boldsymbol{k}\sigma}+E_{\mathrm{f}}\sum_{\sigma}f^{\dagger}_{\sigma}f_{\sigma}+Un_{\mathrm{f}\uparrow}n_{\mathrm{f}\downarrow}$$
$$-\frac{1}{\sqrt{N_0}}\sum_{\boldsymbol{k},\sigma}V_{\boldsymbol{k}}(C^{\dagger}_{\boldsymbol{k}\sigma}f_{\sigma}+f^{\dagger}_{\sigma}C_{\boldsymbol{k}\sigma}) \qquad (3\text{-}1\text{-}22)$$

である．ここで N_0 は結晶格子点の数である．

以上のモデルは任意の U に対して定義されているが，強い斥力 $U\to\infty$ の極限で有効ハミルトニアンというものを導くことができる．まずハバード模型を考えよう．タイトバインディング模型の重要なパラメーターとして電子の**充てん率**(filling factor) ν がある．ν は電子数 N_{e} を格子点の数 N_0 で割ったもので，$\nu=N_{\mathrm{e}}/N_0$ で定義される．$\nu=0$ および $\nu=2$ が完全に空か，完全に詰まったバンドに対応し，バンド絶縁体を表わす．他の ν では本来金属が実現されるはずであるが，じつは $\nu=1$ が特別な意味をもっているのである．$\nu=1$ はちょうど半分だけバンドが詰まっているので**ハーフフィリング**(half filling)と呼ばれ，1つの格子点あたり1電子が存在している場合である．このときに，ハバード模型で U が十分に大きいと，系は絶縁体(**モット絶縁体**)となる．それを図3-2で説明しよう．

まず U が大きい極限で H_K を無視しよう．するとエネルギーは図3-2に示すように U ごとに離れた状態群に分かれる．これは H_U が2重占拠のサイト数に U をかけたものであることから明らかであるが，特に最も低エネルギーの状態群は2重占拠がなく，各サイトに1つずつ電子が入った状態を表わしている．そこでは各サイトのスピンの2重縮退があるので，2^{N_0} 重の縮退がある．

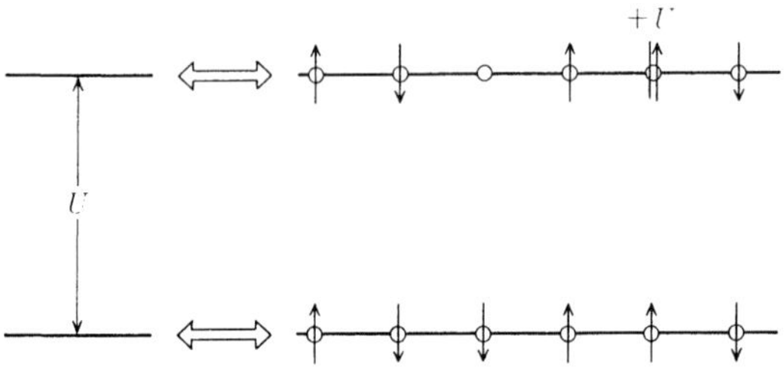

図 3-2　モット絶縁体のエネルギースペクトル．電子のホッピング t を無視すると，2 重占拠数のみでエネルギーが決まる．最低エネルギーの状態では各サイト 1 電子がおり，スピンの自由度で 2^N の縮退がある．

この状態群に対する射影演算子を $P=\prod_l(1-n_{l\uparrow}n_{l\downarrow})$ とし，対応するヒルベルト空間を $\mathcal{H}$ としよう．

われわれの目的はこの $\mathcal{H}$ の中での状態を記述する有効ハミルトニアンを導くことである．いま，$|t_{l-l'}|\ll U$ であるとし，$t_{l-l'}$ に関する摂動展開でこの有効ハミルトニアンを求めることを考える．そのためにシュレーディンガー方程式から出発する．

$$H\Psi = E\Psi \tag{3-1-23}$$

これを P と $Q=1-P$ を用いて

$$H(P+Q)\Psi = E(P+Q)\Psi \tag{3-1-24}$$

と書こう．ここで $P^2=P$, $Q^2=Q$, $PQ=QP=0$ 等に注意しておく．$P\Psi$ は $\mathcal{H}$ の中に含まれ，$Q\Psi$ はそれより U 程度以上高いエネルギーの状態のみを含む成分である．だから(3-1-24)から $Q\Psi$ を消去して $P\Psi$ に対する固有値問題を導くことを考える．(3-1-24)に左から Q をかけて少し変形すると

$$(QHQ-E)Q\Psi = -QHP\Psi \tag{3-1-25}$$

が得られる．これより $Q\Psi=-(QHQ-E)^{-1}QHP\Psi$ を(3-1-24)に代入すると

$$(H-H(QHQ-E)^{-1}QH)P\Psi = E(P+Q)\Psi \tag{3-1-26}$$

を得るが，これに左から P をかけて

$$[PHP-PHQ(QHQ-E)^{-1}QHP]P\Psi = EP\Psi \tag{3-1-27}$$

を得る．

ここまでの議論は一般的に成り立つものだが，ここでハバード模型 $H=H_K+H_U$ に則して $P=\prod_l(1-n_{l\uparrow}n_{l\downarrow})$ の場合について考えると

$$PHP = PH_UP = 0 \tag{3-1-28}$$

$$PHQ = PH_KQ, \qquad QHP = QH_KP \tag{3-1-29}$$

となる．ここで PH_KQ や QH_KP の行列要素を考えると，$\mathscr{H}$ と1回の H_K で結び付いている状態は2重占拠が1つだけある状態群に属している．そこで(3-1-27)の左辺で，$(QHQ-E)^{-1}$ の QHQ は $t_{l-l'}$ に関して最低次(つまり0次)で U で置き換えられる．これは PHQ や QHP ですでに $t_{l-l'}$ について2次になっているからである．同様に固有値 E は $t_{l-l'}$ に関して最低次では0と置いてよい．したがって結局 $\mathscr{H}$ における有効ハミルトニアン H_{eff} は

$$H_{\text{eff}} = -\frac{(PH_KQ)(QH_KP)}{U} = -P\frac{{H_K}^2}{U}P \tag{3-1-30}$$

で与えられる．

具体的に計算すると

$$P{H_K}^2P = \sum_{\substack{l_1,\ l_1' \\ l_2,\ l_2'}}\sum_{\sigma_1,\ \sigma_2} t_{l_1-l_1'}t_{l_2-l_2'}PC^\dagger_{l_1\sigma_1}C_{l_1'\sigma_1}C^\dagger_{l_2\sigma_2}C_{l_2'\sigma_2}P \tag{3-1-31}$$

となる．ここで両方から P で狭まれているために l_2' で電子を消したときは必ず同じ場所で作らなければならず，$t_{l_1-l_1'=0}=0$ を考慮すると $l_1=l_2'$ のみが残る．同様に $l_1'=l_2$ のみが残り，(3-1-31)は

$$\begin{aligned} P{H_K}^2P &= \sum_{\substack{l_1,\ l_2 \\ \sigma_1,\ \sigma_2}} t_{l_1-l_2}t_{l_2-l_1}PC^\dagger_{l_1\sigma_1}C_{l_2\sigma_1}C^\dagger_{l_2\sigma_2}C_{l_1\sigma_2}P \\ &= \sum_{\substack{l_1,\ l_2 \\ \sigma_1,\ \sigma_2}} |t_{l_1-l_2}|^2 PC^\dagger_{l_1\sigma_1}C_{l_1\sigma_2}P\cdot PC_{l_2\sigma_1}C^\dagger_{l_2\sigma_2}P \end{aligned} \tag{3-1-32}$$

と変形できる．ここで恒等式

$$\begin{aligned} C^\dagger_{l\sigma_1}C_{l\sigma_2} &= \frac{1}{2}\delta_{\sigma_1\sigma_2}(n_{l\uparrow}+n_{l\downarrow})+\boldsymbol{S}_l\cdot\boldsymbol{\sigma}_{\sigma_2\sigma_1} \\ C_{l\sigma_1}C^\dagger_{l\sigma_2} &= \delta_{\sigma_1\sigma_2}\left(1-\frac{n_{l\uparrow}+n_{l\downarrow}}{2}\right)-\boldsymbol{S}_l\cdot\boldsymbol{\sigma}_{\sigma_1\sigma_2} \end{aligned} \tag{3-1-33}$$

に注意する．$\boldsymbol{S}_l$ は(3-1-19)で定義された電子スピンである．これより(3-1-32)は

$$PH_K{}^2P = \sum_{\substack{l_1, l_2 \\ \sigma_1, \sigma_2}} |t_{l_1-l_2}|^2 \left(\frac{\delta_{\sigma_1\sigma_2}}{2} + \boldsymbol{S}_{l_1}\cdot\boldsymbol{\sigma}_{\sigma_2\sigma_1}\right)\left(\frac{\delta_{\sigma_2\sigma_1}}{2} - \boldsymbol{S}_{l_2}\cdot\boldsymbol{\sigma}_{\sigma_1\sigma_2}\right)$$
$$= \sum_{l_1, l_2} |t_{l_1-l_2}|^2 \,\mathrm{Tr}\left[\left(\frac{1}{2} + \sum_\alpha S_{l_1}^\alpha \sigma^\alpha\right)\left(\frac{1}{2} - \sum_\beta S_{l_2}^\beta \sigma^\beta\right)\right]$$
$$= \sum_{l_1, l_2} |t_{l_1-l_2}|^2 \left(\frac{1}{2} - 2\boldsymbol{S}_{l_1}\cdot\boldsymbol{S}_{l_2}\right) \tag{3-1-34}$$

となる．ここで $\mathrm{Tr}\,[\sigma^\alpha\sigma^\beta]=2\delta_{\alpha\beta}$ を用いた．これより

$$H_{\mathrm{eff}} = \frac{2}{U}\sum_{l_1, l_2} |t_{l_1-l_2}|^2 \left(\boldsymbol{S}_{l_1}\cdot\boldsymbol{S}_{l_2} - \frac{1}{4}\right) \tag{3-1-35}$$

を得る．これは

$$J_{l_1, l_2} = \frac{2}{U}|t_{l_1-l_2}|^2 > 0 \tag{3-1-36}$$

として

$$H_J = \sum_{l_1, l_2} J_{l_1, l_2}\left(\boldsymbol{S}_{l_1}\cdot\boldsymbol{S}_{l_2} - \frac{1}{4}\right) \tag{3-1-37}$$

という反強磁性ハイゼンベルク模型にほかならない．

ここで反強磁性的な相互作用が生じる理由は明らかである．(3-1-23)以降の議論は結局図 3-3 に示すような 2 次摂動によるエネルギー利得を計算している

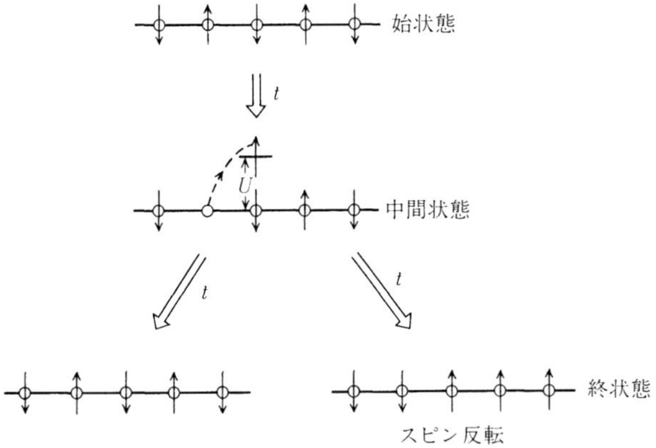

図 3-3　交換相互作用をもたらす 2 次摂動の過程

のであるが，l_1 のスピンと l_2 のスピンが平行の場合には，中間状態として平行スピンの2重占拠がパウリの排他律により禁止されてしまう．そのためスピンは反平行に向こうとするのである．

このように有効ハミルトニアンは限られたヒルベルト空間 $\mathcal{H}$ に対して定義されたものであり，拘束条件を伴っている．いまの場合は，各サイトに電子が1つという拘束条件

$$\sum_{\sigma} C_{l\sigma}^{\dagger} C_{l\sigma} = 1 \tag{3-1-38}$$

があり，この条件下で(3-1-19)のスピン演算子 $\boldsymbol{S}_l$ はスピンの交換関係(1-1-2)を満たす．強相関電子系の理論的取扱いで多くの場面で拘束条件のついた量子論が現われるが，これはその最も典型的な例となっている．

上述の議論では $\mathcal{H}$ の中の状態を考えていたので，系はつねに絶縁体である．電荷の移動を起こそうとすれば U 程度のエネルギーギャップを越えなければならないからである．このように $\nu=1$ で実現する絶縁体は純粋に電子相関によるもので，**モット絶縁体**と呼ばれる．その低エネルギー励起はスピンの自由度によるもので，(3-1-37)で記述される．ところが $\nu=1$ からずらすと電荷の自由度にも低エネルギー励起が生じるのである．例えば $\nu=1$ から電子を x の割合で減らして(正孔を x の割合でドープして)$\nu=1-x$ とする．すると電子がいないサイトがどこにあるかという自由度が2重占拠0のヒルベルト空間 $\mathcal{H}$ の中にも存在することになる．

このときの有効ハミルトニアンを導出するときの(3-1-37)を導いたときからの変更点は以下の3点である．

(i)　PH_KP が0ではなく

$$PH_KP = -\sum_{l,\ l',\ \sigma} t_{l-l'} PC_{l\sigma}^{\dagger}P \cdot PC_{l'\sigma}P \tag{3-1-39}$$

となること．これは正孔の運動を記述している．

(ii)　(3-1-33)の $n_l = n_{l\uparrow} + n_{l\downarrow}$ が1に固定されず演算子のままで，その結果，交換相互作用の項は定数を除いて

$$H_J = \sum_{l_1,\ l_2} J_{l_1,\ l_2}\left(\boldsymbol{S}_{l_1} \cdot \boldsymbol{S}_{l_2} + \frac{1}{4} n_{l_1} n_{l_2}\right) \tag{3-1-40}$$

となること．

(iii)　拘束条件は2重占拠を排除するだけで正孔の存在を許すので，(3-1-38)のかわりに

$$\sum_{\sigma} C_{l\sigma}^{\dagger} C_{l\sigma} \leqq 1 \tag{3-1-41}$$

と不等号で与えられること．

(3-1-41)の拘束条件の下で(3-1-39)と(3-1-40)のハミルトニアンの和 $H=PH_K P+H_J$ で記述されるモデルは **t-J 模型**と呼ばれ，高温超伝導体を始めとするドープされたモット絶縁体を記述する最も基本的なモデルとされている．

3-2　1次元におけるスピン・電荷分離

前節で述べたように，強相関電子系の中心テーマはその電荷とスピンの自由度の絡み合いであるが，1次元電子系においては両者が分離するという顕著な現象が起こり，非フェルミ流体の特徴とされている．これについてまず考えよう．

2-1節でわれわれはスピンをもたないフェルミオンについて調べた．そこで出発点となるアイディアは,「演算子としてのフェルミ波数」というものであった．つまり右向き，左向きの電子に対するフェルミ波数をそれぞれ $k_{\mathrm{F}}+\delta k_{\mathrm{F}}^{\mathrm{R}}(x, \tau)$，$-k_{\mathrm{F}}-\delta k_{\mathrm{F}}^{\mathrm{L}}(x, \tau)$ としたとき，電子の密度はそれぞれ $\rho^{\mathrm{R}}(x, \tau)=\dfrac{1}{2\pi}\delta k_{\mathrm{F}}^{\mathrm{R}}(x, \tau)$，$\rho^{\mathrm{L}}(x, \tau)=\dfrac{1}{2\pi}\delta k_{\mathrm{F}}^{\mathrm{L}}(x, \tau)$ で与えられる．つまりフェルミ波数の揺らぎとは密度の揺らぎにほかならない．フェルミ波数を x で積分したものが電子波の位相であるから，スピン指標 σ をここで導入すると

$$\begin{aligned} \psi_{\mathrm{R}\sigma}(x) &\propto \exp\left[ik_{\mathrm{F}}x+i\int_{-\infty}^{x}\delta k_{\mathrm{F}}^{\mathrm{R}\sigma}(x', \tau)\,dx'\right] \\ \psi_{\mathrm{L}\sigma}(x) &\propto \exp\left[-ik_{\mathrm{F}}x-i\int_{-\infty}^{x}\delta k_{\mathrm{F}}^{\mathrm{L}\sigma}(x', \tau)\,dx'\right] \end{aligned} \tag{3-2-1}$$

と書ける．

ここで4つの場 $\delta k_{\mathrm{F}}^{\mathrm{R}\sigma}$, $\delta k_{\mathrm{F}}^{\mathrm{L}\sigma}$ が登場し，それに応じて4種類の密度が定義される．

電子密度：　$\rho(x) = \frac{1}{2\pi}\sum_{\sigma}(\delta k_{\mathrm{F}}^{\mathrm{R}\sigma}(x)+\delta k_{\mathrm{F}}^{\mathrm{L}\sigma}(x)) = \sum_{\sigma}(\rho_{\sigma}^{\mathrm{R}}(x)+\rho_{\sigma}^{\mathrm{L}}(x))$

電子流密度：　$j(x) = \frac{1}{2\pi}\sum_{\sigma}(\delta k_{\mathrm{F}}^{\mathrm{R}\sigma}(x)-\delta k_{\mathrm{F}}^{\mathrm{L}\sigma}(x)) = \sum_{\sigma}(\rho_{\sigma}^{\mathrm{R}}(x)-\rho_{\sigma}^{\mathrm{L}}(x))$

スピン密度：　$$2s(x) = \frac{1}{2\pi}\sum_{\sigma}\sigma(\delta k_{\mathrm{F}}^{\mathrm{R}\sigma}(x)+\delta k_{\mathrm{F}}^{\mathrm{L}\sigma}(x)) = \sum_{\sigma}\sigma(\rho_{\sigma}^{\mathrm{R}}(x)+\rho_{\sigma}^{\mathrm{L}}(x))$$

$$\tag{3-2-2}$$

スピン流密度：　$$2j_{\mathrm{s}}(x) = \frac{1}{2\pi}\sum_{\sigma}\sigma(\delta k_{\mathrm{F}}^{\mathrm{R}\sigma}(x)-\delta k_{\mathrm{F}}^{\mathrm{L}\sigma}(x)) = \sum_{\sigma}\sigma(\rho_{\sigma}^{\mathrm{R}}(x)-\rho_{\sigma}^{\mathrm{L}}(x))$$

これらの密度は，波数の小さな，空間的にゆっくり変動する成分を表わし，後述の $2k_{\mathrm{F}}$ 成分と区別する必要がある．

ここで交換関係は(2-1-19)と同様に $p>0$ として

$$[\rho_{\sigma}^{\mathrm{R}}(-p), \rho_{\sigma'}^{\mathrm{R}}(p')] = -\frac{p}{2\pi}\delta_{pp'}\delta_{\sigma\sigma'}$$

$$[\rho_{\sigma}^{\mathrm{L}}(-p), \rho_{\sigma'}^{\mathrm{L}}(p')] = \frac{p}{2\pi}\delta_{pp'}\delta_{\sigma\sigma'}$$

であるが，これより

$$[\rho(-p), j(p')] = -\frac{2}{\pi}p\delta_{pp'}$$
$$[2s(-p), 2j_{\mathrm{s}}(p')] = -\frac{2}{\pi}p\delta_{pp'} \tag{3-2-3}$$

となり，これ以外の交換子は0となることがわかる．このように $\rho(x)$ と $j(x)$，$s(x)$ と $j_{\mathrm{s}}(x)$ がそれぞれカノニカル共役な組となっている．

2-1節の議論にならってハミルトニアンをこれらの場で書こう．1次元のハバード模型

$$H = H_K + H_U = -t\sum_{l,\sigma}(C_{l,\sigma}^{\dagger}C_{l+1,\sigma}+C_{l+1,\sigma}^{\dagger}C_{l,\sigma}) + U\sum_{l}n_{l\uparrow}n_{l\downarrow} \tag{3-2-4}$$

を考えることにする．まず H_K は(2-1-50)から(2-1-53)の導出をすこし変更して

$$H_K^{\mathrm{B}} = 4\pi t\sum_{\substack{p>0\\ \sigma}}[\rho_{\mathrm{R}}^{\sigma}(-p)\rho_{\mathrm{R}}^{\sigma}(p)+\rho_{\mathrm{L}}^{\sigma}(-p)\rho_{\mathrm{L}}^{\sigma}(p)] \tag{3-2-5}$$

となることがわかる．これは

$$H_K^{\mathrm{B}}=\frac{\pi t}{2}\int dx[\rho(x)^2+j(x)^2+(2s(x))^2+(2j_{\mathrm{s}}(x))^2] \tag{3-2-6}$$

と書ける．

次に H_U の項を考えよう．じつはこの項はいろいろな表現の方法がある．

$$\begin{aligned}H_U=U\sum_l n_{l\uparrow}n_{l\downarrow}&=\frac{U}{2}\sum_l[(n_{l\uparrow}+n_{l\downarrow})^2-(n_{l\uparrow}+n_{l\downarrow})]\\&=\frac{U}{2}\sum_l[(n_{l\uparrow}+n_{l\downarrow})-(n_{l\uparrow}-n_{l\downarrow})^2]\\&=\frac{U}{4}\sum_l[(n_{l\uparrow}+n_{l\downarrow})^2-(n_{l\uparrow}-n_{l\downarrow})^2]\end{aligned} \tag{3-2-7}$$

これらの表式は，$n_{l\sigma}{}^2=n_{l\sigma}$ から，どれも正確な式であるが，その物理的な描像は異なる．$n_{l\uparrow}+n_{l\downarrow}=\rho_l$ は電荷，$n_{l\uparrow}-n_{l\downarrow}=2s_l$ はスピンを表わしているので，これを連続体近似で表現するときに，$\rho(x)$ で書くか $s(x)$ で書くかの任意性があることになる．

ここでは電荷とスピンに対して対称的な３つ目の表式を用いて書く方法を採用する．そこで化学ポテンシャルに吸収される部分を除いて H_U は連続体近似で

$$H_U^{\mathrm{B}}=\frac{U}{4}\int dx[\rho(x)^2-(2s(x))^2] \tag{3-2-8}$$

と書ける．これは，いわゆる前方散乱に対応する．H_K^{B} と H_U^{B} の和 H_0 は，

$$H_{\mathrm{charge}}=\int dx\left[\left(\frac{\pi t}{2}+\frac{U}{4}\right)\rho(x)^2+\frac{\pi t}{2}j(x)^2\right] \tag{3-2-9}$$

$$H_{\mathrm{spin}}=\int dx\left[\left(\frac{\pi t}{2}-\frac{U}{4}\right)(2s(x))^2+\frac{\pi t}{2}(2j_{\mathrm{s}}(x))^2\right] \tag{3-2-10}$$

を用いて $H_0=H_{\mathrm{charge}}+H_{\mathrm{spin}}$ と書ける．

このようにハミルトニアンは和の形に書け，また交換関係も(3-2-3)のように分離しているので，電荷密度の揺らぎとスピン密度の揺らぎは完全に独立に運動することになる．これを１次元電子系における**スピン・電荷分離**という．

もうすこし整理した形にするために，位相の場を次のように定義しよう．

$$\begin{aligned}\rho(x) &= \frac{1}{\pi}\partial_x\phi_{\mathrm{c}}(x)\\ j(x) &= \frac{1}{\pi}\partial_x\theta_{\mathrm{c}}(x)\\ 2s(x) &= \frac{1}{\pi}\partial_x\phi_{\mathrm{s}}(x)\\ 2j_{\mathrm{s}}(x) &= \frac{1}{\pi}\partial_x\theta_{\mathrm{s}}(x)\end{aligned} \tag{3-2-11}$$

すると交換関係は，(3-2-3)より

$$\begin{aligned}[\phi_{\mathrm{c}}(x),\theta_{\mathrm{c}}(x')] &= i\pi\,\mathrm{sgn}(x-x')\\ [\phi_{\mathrm{s}}(x),\theta_{\mathrm{s}}(x')] &= i\pi\,\mathrm{sgn}(x-x')\end{aligned} \tag{3-2-12}$$

となる．これより H_{charge} と H_{spin} はそれぞれ

$$H_{\mathrm{charge}} = \frac{v_\rho}{4\pi}\int dx\left[\frac{1}{K_\rho}(\partial_x\phi_{\mathrm{c}})^2+K_\rho(\partial_x\theta_{\mathrm{c}})^2\right] \tag{3-2-13}$$

$$H_{\mathrm{spin}} = \frac{v_\sigma}{4\pi}\int dx\left[\frac{1}{K_\sigma}(\partial_x\phi_{\mathrm{s}})^2+K_\sigma(\partial_x\theta_{\mathrm{s}})^2\right] \tag{3-2-14}$$

と書ける．ここで

$$v_\rho = 2\sqrt{t\left(t+\frac{U}{2\pi}\right)},\qquad K_\rho = \sqrt{\frac{t}{t+U/2\pi}} \tag{3-2-15}$$

$$v_\sigma = 2\sqrt{t\left(t-\frac{U}{2\pi}\right)},\qquad K_\sigma = \sqrt{\frac{t}{t-U/2\pi}} \tag{3-2-16}$$

である．この v_ρ と v_σ はそれぞれ ϕ_{c} と ϕ_{s} の分散 $\omega=v_\rho k$, $\omega=v_\sigma k$ の速度である．U の効果で v_ρ と v_σ が異なる値となることが「目で見たときの」スピン・電荷分離を与える．K_ρ と K_σ はそれぞれ密度とカレントの競合関係を支配する指数で $K_{\rho,\sigma}>1$ ならばカレントが，$K_{\rho,\sigma}<1$ ならば密度が固定される傾向の方が優る．

電子の演算子は(3-2-1)より

$$\begin{aligned}\psi_{\mathrm{R}\sigma} &\propto \exp\left[ik_{\mathrm{F}}x+\frac{i}{2}[\phi_{\mathrm{c}}+\theta_{\mathrm{c}}+\sigma(\phi_s+\theta_{\mathrm{s}})]\right]\\ \psi_{\mathrm{L}\sigma} &\propto \exp\left[-ik_{\mathrm{F}}x-\frac{i}{2}[\phi_{\mathrm{c}}-\theta_{\mathrm{c}}+\sigma(\phi_{\mathrm{s}}-\theta_{\mathrm{s}})]\right]\end{aligned} \tag{3-2-17}$$

で与えられる．

さて，いままでの話はボゾン場について2次の作用ですんでいたのであるが，2-1節におけるのと同様に，三角関数の非線形項が重要になることがある．その1つは，**ウムクラップ散乱**と呼ばれる項で，G を逆格子ベクトルとして

$$H_{\mathrm{Umklapp}} = 2U\int dx\{e^{iGx}\psi^{\dagger}_{\mathrm{R}\uparrow}(x)\psi^{\dagger}_{\mathrm{R}\downarrow}(x)\psi_{\mathrm{L}\downarrow}(x)\psi_{\mathrm{L}\uparrow}(x)+\mathrm{h.c.}\} \tag{3-2-18}$$

と書ける．これに(3-2-17)を代入すると，$g_3\propto U$ として

$$H_{\mathrm{Umklapp}} = g_3\int dx\cos[2\phi_{\mathrm{c}}(x)+(4k_{\mathrm{F}}-G)x] \tag{3-2-19}$$

と $\phi_{\mathrm{c}}(x)$ のみを用いて書ける．

$\phi_{\mathrm{c}}(x)$ はゆっくり変動する場であるから，長距離，低エネルギーの極限では，$4k_{\mathrm{F}}=G$ つまりハーフフィルドの場合のみ，この項は効いてくる．さもなくば，$(4k_{\mathrm{F}}-G)x$ の項が cos 項の符号変化をもたらし，相殺が起こってしまうからである．この項は，(3-2-13)における $K_\rho=1$ の場合には marginal，$K_\rho<1$ のときは relevant，$K_\rho>1$ のときは irrelevant であることが，2-1節の解析を用いると示せる．つまり $U>0$ ならば，g_3 は大きくなる方にスケールし，$U<0$ ならば小さくなる方にスケールしていく．その結果，斥力のハバード模型では，電荷の自由度 ϕ_{c} が cos ポテンシャルによって固定され，その揺らぎのスペクトルにはギャップが現われる．これは1次元のモット絶縁体を記述している．一方，引力の場合には電荷の自由度はギャップレスのままである．

一方のスピンの自由度に対しては，**後方散乱**と呼ばれる次の項が非線形相互作用として現われる．$g_1\propto U$ として

$$\begin{aligned} H_b &= U\int dx\{\psi^{\dagger}_{\mathrm{L}\sigma}(x)\psi^{\dagger}_{\mathrm{R}\sigma'}(x)\psi_{\mathrm{L}\sigma'}(x)\psi_{\mathrm{R}\sigma}(x)+\mathrm{h.c.}\} \\ &= g_1\int dx\cos 2\phi_{\mathrm{s}} \end{aligned} \tag{3-2-20}$$

と書ける．このとき，K_σ と g_1 は2-1節で求めたスケーリング則に従うわけだが，固定点は $SU(2)$ の対称性をもつことから $K_\sigma=1$ となることが結論される．それを見るために（3-2-17）から $2k_{\mathrm{F}}$ 成分のスピン密度を作ると

$$S^z(x)|_{2k_{\mathrm{F}}} \sim \psi^{\dagger}_{\mathrm{R}\uparrow}(x)\psi_{\mathrm{L}\uparrow}(x)-\psi^{\dagger}_{\mathrm{R}\downarrow}(x)\psi_{\mathrm{L}\downarrow}(x)$$

$$\propto e^{-2ik_{\mathrm{F}}x}e^{-i\phi_{\mathrm{c}}}\sum_{\sigma}\sigma e^{-i\sigma\phi_{\mathrm{s}}} \tag{3-2-21}$$

$$S^{+}(x)|_{2k_{\mathrm{F}}} \sim \psi^{\dagger}_{\mathrm{R}\uparrow}(x)\psi_{\mathrm{L}\downarrow}(x)$$
$$\propto e^{-2ik_{\mathrm{F}}x}e^{-i\phi_{\mathrm{c}}}e^{-i\theta_{\mathrm{s}}} \tag{3-2-22}$$

となり2-1節と同様に相関関数を計算すると，その漸近形は

$$\langle S^{z}(x,\tau)S^{z}(0,0)\rangle_{2k_{\mathrm{F}}} \sim \frac{1}{(x^2+v_{\rho}{}^2\tau^2)^{K\rho/2}}\frac{1}{(x^2+v_{\sigma}{}^2\tau^2)^{K\sigma/2}} \tag{3-2-23}$$

$$\langle S^{+}(x,\tau)S^{-}(0,0)\rangle_{2k_{\mathrm{F}}} \sim \frac{1}{(x^2+v_{\rho}{}^2\tau^2)^{K\rho/2}}\frac{1}{(x^2+v_{\sigma}{}^2\tau^2)^{1/(2K\sigma)}} \tag{3-2-24}$$

となる．したがって，この両者が一致するためには $K_{\sigma}=1$ でなければならない．

その他の相関関数も同様に計算できるが，θ_{c} はジョセフソン位相，ϕ_{c} は電荷密度の位相であるから，$K_{\rho}>1$ のときは超伝導，$K_{\rho}<1$ のときはCDWやSDWの密度波の相関関数が優勢となることがわかる．実際，(3-2-15)より $U<0$ の引力は $K_{\rho}>1$ に対応し，$U>0$ の斥力は $K_{\rho}<1$ に対応することからも，この傾向は理解できる．したがって2-1節のハイゼンベルク模型の場合と同様に，図2-1の対角線上を原点に向かって近づく軌跡を描くわけである．

このことは，斥力ハバード模型の $U\gg t$ における有効ハミルトニアンがハイゼンベルク模型であることに符合する．1次元の場合ハーフフィルドであれば，どんなに $U>0$ が小さくとも，電荷励起にギャップを生じることを上に見たので，そのエネルギーギャップよりも低エネルギーのスピン系はハイゼンベルク模型で記述されるであろうことは予想がつく．1次元の場合は，さらに進んでスピン・電荷分離が起こるために，絶縁体にならないハーフフィルドからずれたときにも，スピン系は本質的にハイゼンベルク模型で記述されるわけである．

一方，$U<0$ の引力の場合には g_1 は relevant となり，スピンの位相 ϕ_{s} を固定し，その励起スペクトルにギャップを生じることになる．これは物理的には電子間の引力によりスピン1重項の形成が生じ，系は非磁性となることに対応する．この場合，電荷の自由度はギャップレスであり，このような状態を**Luther-Emery 相**と呼ぶ．

以上，1次元電子系における非フェルミ流体について述べてきた．そこで，

このような1次元電子系と高次元のフェルミ流体とはどのような関係にあるのかという疑問が浮かぶ．この問題に光を当てたのが高次元におけるボゾン化の手法である．そのアイディアは，フェルミ面を微小部分に分割して，その各々に対して1次元におけるボゾン化を適用しようとするものである．この節の最初に述べたように，ボゾンはフェルミ面の変位 δk_{F} を量子化したものにほかならないので，結局ボゾン化の描像とは，k 空間におけるフェルミ面をダイナミカルな実体としてとらえ，その変位に関して2次までの線形近似理論を作っていることに対応しているのである．

ところが，この描像はほとんどランダウのフェルミ流体論と軌を一にしている．そこで現われる「準粒子密度」$\delta n_{\boldsymbol{k}\sigma}$ はフェルミ面の $\boldsymbol{k}$ における変位とみなすことができ，準粒子間の相互作用を表わすランダウパラメーター $f_{\boldsymbol{k}\sigma\boldsymbol{k}'\sigma'}$ はフェルミ面の異なる部分の変位間の力を表わすと考えられる．(ちょうど太鼓の皮を想像していただきたい.)　この相互作用ゆえに，フェルミ面全体がいっせいに振動するモードが生じる．これを**集団励起**(モード)と呼ぶ．つまり集団励起は電子相関効果を最も顕著に受けた励起である．

一方，k 空間で局在して，フェルミ面の限られた部分のみが関与する励起——**個別励起**——も存在するが，こちらは連続スペクトルを形成し，あまり相互作用の効果を受けない．逆にいうと，相互作用がなくとも粒子-正孔対として個別励起は存在しているのである．高次元の場合は，この両者が存在して結局個別励起の割合が大きいために，励起スペクトルは相互作用がないときと定性的には変わらない．これがフェルミ流体である．ところが，1次元の場合には，「フェルミ面」が k_{F} と $-k_{\mathrm{F}}$ の2点だけであるために集団励起しか存在しないので，相互作用の効果が顕著な形で現われる．これが非フェルミ流体の原因である．したがってフェルミ面をダイナミカルな変数と考える立場では，朝永・ラッティンジャー流体もフェルミ流体もほとんど同じ描像でとらえることができる．

しかし，高次元の場合にウムクラップ散乱をボゾン化の枠組に取り込むことは容易ではない．モット絶縁体はまさにこのウムクラップ散乱がひき起こすものであり，モット絶縁体近傍では，それゆえに非フェルミ流体が実現する可能性がある．この問題は高温超伝導とも関係しており，現在盛んに研究されている．

3-3　強相関電子系における磁気秩序

前節の議論では，長距離秩序やそれに伴う対称性の破れがないと仮定していた．特に1次元ではその大きな量子揺らぎのために長距離秩序が破壊されるので，この仮定は正当化される．しかし2次元，3次元の場合には相互作用のために各種の長距離秩序が生じる可能性がある．本節ではその中でも最も重要な磁気秩序について平均場理論の範囲で議論する．

ハバード模型をふたたび考え，その状態和を経路積分で表現する．

$$Z = \int \mathscr{D}C^\dagger \mathscr{D}C \exp\left[-\int_0^\beta d\tau L\right] \tag{3-3-1}$$

ここでラグランジアン L は

$$L = \sum_{i,\sigma} C^\dagger_{i\sigma}(\partial_\tau - \mu_0) C_{i\sigma} - \sum_{l,l',\sigma} t_{l-l'} C^\dagger_{l\sigma} C_{l'\sigma} + U\sum_l n_{l\uparrow} n_{l\downarrow} \tag{3-3-2}$$

で与えられる．ここでストラトノビッチ-ハバード変換を用いて

$$Z = \int \mathscr{D}\varphi \mathscr{D}C^\dagger \mathscr{D}C \exp\left[-\int L(\varphi, C^\dagger, C)\, d\tau\right] \tag{3-3-3}$$

と書き換えられる．ラグランジアンは

$$\begin{aligned} L(\varphi, C^\dagger, C) = &\sum_{l,\sigma} C^\dagger_{l\sigma}(\partial_\tau - \mu) C_{l\sigma} - \sum_{l,l',\sigma} t_{l-l'} C^\dagger_{l\sigma} C_{l'\sigma} + \frac{U}{4}\sum_l \varphi_l^2 \\ &+ \frac{U}{2}\sum_l \varphi_l (n_{l\uparrow} - n_{l\downarrow}) \end{aligned} \tag{3-3-4}$$

となる．ここで，(3-2-7)の最右辺の形を採用し，電荷の間の相互作用 $(n_{l\uparrow} + n_{l\downarrow})^2$ は無視した．φ_l は $n_{l\uparrow} - n_{l\downarrow}$ に共役な場として，いわば磁場として電子系に作用する．

電子間の相互作用は，(3-3-4)ではこの磁場 φ_l の下での電子の1体問題に帰着されたわけであるが，その簡単化の代償は φ_l に関する汎関数積分を実行しなければならないことである．平均場近似とはこの φ_l に関する汎関数積分を鞍点の値で置き換えてしまうことに対応する．つまり(3-3-3)で $C^\dagger$ と C に関

する積分を実行して

$$Z=\int \mathcal{D}\varphi e^{-A_{\rm eff}} \tag{3-3-5}$$

$$A_{\rm eff}=\frac{U}{4}\int_0^\beta d\tau \sum_l \varphi_l(\tau)^2-{\rm Tr}\ln\left[\left(\partial_\tau-\mu-t_{l-l'}+\sigma\frac{U}{2}\varphi_l\right)\right] \tag{3-3-6}$$

と書いた後

$$\delta A_{\rm eff}=0 \tag{3-3-6$'$}$$

で $\varphi_l^{(\rm saddle)}(\tau)$ を求めるわけである．そのとき平均場近似では(虚)時間 τ によらない $\varphi_l^{(\rm saddle)}(\tau)=\varphi_l$ が考察の対象となる．

それを求める手掛りとして，φ_l が小さいときの有効作用を求めよう．これはギンツブルク-ランダウ展開の考え方である．(3-3-6)の Tr ln の中の行列を M として，その成分を波数表示すると，$\xi_{\boldsymbol{k}}=\varepsilon(\boldsymbol{k})-\mu$ として

$$\begin{aligned}(M)_{(\boldsymbol{k},\, i\omega_n,\, \sigma),(\boldsymbol{k}',\, i\omega_m,\, \sigma')}=\delta_{\sigma\sigma'}\Big[&(-i\omega_n+\xi_{\boldsymbol{k}})\delta_{\omega_n,\,\omega_m}\delta_{\boldsymbol{k},\,\boldsymbol{k}'}\\&+\frac{1}{\sqrt{\beta N_0}}\frac{\sigma U}{2}\varphi(\boldsymbol{k}-\boldsymbol{k}',\, i\omega_n-i\omega_m)\Big]\end{aligned} \tag{3-3-7}$$

となる．(3-3-7)の右辺第1項に対応する行列を $-G_0^{-1}$ とし，第2項に対応するものを V とすると，

$$\begin{aligned}{\rm Tr}\ln M&={\rm Tr}\ln[-G_0^{-1}(1-G_0V)]\\&={\rm Tr}\ln[-G_0^{-1}]+{\rm Tr}\ln[1-G_0V]\\&={\rm Tr}\ln[-G_0^{-1}]-\sum_{n=1}^{\infty}\frac{1}{n}{\rm Tr}(G_0V)^n\end{aligned} \tag{3-3-8}$$

と展開される．

そこで V (つまり φ)について2次までの項を調べる．まず1次の項は

$${\rm Tr}(G_0V)=\frac{1}{\sqrt{\beta N_0}}\sum_{i\omega_n,\,\boldsymbol{k},\,\sigma}G_0(i\omega_n,\,\boldsymbol{k})\frac{\sigma U}{2}\varphi(0,0)=0 \tag{3-3-9}$$

となる．ここで $G_0(i\omega_n,\,\boldsymbol{k})=(i\omega_n-\xi_{\boldsymbol{k}})^{-1}$ である．次に2次の項は

$$\begin{aligned}\frac{1}{2}{\rm Tr}\,G_0VG_0V=\frac{1}{2}\sum_{\substack{i\omega_n\\ i\omega_m}}\sum_{\boldsymbol{k},\,\boldsymbol{k}',\,\sigma}&G_0(i\omega_n,\boldsymbol{k})(V)_{(\boldsymbol{k},\,i\omega_n,\,\sigma)(\boldsymbol{k}',\,i\omega_m,\,\sigma)}\\&\times G_0(i\omega_m,\,\boldsymbol{k}')(V)_{(\boldsymbol{k}',\,i\omega_m,\,\sigma)(\boldsymbol{k},\,i\omega_n,\,\sigma)}\end{aligned}$$

$$= \frac{U^2}{4\beta N_0} \sum G_0(i\omega_n, \boldsymbol{k})\varphi(i\omega_n - i\omega_m, \boldsymbol{k}-\boldsymbol{k}')$$
$$\times G_0(i\omega_m, \boldsymbol{k}')\varphi(i\omega_m - i\omega_n, \boldsymbol{k}'-\boldsymbol{k})$$
$$= \frac{U^2}{4\beta N_0} \sum_{\boldsymbol{q}, i\omega_l} \left(\sum_{\boldsymbol{k}, i\omega_n} G_0(i\omega_n, \boldsymbol{k}) G_0(i\omega_n + i\omega_l, \boldsymbol{k}+\boldsymbol{q}) \right)$$
$$\times \varphi(i\omega_l, \boldsymbol{q})\varphi(-i\omega_l, -\boldsymbol{q}) \quad (3\text{-}3\text{-}10)$$

一般化された感受率 $\chi_0(\boldsymbol{q}, i\omega_l)$ を

$$\chi_0(\boldsymbol{q}, i\omega_l) = \frac{-1}{\beta N_0} \sum_{\boldsymbol{k}, i\omega_n} G_0(i\omega_n, \boldsymbol{k}) G_0(i\omega_n + i\omega_l, \boldsymbol{k}+\boldsymbol{q}) \quad (3\text{-}3\text{-}11)$$

で定義すると，φ に関して 2 次までの S_{eff} は

$$A_{\mathrm{eff}}^{(2)} = \sum_{\boldsymbol{q}, i\omega_l} \frac{U}{4}(1 - U\chi_0(\boldsymbol{q}, i\omega_l))\varphi(\boldsymbol{q}, i\omega_l)\varphi(-\boldsymbol{q}, -i\omega_l) \quad (3\text{-}3\text{-}12)$$

となる．$\chi_0(\boldsymbol{q}, i\omega_l)$ は，$i\omega_n$ に関する和を複素積分を用いて実行すると

$$\chi_0(\boldsymbol{q}, i\omega_l) = \frac{1}{N_0} \sum_{\boldsymbol{k}} \frac{f(\xi_{\boldsymbol{k}+\boldsymbol{q}}) - f(\xi_{\boldsymbol{k}})}{i\omega_l + \xi_{\boldsymbol{k}} - \xi_{\boldsymbol{k}+\boldsymbol{q}}} \quad (3\text{-}3\text{-}13)$$

となる．(3-3-13)式をすこし変形して，$\xi_{\boldsymbol{k}} = \xi_{-\boldsymbol{k}}$ を使うと

$$\chi_0(\boldsymbol{q}, i\omega_l) = \frac{1}{N_0} \sum_{\boldsymbol{k}} \frac{f(\xi_{\boldsymbol{k}}) - f(\xi_{\boldsymbol{k}-\boldsymbol{q}})}{i\omega_l + \xi_{\boldsymbol{k}-\boldsymbol{q}} - \xi_{\boldsymbol{k}}} = \frac{1}{N_0} \sum_{\boldsymbol{k}} \frac{f(\xi_{-\boldsymbol{k}}) - f(\xi_{-\boldsymbol{k}-\boldsymbol{q}})}{i\omega_l + \xi_{-\boldsymbol{k}-\boldsymbol{q}} - \xi_{-\boldsymbol{k}}}$$
$$= \frac{1}{N_0} \sum_{\boldsymbol{k}} \frac{f(\xi_{\boldsymbol{k}}) - f(\xi_{\boldsymbol{k}+\boldsymbol{q}})}{i\omega_l + \xi_{\boldsymbol{k}+\boldsymbol{q}} - \xi_{\boldsymbol{k}}} = \frac{1}{N_0} \sum_{\boldsymbol{k}} \frac{f(\xi_{\boldsymbol{k}+\boldsymbol{q}}) - f(\xi_{\boldsymbol{k}})}{-i\omega_l + \xi_{\boldsymbol{k}} - \xi_{\boldsymbol{k}+\boldsymbol{q}}}$$
$$= \chi_0(\boldsymbol{q}, -i\omega_l) \quad (3\text{-}3\text{-}14)$$

が得られる．また，(3-2-14)の変形の途中から

$$\chi_0(-\boldsymbol{q}, -i\omega_l) = \chi_0(\boldsymbol{q}, i\omega_l) \quad (3\text{-}3\text{-}15)$$

も得られるので，両者を合わせて $\chi_0(\boldsymbol{q}, i\omega_l)$ は $\boldsymbol{q}$ と ω_l の双方について偶関数であることがわかる．同時に，$\chi_0(\boldsymbol{q}, i\omega_l)$ は実となることもわかり，

$$\chi_0(\boldsymbol{q}, i\omega_l) = \frac{1}{N_0} \sum_{\boldsymbol{k}} \frac{(\xi_{\boldsymbol{k}} - \xi_{\boldsymbol{k}+\boldsymbol{q}})(f(\xi_{\boldsymbol{k}+\boldsymbol{q}}) - f(\xi_{\boldsymbol{k}}))}{\omega_l^2 + (\xi_{\boldsymbol{k}} - \xi_{\boldsymbol{k}+\boldsymbol{q}})^2} \quad (3\text{-}3\text{-}16)$$

の表式から，$\omega_l = 0$ のときに $\chi_0(\boldsymbol{q}, i\omega_l)$ は最大となることが結論される．そのために，(3-3-12)で $\varphi\varphi$ の係数が負となる不安定性は $\omega_l = 0$ の成分が最初に起こることになり，以下ではこの成分のみを考える．このときは，$\chi_0(\boldsymbol{q}) = \chi_0(\boldsymbol{q}, i\omega_l = 0)$ が最大となる波数 $\boldsymbol{q}$ をさがし，それが $1/U$ となる温度 T_{c} がその磁気

秩序に対する転移温度となる．

$\chi_0(\boldsymbol{q})$ はもちろんバンド分散 $\xi_{\boldsymbol{k}}$ に依存するが，$\boldsymbol{q}\to 0$ かつ $T\to 0$ では状態密度だけで書ける．つまり，

$$\lim_{\boldsymbol{q}\to 0}\chi_0(\boldsymbol{q}) = \lim_{\boldsymbol{q}\to 0}\frac{1}{N_0}\sum_{\boldsymbol{k}}\frac{f(\xi_{\boldsymbol{k}+\boldsymbol{q}})-f(\xi_{\boldsymbol{k}})}{\xi_{\boldsymbol{k}}-\xi_{\boldsymbol{k}+\boldsymbol{q}}} = \frac{1}{N_0}\sum_{\boldsymbol{k}}\left[-\frac{\partial f(\xi_{\boldsymbol{k}})}{\partial \xi_{\boldsymbol{k}}}\right]$$

$$\underset{T\to 0}{\longrightarrow}\sum_{\boldsymbol{k}}\delta(\xi_{\boldsymbol{k}}) = D(E_{\mathrm{F}}) \tag{3-3-17}$$

とフェルミエネルギーにおける状態密度だけで書ける．これにより $T=0$ での強磁性の出現条件は，この近似の範囲内では

$$D(E_{\mathrm{F}})U \geqq 1 \tag{3-3-18}$$

となり，これを**ストーナ条件**と呼ぶ．

しかしこの条件は現実の物質の強磁性出現条件としては不十分なものである．$D(E_{\mathrm{F}})\sim\dfrac{1}{E_{\mathrm{F}}}\sim\dfrac{1}{B}$ (B はバンド幅) であることを考えると(3-3-18)は $U\gtrsim E_{\mathrm{F}}\sim B$ という強相関の条件にほかならず，そのような場合は平均場描像が破れることが知られているからである．U が大きくなると，電子は避け合って運動するために実際に感じる U_{eff} は U よりも小さくなる．(3-3-18)の U はこの U_{eff} に置き換えられるべきである．

金森は，この U_{eff} を t 行列近似という手法で扱った．その結果は

$$U_{\mathrm{eff}} \sim \frac{U}{1+U/B} \underset{U\gg B}{\sim} B \tag{3-3-19}$$

となり，これを(3-3-18)に代入すると

$$D(E_{\mathrm{F}})B \gtrsim 1 \tag{3-3-20}$$

が条件となってしまう．$D(E_{\mathrm{F}})\sim B^{-1}$ を考えると，この条件は通常の場合は満たされにくい．金森はそこで Ni に見られるような，広いバンド幅にもかかわらずフェルミエネルギーで大きなピークをもつような $D(\varepsilon)$ の構造が強磁性には必要であると論じた．しかし強磁性発現条件は軌道縮退なども深く関係していてたいへんに難しい問題であり，現在でも最終的には解決していない．

次に $\boldsymbol{q}=\boldsymbol{0}$ 以外で磁気秩序が起こる可能性を考えよう．$\boldsymbol{q}=\boldsymbol{0}$ 以外で $\chi_0(\boldsymbol{q})$ が大きくなるためにはどのような条件が必要であろうか．$\chi_0(\boldsymbol{q})$ の表式を見ると，$|f(\xi_{\boldsymbol{k}+\boldsymbol{q}})-f(\xi_{\boldsymbol{k}})|$ が大きくて $|\xi_{\boldsymbol{k}}-\xi_{\boldsymbol{k}+\boldsymbol{q}}|$ が小さければよいことがわかる．

つまりフェルミエネルギーの上下でなるべく励起エネルギーの小さな電子・正孔対が作れるような波数 $\boldsymbol{q}$ で $\chi_0(\boldsymbol{q})$ が大きくなる．図形的に考えると，この条件は波数 $\boldsymbol{q}$ でフェルミ面を平行移動したときに，元のフェルミ面と多くの接触をもつという条件であり，これを**ネスティング条件**と呼ぶ．ネスティング条件を満たすような $\boldsymbol{q}$ のことを**ネスティングベクトル**と呼ぶ．

例として，2次元正方格子上のタイトバインディング模型で最近接サイト間のみに飛び移り積分がある場合を考えよう．すると

$$\xi_{\boldsymbol{k}} = -2t(\cos k_x + \cos k_y) - \mu \tag{3-3-21}$$

となるが，$\nu=1$ のハーフフィルドの場合は $\mu=0$ となる．このときのフェルミ面は図3-4に示すように45°傾いた正方形となり，

$$\boldsymbol{Q} = (\pi, \pi) \tag{3-3-22}$$

およびそれと逆格子ベクトルで結びついたベクトルだけ平行移動すると，完全にフェルミ面が重なる．したがって $\boldsymbol{Q}$ の波数をもつ磁気秩序，つまり反強磁性秩序が生じることが予想される．

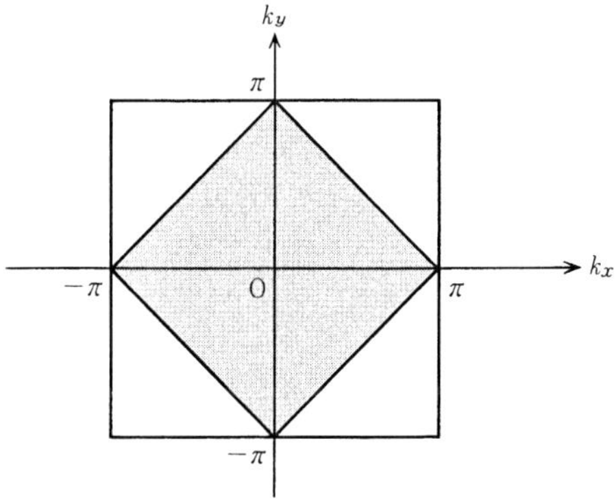

図3-4　2次元正方格子のタイトバインディング模型のハーフフィルドにおけるフェルミ面

実際に $\chi_0(\boldsymbol{Q})$ を計算してみると，$\xi_{\boldsymbol{k}+\boldsymbol{Q}} = -\xi_{\boldsymbol{k}}$ の関係から

$$\chi_0(\boldsymbol{Q}) = \frac{1}{N_0}\sum_{\boldsymbol{k}}\frac{f(-\xi_{\boldsymbol{k}})-f(\xi_{\boldsymbol{k}})}{2\xi_{\boldsymbol{k}}} = \frac{1}{N_0}\sum_{\boldsymbol{k}}\frac{1}{2\xi_{\boldsymbol{k}}}\tanh\frac{\beta\xi_{\boldsymbol{k}}}{2}$$

$$= \int d\xi \frac{D(\xi)}{2\xi} \tanh \frac{\beta\xi}{2} \tag{3-3-23}$$

となることがわかる．$\xi=0$ 近傍での $D(\xi)$ の振舞は $D(\xi) \sim \ln \frac{t}{|\xi|}$ の対数発散をもつので，$T \to 0$ の極限で，$\chi_0(\boldsymbol{Q})$ は

$$\chi_0(\boldsymbol{Q}) \sim \left(\ln \frac{t}{T} \right)^2 \tag{3-3-24}$$

と発散する．したがって，いかに小さな U でも反強磁性秩序に対する不安定性が存在していることになる．

そこでこんどは秩序状態を平均場近似で調べよう．そのために $\varphi_l = \varphi_0 e^{i\boldsymbol{Q}\cdot\boldsymbol{R}_l}$ を(3-3-6)に代入して $A_{\mathrm{eff}}(\varphi_0)$ を求め，これの最小値を求める．

$$A_{\mathrm{eff}}(\varphi_0) = \frac{U}{4} \beta N_0 {\varphi_0}^2 - \sum_{\sigma} \sum_{\omega_n, \boldsymbol{k}:\mathrm{half}} \mathrm{tr} \ln \begin{bmatrix} -i\omega_n + \xi_{\boldsymbol{k}} & \frac{\sigma U \varphi_0}{2} \\ \frac{\sigma U \varphi_0}{2} & -i\omega_n + \xi_{\boldsymbol{k}+\boldsymbol{Q}} \end{bmatrix}$$

$$= \frac{U}{4} \beta N_0 {\varphi_0}^2 - 2 \sum_{\omega_n, \boldsymbol{k}:\mathrm{half}} \ln \left[-{\omega_n}^2 - {\xi_{\boldsymbol{k}}}^2 - \frac{U^2}{4} {\varphi_0}^2 \right] \tag{3-3-25}$$

これを φ_0 で微分すると

$$\frac{\partial A_{\mathrm{eff}}(\varphi_0)}{\partial \varphi_0} = \beta N_0 \left[\frac{1}{2} U \varphi_0 - \frac{1}{\beta N_0} \sum_{\substack{\omega_n \\ \boldsymbol{k}:\mathrm{half}}} \frac{U^2 \varphi_0 / 2}{{\omega_n}^2 + {\xi_{\boldsymbol{k}}}^2 + \frac{U^2 {\varphi_0}^2}{4}} \right] = 0 \tag{3-3-26}$$

これはギャップ $\Delta = \frac{1}{2} U \varphi_0$ に対する平均場方程式

$$1 = U \frac{1}{N_0} \sum_{\boldsymbol{k}:\mathrm{half}} \frac{1}{E_{\boldsymbol{k}}} \tanh \frac{\beta E_{\boldsymbol{k}}}{2} \tag{3-3-27}$$

に外ならない．ここで $E_{\boldsymbol{k}} = \sqrt{{\xi_{\boldsymbol{k}}}^2 + \Delta^2}$ は秩序相でのバンド分散を与える．

これによりフェルミ面に状態はなくなり，系は絶縁体となる．これは，Q の波数をもつ秩序の発生により第1ブリュアンゾーンが半分に折りたたまれた結果，$\nu=1$ が $\nu=2$ へと変化したことに相当する．つまりこの描像では反強磁性磁気秩序と周期性の破れが，系の絶縁化に本質的であることになる．この点で3-1節で議論したモット絶縁体の考え方とは一線を画するものである．モット絶縁体では磁気秩序を仮定しなくとも系は絶縁体であり，反強磁性は変換相互作用 J の結果として生じるのである．この両者の考え方は一見非常に異なる

もののように思われるのだが，反強磁性秩序相に関する限り，じつはあまり際立って異なる結果を与えないのである．

そのことを見るために，$U \gg t$ の極限で(3-3-27)を調べよう．このとき $E_k \cong \varDelta$ ($\varphi_0 \cong 1$) となるので，(3-3-27)の解は

$$\varDelta \cong \frac{U}{2} \tag{3-3-28}$$

と求まる．したがって電荷移動に伴うエネルギーギャップは電子-正孔対のギャップ $2\varDelta$ なので $\cong U$ となる．

さらにスピンの揺らぎを考えよう．φ_l はスピンの z 軸方向を特別な方向として固定しているので，これを一般化する必要がある．つまり経路積分を

$$Z = \int \mathcal{D}\varphi \mathcal{D}\boldsymbol{n} \mathcal{D}C^\dagger \mathcal{D}C \exp\left[-\int L(\varphi, \boldsymbol{n}, C^\dagger, C)\, d\tau\right] \tag{3-3-29}$$

$$L(\varphi, \boldsymbol{n}, C^\dagger, C) = \frac{U}{4}\sum_{l} \varphi_l{}^2 + \sum_{l,\sigma} C_{l\sigma}^\dagger (\partial_\tau - \mu) C_{l\sigma} - \sum_{l,\, l',\, \sigma} t_{l-l'} C_{l\sigma}^\dagger C_{l'\sigma}$$
$$+ \frac{U}{2} \sum_{\substack{l \\ \alpha,\, \beta}} \varphi_l \boldsymbol{n}_l \cdot C_{l\alpha}^\dagger \boldsymbol{\sigma}_{\alpha\beta} C_{l\beta} \tag{3-3-30}$$

と書こう．ここで各サイト l における z 軸をスピン空間の勝手な方向 $\boldsymbol{n}_l$ ($|\boldsymbol{n}_l|^2=1$) で置き換え，$\boldsymbol{n}_l$ についても汎関数積分を実行した．$\boldsymbol{n}_l$ はスピンの向きを表わしており，スピン波の自由度を表わす．このとき φ_l はいわばスピンモーメントの大きさを表わしており，$U \gg t$ では1に飽和しているのである．そこで φ に関する積分は $\varphi_l=1$ で置き換えると(ここで $e^{i\boldsymbol{Q}\cdot\boldsymbol{R}_l}$ の因子は $\boldsymbol{n}_l$ の方に押しつけることにする)，

$$Z \cong \int \mathcal{D}\boldsymbol{n} \mathcal{D}C^\dagger \mathcal{D}C \exp\left[-\int L(\boldsymbol{n}, C^\dagger, C)\, d\tau\right] \tag{3-3-31}$$

$$L(\boldsymbol{n}, C^\dagger, C) = \sum_{l} C_l^\dagger (\partial_\tau - \mu) C_l - \sum_{l,\, l'} t_{l-l'} C_l^\dagger C_{l'}$$
$$+ \frac{U}{2} \sum_{l} C_l^\dagger (\boldsymbol{n}_l \cdot \boldsymbol{\sigma}) C_l \tag{3-3-32}$$

となる．ここで $C_l = \begin{bmatrix} C_{l\uparrow} \\ C_{l\downarrow} \end{bmatrix}$，$C_l^\dagger = [C_{l\uparrow}^\dagger, C_{l\downarrow}^\dagger]$ を定義した．

平均場理論では $\boldsymbol{n}_l = \boldsymbol{e}_z e^{i\boldsymbol{Q}\cdot\boldsymbol{R}_l}$ であり，RPA はそのまわりの微小な揺らぎを解析するのであるが，以下ではもうすこし一般的に考える．$\boldsymbol{n}_l$ を

$$\boldsymbol{n}_l = \sum_{\alpha,\beta=\uparrow,\downarrow} z_{l\alpha}^* \boldsymbol{\sigma}_{\alpha\beta} z_{l\beta} \tag{3-3-33}$$

と $z_{l\sigma}$ を用いて表現したとする($|z_{l\uparrow}|^2+|z_{l\downarrow}|^2=1$)．それに対応して 2×2 のユニタリー行列

$$U_l = \begin{bmatrix} z_{l\uparrow} & -z_{l\downarrow}^* \\ z_{l\downarrow} & z_{l\uparrow}^* \end{bmatrix} \tag{3-3-34}$$

を定義すると，恒等式

$$U_l \sigma^z U_l^\dagger = \boldsymbol{n}_l \cdot \boldsymbol{\sigma} \tag{3-3-35}$$

を容易に示せる．これから

$$\tilde{C}_l = U_l^\dagger C_l, \qquad \tilde{C}_l^\dagger = C_l^\dagger U_l \tag{3-3-36}$$

により新しいフェルミオン $\tilde{C}_l$ を定義すると，(3-3-32)は

$$\begin{aligned} L(U, \tilde{C}^\dagger, \tilde{C}) &= \sum_l \left[\tilde{C}_l^\dagger (\partial_\tau - \mu) \tilde{C}_l + \tilde{C}_l^\dagger U_l^\dagger \partial_\tau U_l \tilde{C}_l \right] \\ &\quad - \sum_{l,l'} t_{l-l'} \tilde{C}_l^\dagger U_l^\dagger U_{l'} \tilde{C}_l + \frac{U}{2} \sum_l \tilde{C}_l^\dagger \sigma^z \tilde{C}_l \end{aligned} \tag{3-3-37}$$

となる．

ここで右辺第3項はフェルミオン $\tilde{C}_l^\dagger, \tilde{C}_l$ は常に $-z$ 方向の“磁場” $U/2$ を感じており，↓スピンの方が低エネルギーで↑スピンの方が高エネルギーとなる．$t_{l-l'}$ により両者に対応する状態密度はバンド幅をもつことになるが，$U \gg t_{l-l'}$ の極限ではなお両者の間には U 程度のギャップが存在している．これを**ハバードギャップ**と呼び，低エネルギー，高エネルギーのバンドをそれぞれ下ハバードおよび上ハバードバンドと呼ぶ．しかし，いまは $\boldsymbol{n}_l$ の秩序を仮定しておらず，その意味で通常のバンドギャップとは同一のものではない．

さて，以上のことから $U \gg t_{l-l'}$ では↓スピンが一杯に詰まっていて↑スピンがいない状態がよい出発点となる．つまり L を $L_0 + L_{\mathrm{Berry}} + L_t$ と書き

$$\begin{aligned} L_0 &= \sum_l \tilde{C}_l^\dagger (\partial_\tau - \mu) \tilde{C}_l + \frac{U}{2} \sum_l \tilde{C}_l^\dagger \sigma^z \tilde{C}_l \\ L_{\mathrm{Berry}} &= \sum_l \tilde{C}_l^\dagger U_l \partial_\tau U_l^\dagger \tilde{C}_l \\ L_t &= -\sum_{l,l'} t_{l-l'} \tilde{C}_l^\dagger U_l U_l^\dagger \tilde{C}_l \end{aligned} \tag{3-3-38}$$

と分けて L_{Berry} と L_t に関する摂動展開で U_l および $\boldsymbol{n}_l$ に対する有効作用を導

く．

$$A_{\text{eff}} = -\mathrm{Tr}\ln\left[\partial_\tau - \mu + \frac{U}{2}\sigma + U_l^\dagger \partial_\tau U_l - t_{l-l'} U_l^\dagger U_{l'}\right] \qquad (3\text{-}3\text{-}39)$$

として $G_0 = -\left(\partial_\tau - \mu + \frac{U}{2}\sigma\right)^{-1}$ とすると，∂_τ の 1 次，$t_{l-l'}$ の 2 次までで

$$\begin{aligned} A_{\text{eff}} &= +\sum_l \mathrm{Tr}[G_0(U_l^\dagger \partial_\tau U_l)] \\ &\quad + \frac{1}{2}\sum_l \sum_{l'} \mathrm{Tr}[G_0 t_{l-l'} U_l^\dagger U_{l'} G_0 t_{l'-l} U_{l'}^\dagger U_l] \end{aligned} \qquad (3\text{-}3\text{-}40)$$

となる．右辺第 1 項は

$$+\int d\tau \sum_l (U_l^\dagger \partial_\tau U_l)_{\downarrow\downarrow} = -\int d\tau \sum_l (z_{l\downarrow}\partial_\tau z_{l\downarrow}^* + z_{l\uparrow}\partial_\tau z_{l\uparrow}^*) \qquad (3\text{-}3\text{-}41)$$

となるが，ここで $\boldsymbol{n}_l$ の極座標表式 φ_l, θ_l に対応して

$$\begin{aligned} z_{l\uparrow} &= \cos\frac{\theta_l}{2} \\ z_{l\downarrow} &= e^{-i\varphi_l}\sin\frac{\theta_l}{2} \end{aligned} \qquad (3\text{-}3\text{-}42)$$

ととると

$$\begin{aligned} z_{l\downarrow}\partial_\tau z_{l\downarrow}^* + z_{l\uparrow}\partial_\tau z_{l\uparrow}^* &= i\partial_\tau\varphi_l \cdot \sin^2\frac{\theta_l}{2} \\ &= \frac{i}{2}\partial_\tau\varphi_l(1-\cos\theta_l) \end{aligned} \qquad (3\text{-}3\text{-}43)$$

だから，結局(2-3-3), (2-3-4)で与えられるスピン $S=1/2$ のベリー位相項

$$\frac{i}{2}\omega(\{\boldsymbol{n}_l(\tau)\}) \qquad (3\text{-}3\text{-}44)$$

となることがわかる．

次に(3-3-40)の右辺第 2 項であるが，これは

$$\begin{aligned} &\frac{1}{2}\sum_{l,l'}\frac{1}{\beta}\sum_{\substack{i\omega_n,\sigma \\ i\omega_l,\sigma'}} |t_{l-l'}|^2 \frac{1}{i\omega_n - \frac{\sigma U}{2}} \frac{1}{i\omega_n + i\omega_l - \frac{\sigma' U}{2}} \\ &\quad \times (U_l^\dagger U_{l'})_{\sigma\sigma'}(i\omega_l)(U_{l'}^\dagger U_l)_{\sigma'\sigma}(-i\omega_l) \end{aligned} \qquad (3\text{-}3\text{-}45)$$

と書ける．

$$\frac{1}{\beta}\sum_{i\omega_n}\frac{1}{\left(i\omega_n-\frac{\sigma U}{2}\right)\left(i\omega_n+i\omega_l-\frac{\sigma' U}{2}\right)}=\frac{f\left(\frac{\sigma U}{2}\right)-f\left(\frac{\sigma' U}{2}\right)}{i\omega_l+\frac{\sigma-\sigma'}{2}U} \quad (3\text{-}3\text{-}46)$$

であるが，いまは $|\omega_l|\ll U$ のところに興味があるので，$i\omega_l=0$ と置くとこれは $-\frac{1}{U}\delta_{\sigma,-\sigma'}$ となる．よって(3-3-45)は

$$\frac{1}{2}\sum_{l,l'}|t_{l-l'}|^2\frac{-1}{U}\int d\tau\sum_{\sigma}(U_l^{\dagger}U_{l'})_{\sigma,-\sigma}(U_{l'}^{\dagger}U_l)_{-\sigma,\sigma} \quad (3\text{-}3\text{-}47)$$

となる．これを具体的に計算すると

$$\begin{aligned}
&\sum_{\sigma}(U_l^{\dagger}U_{l'})_{\sigma,-\sigma}(U_{l'}^{\dagger}U_l)_{-\sigma,\sigma}\\
&=(-z_{l\uparrow}^*z_{l'\downarrow}^*+z_{l\downarrow}^*z_{l'\uparrow}^*)(-z_{l'\downarrow}z_{l\uparrow}+z_{l'\uparrow}z_{l\downarrow})\\
&\quad+(-z_{l'\uparrow}^*z_{l\downarrow}^*+z_{l'\downarrow}^*z_{l\uparrow}^*)(-z_{l\downarrow}z_{l'\uparrow}+z_{l\uparrow}z_{l'\downarrow})\\
&=2z_{l\uparrow}^*z_{l\uparrow}z_{l'\downarrow}^*z_{l'\downarrow}+2z_{l\downarrow}^*z_{l\downarrow}z_{l'\uparrow}^*z_{l'\uparrow}\\
&\quad-2z_{l\uparrow}^*z_{l\downarrow}z_{l'\downarrow}^*z_{l'\uparrow}-2z_{l\downarrow}^*z_{l\uparrow}z_{l'\uparrow}^*z_{l'\downarrow}\\
&=2\left(\frac{1}{2}+S_l^z\right)\left(\frac{1}{2}-S_{l'}^z\right)+2\left(\frac{1}{2}-S_l^z\right)\left(\frac{1}{2}+S_{l'}^z\right)\\
&\quad-2S_l^+S_{l'}^--2S_l^-S_{l'}^+\\
&=1-4\boldsymbol{S}_l\cdot\boldsymbol{S}_{l'}
\end{aligned} \quad (3\text{-}3\text{-}48)$$

を得る．よって(3-3-47)は

$$\int d\tau\sum_{l,l'}\frac{2|t_{l-l'}|^2}{U}\left(\boldsymbol{S}_l\cdot\boldsymbol{S}_{l'}-\frac{1}{4}\right) \quad (3\text{-}3\text{-}49)$$

となり，(3-3-44)と(3-3-49)を合わせた作用は，3-1節で導いた反強磁性ハイゼンベルク模型と一致する．

このように $U\gg t$ の極限でスピンモーメントの絶対値が飽和したと考え，その方向 $\boldsymbol{n}_l$ の自由度に対する有効理論を考えるとスピン模型が得られる．だから $\boldsymbol{n}_l=\boldsymbol{e}_z e^{i\boldsymbol{Q}\cdot\boldsymbol{R}_l}$ のまわりのスピン波の揺らぎは，ハイゼンベルク模型のそれと一致することもわかる．3-1節で現われた射影演算子 P の役割は，ここでは変換後のフェルミオン $\tilde{C}_l^{\dagger}, \tilde{C}_l$ において↑スピンを排除することに置き換えられている．このようにモット絶縁体は，スピンモーメントの発生により記述できるので，じつは平均場近似と上述のような形でつながっているのである．

3-4 SCR 理論と量子臨界現象

前節で述べたように，強い電子相関は磁性の発現と分かち難く絡み合っている．そこで，磁気秩序の秩序パラメーターが系を記述する最も重要な自由度であると見なす立場が考えられる．この立場では，平均場的な磁気長距離秩序のみでなく，その熱的および量子的揺らぎを扱うことにより，常伝導相の諸性質を理解できるとする．特に絶対零度においてあるパラメーター(例えば圧力とかキャリアーの濃度など)を変化させたとき，磁気秩序が消失する臨界点——量子臨界点——が存在する場合，その近傍で揺らぎが特異的に増大する．これは**量子臨界現象**と呼ばれ，低温における非フェルミ流体的振舞を引き起こす．この節では，これらの理論について述べる．

まず，相転移の理論ではランダウ-ウィルソン展開と呼ばれる自由エネルギーの表式が最も基本的である．これは経路積分の方法により，3-3 節の考察をさらに一般化することで得られる．(3-3-8)の展開で $n=4$ までを取ることを考えると，

$$A=\frac{1}{2}\sum_{\boldsymbol{q},\,i\omega_l}\Pi_2(\boldsymbol{q},i\omega_l)\varphi(\boldsymbol{q},i\omega_l)\varphi(-\boldsymbol{q},-i\omega_l)$$
$$+\frac{1}{4\beta N_0}\sum_{\substack{\sum_{i=1}^{4}\boldsymbol{q}_i=0\\ \sum_{i=1}^{4}\omega_i=0}}\Pi_4(\boldsymbol{q}_i,i\omega_i)\varphi(\boldsymbol{q}_1,i\omega_1)\varphi(\boldsymbol{q}_2,i\omega_2)\varphi(\boldsymbol{q}_3,i\omega_3)\varphi(\boldsymbol{q}_4,i\omega_4)$$

(3-4-1)

$$\Pi_2(\boldsymbol{q},i\omega_l)=\frac{U}{2}[1-U\chi_0(\boldsymbol{q},i\omega_l)]$$

$$\Pi_4(\boldsymbol{q}_i,i\omega_i)=\frac{2(U/2)^4}{\beta N_0}\sum_{i\varepsilon_n}\sum_{\boldsymbol{k}}G_0(\boldsymbol{k},i\varepsilon_n)G_0(\boldsymbol{k}+\boldsymbol{q}_1,i\varepsilon_n+i\omega_1)$$
$$\times G_0(\boldsymbol{k}+\boldsymbol{q}_1+\boldsymbol{q}_2,i\varepsilon_n+i\omega_1+i\omega_2)G_0(\boldsymbol{k}-\boldsymbol{q}_4,i\varepsilon_n-i\omega_4)$$

(3-4-2)

と与えられる．強磁性秩序を考えるときは $\varphi(\boldsymbol{q},i\omega_l)$ の $\boldsymbol{q}=\boldsymbol{0}$ のまわりの成分

を考え，反強磁性秩序を考えるときは，$\boldsymbol{q}=\boldsymbol{Q}=(\pi,\cdots,\pi)=\boldsymbol{G}/2$ のまわりの成分を考える．このとき，$\mathbf{0}$ や $\boldsymbol{Q}$ から測った波数および周波数が小さいとして連続体近似の有効作用を求めよう．

まず $\chi_0(\boldsymbol{q},i\omega_l)$ は(3-3-13)で定義され $i\omega_l=0$ に対して評価したが，ここでは有限の $i\omega_l$ について考える．これはスピンの揺らぎの場 $\varphi(\boldsymbol{q},i\omega_l)$ の量子ダイナミックスを考えることに相当する．(3-3-13)より $\xi_\pm=\xi_{\boldsymbol{k}\pm\boldsymbol{q}/2}$ として

$$\begin{aligned}&\chi_0(\boldsymbol{q},i\omega_l)-\chi_0(\boldsymbol{q},0)\\&=\frac{1}{N_0}\sum_{\boldsymbol{k}}\frac{-i\omega_l(\xi_+-\xi_-)+\omega_l^2}{(\xi_+-\xi_-)[\omega_l^2+(\xi_+-\xi_-)^2]}[f(\xi_+)-f(\xi_-)]\end{aligned}\tag{3-4-3}$$

となる．このとき，$\xi_+-\xi_-=\dfrac{\boldsymbol{k}\cdot\boldsymbol{q}}{m}$ の $\boldsymbol{k}\leftrightarrow-\boldsymbol{k}$ に関する対称性より

$$\frac{1}{N_0}\sum_{\boldsymbol{k}}\frac{f(\xi_+)-f(\xi_-)}{\omega_l^2+(\xi_+-\xi_-)^2}=0\tag{3-4-4}$$

がわかる．さらに $|\xi_+-\xi_-|\cong v_{\mathrm{F}}q$ と評価できるので，$|\omega_l|\leqq v_{\mathrm{F}}q$ のときには，$\xi_+-\xi_-$ の変動は $|\omega_l|$ に比べて十分大きいと考えられる．このとき

$$\begin{aligned}&\frac{1}{N_0}\sum_{\boldsymbol{k}}\frac{\omega_l^2}{\omega_l^2+(\xi_+-\xi_-)^2}\frac{f(\xi_+)-f(\xi_-)}{\xi_+-\xi_-}\\&\simeq-\frac{1}{N_0}\sum_{\boldsymbol{k}}\frac{\omega_l^2}{\omega_l^2+(\xi_+-\xi_-)^2}\left[-\frac{\partial f(\xi_+)}{\partial\xi_+}\right]\\&\simeq-N(\varepsilon_{\mathrm{F}})\left\langle\frac{\omega_l^2}{\omega_l^2+(v_{\mathrm{F}}q)^2\cos^2\theta}\right\rangle_{\text{角度}}\end{aligned}\tag{3-4-5}$$

となる．$\langle\ \ \rangle_{\text{角度}}$ は $\boldsymbol{k}$ と $\boldsymbol{q}$ のなす角 θ に関する平均であるが，これは2次元，3次元の場合にそれぞれ実行できて，(3-4-5)は

$$-cN(\varepsilon_{\mathrm{F}})\frac{|\omega_l|}{v_{\mathrm{F}}q}\tag{3-4-6}$$

となる($c=1$ (2次元)，$c=\dfrac{\pi}{2}$ (3次元))．

以上から

$$\Pi_2(\boldsymbol{q},i\omega_l)\cong\frac{U}{2}\left[1-U\chi_0(\boldsymbol{q},0)+cUN(\varepsilon_{\mathrm{F}})\frac{|\omega_l|}{v_{\mathrm{F}}q}\right]\tag{3-4-7}$$

を得る．強磁性の場合には，$\boldsymbol{q}=\mathbf{0}$ 近傍で展開して

$$\Pi_2(\boldsymbol{q}, i\omega_l) \cong \frac{U}{2}\left[(1-U\chi_0(\boldsymbol{0}, 0))+aq^2+cUN(\varepsilon_{\mathrm{F}})\frac{|\omega_l|}{v_{\mathrm{F}}q}\right] \tag{3-4-8}$$

となるのに対し，反強磁性の場合には $\boldsymbol{q}=\boldsymbol{Q}$ 近辺で展開するので

$$\Pi_2(\boldsymbol{q}+\boldsymbol{Q}, i\omega_l) \cong \frac{U}{2}\left[(1-U\chi_0(\boldsymbol{Q}, 0))+aq^2+cUN(\varepsilon_{\mathrm{F}})\frac{|\omega_l|}{v_{\mathrm{F}}Q}\right] \tag{3-4-9}$$

となる．

次に 4 次の項を考えるが，くり込み群の意味で，4 次の項に現われる $q, i\omega_l$ に関する高次の項は臨界現象において重要ではない．したがって強磁性の場合には

$$\Pi_4(\boldsymbol{q}_i, i\omega_i) \to \Pi_4(\boldsymbol{0}, 0)=\frac{2(U/2)^4}{\beta N_0}\sum_{i\varepsilon_n}\sum_{\boldsymbol{k}}[G_0(\boldsymbol{k}, i\varepsilon_n)]^4 \tag{3-4-10}$$

と近似され，反強磁性の場合には

$$\Pi_4(\boldsymbol{q}_i, i\omega_i) \to \Pi_4(\boldsymbol{q}_i=\boldsymbol{Q}, 0)=\frac{2(U/2)^4}{\beta N_0}\sum_{i\varepsilon_n}\sum_{\boldsymbol{k}}[G_0(\boldsymbol{k}, i\varepsilon_n)]^2[G_0(\boldsymbol{k}+\boldsymbol{Q}, i\varepsilon_n)]^2 \tag{3-4-11}$$

と近似される．これらはいずれも定数である．

以上の考察をまとめると．時間，空間，φ を適当にスケール変換することにより，有効作用は

$$\begin{aligned} A = &\frac{1}{2}\sum_{\boldsymbol{q}, i\omega_l}\left(\delta_0+q^2+\frac{|\omega_l|}{\Gamma_q}\right)\varphi(\boldsymbol{q}, i\omega_l)\varphi(-\boldsymbol{q}, -i\omega_l) \\ &+u\int_0^\beta d\tau\int d^d\boldsymbol{r}[\varphi(\boldsymbol{r}, \tau)]^4 \end{aligned} \tag{3-4-12}$$

と書ける．δ_0 は転移点からの距離を測る定数で，$\delta_0<0$ は秩序相，$\delta_0>0$ は常磁性相に(揺らぎを考慮しない範囲内では)対応する．ここで $\Gamma_q=\Gamma q$ (強磁性)，$\Gamma_q=\Gamma$ (反強磁性)であり，$\varphi(\boldsymbol{r}, \tau)$ と $\varphi(\boldsymbol{q}, i\omega_l)$ との関係は

$$\varphi(\boldsymbol{r}, \tau) = \frac{1}{\sqrt{\beta N_0}}\sum_{\boldsymbol{q}, i\omega_l}\varphi(\boldsymbol{q}, i\omega_l)e^{-i\omega_l\tau+i\boldsymbol{q}\cdot\boldsymbol{r}} \tag{3-4-13}$$

である．

(3-4-12)は**ランダウ-ウィルソン展開**と呼ばれるものの量子系版であるが，ここでいくつかの注意をしておこう．まず $\omega_l=2\pi Tl$ (l：整数)はボゾンの松原周波数であり離散的な値をとる．このことは，虚時間方向の領域が $0<\tau<\beta$

に限られ，周期的境界条件に従うことに由来している．つまり，有限温度の場合は，虚時間方向に有限サイズの系を考えることに相当している．次に，(3-4-12)の φ に関する2次の項の係数に着目しよう．

$$D_0^{-1}(\boldsymbol{q}, i\omega_l) = \delta_0 + q^2 + |\omega_l|/\Gamma_q \tag{3-4-14}$$

この係数は q と $|\omega_l|$ を非対称な形で含んでいる．したがって系は時間方向と空間方向で異方的となっている．その結果，動的臨界指数 z という新しい量が必要となり，

$$\omega \sim q^z \tag{3-4-15}$$

とスケールする．(3-4-14)の形を不変に保つためには，$z=3$（強磁性），$z=2$（反強磁性）と選べばよいことがわかるだろう．

さて，まずウォーミングアップとして(3-4-12)で $u=0$ の場合，つまりガウシアン理論を考えよう．

$$A_{\mathrm{Gauss}} = \frac{1}{2}\sum_{\boldsymbol{q}, i\omega_l} D_0^{-1}(\boldsymbol{q}, i\omega_l)\varphi(\boldsymbol{q}, i\omega_l)\varphi(-\boldsymbol{q}, -i\omega_l) \tag{3-4-16a}$$

これより

$$\begin{aligned} Z_{\mathrm{Gauss}} &= \prod_{\substack{\boldsymbol{q}, i\omega_l \\ :\text{半分}}} \int d\,\mathrm{Re}\,\varphi(\boldsymbol{q}, i\omega_l)\,d\,\mathrm{Im}\,\varphi(\boldsymbol{q}, i\omega_l)\,e^{-D_0^{-1}(\boldsymbol{q}, i\omega_l)[(\mathrm{Re}\,\varphi)^2+(\mathrm{Im}\,\varphi)^2]} \\ &= \prod_{\substack{\boldsymbol{q}, i\omega_l \\ :\text{半分}}} [\pi D_0(\boldsymbol{q}, i\omega_l)] \end{aligned} \tag{3-4-16b}$$

なので，系の自由エネルギーは

$$\begin{aligned} F_{\mathrm{Gauss}} &= -\frac{1}{\beta}\ln Z_{\mathrm{Gauss}} \\ &= -\frac{1}{2\beta}\sum_{\boldsymbol{q}, i\omega_l}\ln \pi D_0(\boldsymbol{q}, i\omega_l) \\ &= \frac{1}{2\beta}\sum_{\boldsymbol{q}, i\omega_l}\ln[\delta_0 + q^2 + |\omega_l|/\Gamma_q] + \text{定数} \end{aligned} \tag{3-4-16c}$$

となる．

ここで ω_l に関する和を考える．まず，$z=i\omega_l$ に関する解析性から

$$\ln[\delta_0 + q^2 + |\omega_l|/\Gamma_q] = \int_{-\infty}^{\infty} d\varepsilon \frac{A(\boldsymbol{q}, \varepsilon)}{i\omega_l - \varepsilon} \tag{3-4-17}$$

とスペクトル表示できることに着目する．ここで

$$A(\boldsymbol{q}, \varepsilon) = -\frac{1}{\pi} \operatorname{Im} \ln \left[\delta_0 + q^2 + \frac{|\omega_l|}{\Gamma_q} \right] \Bigg|_{i\omega_l \to \varepsilon + i\delta} \tag{3-4-18}$$

は上半平面から実軸に近づいたときの遅延関数の虚部であるが，

$$A(\boldsymbol{q}, \varepsilon) = \frac{1}{\pi} \tan^{-1} \frac{\varepsilon / \Gamma_q}{\delta_0 + q^2} \tag{3-4-19}$$

と求まる．$A(\boldsymbol{q}, \varepsilon) = -A(\boldsymbol{q}, -\varepsilon)$ を考慮すると，(3-4-17)の右辺は

$$\frac{1}{2} \int_{-\infty}^{\infty} d\varepsilon A(\boldsymbol{q}, \varepsilon) \left[\frac{1}{i\omega_l - \varepsilon} - \frac{1}{i\omega_l + \varepsilon} \right] \tag{3-4-20}$$

と書けるので，[　] の中を $i\omega_l$ に関して和をとることは容易である．(つまり $|\omega_l| \to \infty$ で $\mathcal{O}(\omega_l^{-2})$ となるので，和はつねに収束する．)

$$\frac{1}{2\beta} \sum_{i\omega_l} \left[\frac{1}{i\omega_l - \varepsilon} - \frac{1}{i\omega_l + \varepsilon} \right] = \frac{1}{2} \coth \frac{\varepsilon}{2T} \tag{3-4-21}$$

を用いると，(3-4-16c)は，$f_{\mathrm{Gauss}} = F_{\mathrm{Gauss}}/V$ を単位体積あたりの自由エネルギーとして

$$f_{\mathrm{Gauss}} = \frac{1}{N_0} \sum_q \int_0^{\Gamma_q} \frac{d\varepsilon}{2\pi} \coth \frac{\varepsilon}{2T} \cdot \tan^{-1} \left(\frac{\varepsilon / \Gamma_q}{\delta_0 + q^2} \right) \tag{3-4-22}$$

となる．ここで，(3-4-14)の表式が適用できる領域は $|\omega_l|, |\varepsilon| < \Gamma_q$ に限られることから，ε 積分を Γ_q でカットオフした．

次に非線形項の取扱いに進もう．まず考えつくのは，u に関する摂動展開である．しかし，この展開は $\delta_0 \to 0$，つまり臨界点近傍で破たんする．実際に，u に関して低次の項を調べてみよう．A_{int} を(3-4-12)の非線形項として

$$Z \cong Z_{\mathrm{Gauss}} \left[1 - \langle A_{\mathrm{int}} \rangle_{\mathrm{Gauss}} + \frac{1}{2} \langle A_{\mathrm{int}}{}^2 \rangle_{\mathrm{Gauss}} + \cdots \right] \tag{3-4-23}$$

として

$$\langle A_{\mathrm{int}} \rangle_{\mathrm{Gauss}} = u \int d\tau d^d \boldsymbol{r} \langle \varphi(\boldsymbol{r}, \tau)^4 \rangle_{\mathrm{Gauss}} = 3u \int d\tau d^d \boldsymbol{r} [\langle \varphi(\boldsymbol{r}, \tau)^2 \rangle]^2 \tag{3-4-24}$$

となるが，ここで

$$\langle (\varphi(\boldsymbol{r}, \tau))^2 \rangle_{\mathrm{Gauss}} = \frac{1}{\beta V} \sum_{\boldsymbol{q}, i\omega_l} \langle \varphi(\boldsymbol{q}, i\omega_l) \varphi(-\boldsymbol{q}, -i\omega_l) \rangle_{\mathrm{Gauss}}$$
$$= \frac{1}{\beta V} \sum_{\boldsymbol{q}, i\omega_l} D_0(\boldsymbol{q}, i\omega_l) \tag{3-4-25}$$

上と同様に $i\omega_l$ に関する和を実行すると，上式は

$$\langle(\varphi(\boldsymbol{r},\tau))^2\rangle_{\mathrm{Gauss}}=\int\frac{d^d\boldsymbol{q}}{(2\pi)^d}\int_0^{\Gamma_q}\frac{d\varepsilon}{\pi}\coth\frac{\varepsilon}{2T}\cdot\frac{\varepsilon/\Gamma_q}{(\delta_0+q^2)^2+(\varepsilon/\Gamma_q)^2} \tag{3-4-26}$$

となる．

ここで ε, q が小さいところからの寄与を考えよう．$\coth(\varepsilon/2T)\cong 2T/\varepsilon$ とすると，ε に関する積分を実行できて，

$$\sim T\int\frac{d^d\boldsymbol{q}}{(2\pi)^d}\frac{1}{\delta_0+q^2} \tag{3-4-27}$$

となる．これは(3-4-25)で $i\omega_l=0$ の項だけを取り出したことに対応する．つまり，古典的な φ^4 模型の摂動展開である．(3-4-27)は $\delta_0\to 0$ としても $d>2$ である限り発散は生じない．

次に u^2 の項を考えてみよう．

$$\langle {A_{\mathrm{int}}}^2\rangle_{\mathrm{Gauss}}=u^2\int d\tau_1 d^d\boldsymbol{r}_1 d\tau_2 d^d\boldsymbol{r}_2\langle\varphi(\boldsymbol{r}_1,\tau_1)^4\varphi(\boldsymbol{r}_2,\tau_2)^4\rangle_{\mathrm{Gauss}} \tag{3-4-28}$$

をふたたびガウス積分のキュムラント展開してゆくと，いろいろな項が現われるが，その中に

$$\int d\tau_1 d^d\boldsymbol{r}_1 d\tau_2 d^d\boldsymbol{r}_2\langle\varphi(\boldsymbol{r}_1,\tau_1)^2\rangle_{\mathrm{Gauss}}\langle\varphi(\boldsymbol{r}_2,\tau_2)^2\rangle_{\mathrm{Gauss}}\langle\varphi(\boldsymbol{r}_1,\tau_1)\varphi(\boldsymbol{r}_2,\tau_2)\rangle^2_{\mathrm{Gauss}} \tag{3-4-29}$$

という形の項がある．これは

$$\begin{aligned}&\int d\tau_1 d^d\boldsymbol{r}_1\langle\varphi(\boldsymbol{r}_1,\tau_1)\varphi(\boldsymbol{r}_2,\tau_2)\rangle^2_{\mathrm{Gauss}}\\&=\frac{1}{(\beta V)^2}\sum_{i\omega_l,\boldsymbol{q}}\sum_{i\omega_l',\boldsymbol{q}'}\langle\varphi(\boldsymbol{q},i\omega_l)\varphi(-\boldsymbol{q},-i\omega_l)\rangle_{\mathrm{Gauss}}\\&\quad\times\langle\varphi(\boldsymbol{q}',i\omega_l')\varphi(-\boldsymbol{q}',-i\omega_l')\rangle_{\mathrm{Gauss}}\\&\quad\times\int_0^\beta d\tau\int d^d\boldsymbol{r}e^{i(\boldsymbol{q}+\boldsymbol{q}')\cdot\boldsymbol{r}}e^{-i(\omega_l+\omega_l')\tau}\\&=\frac{1}{\beta V}\sum_{\boldsymbol{q},i\omega_l}{D_0}^2(\boldsymbol{q},i\omega_l)\end{aligned} \tag{3-4-30}$$

を含むので，この項の発散の有無を調べよう．$i\omega_l$ に関する和を実行すると，(3-4-30)は

$$\int\frac{d^d\boldsymbol{q}}{(2\pi)^d}\int_0^{\Gamma_q}\frac{d\varepsilon}{\pi}\coth\frac{\varepsilon}{2T}\cdot\frac{2(\varepsilon/\Gamma_q)(\delta_0+q^2)}{[(\delta_0+q^2)^2+(\varepsilon/\Gamma_q)^2]^2} \tag{3-4-31}$$

となり，ふたたび $\varepsilon/2T\ll 1$ の領域での積分を実行すると，(3-4-30)で $i\omega_l=0$ の項

$$T\int\frac{d^d\boldsymbol{q}}{(2\pi)^d}\frac{1}{(\delta_0+q^2)^2} \tag{3-4-32}$$

を得る．この項は $\delta_0\to 0$ で $d\leqq 4$ の場合に発散を含んでいる．

このように臨界点近傍では単純な摂動論は使えなくなるので，何らかの方法で高次までの寄与を一挙に扱う必要が生じるのである．その手法としては，次の2つのものが代表的である．1つは，守谷により発展せられた **SCR**(self-consistent renormalization)**理論**であり，もう1つは後述するくり込み群の理論である．SCR 理論の基本的なアイディアは，(3-4-12)の非線形項を実効的にくり込んだ，最良の2次形式の作用を求めることにある．守谷らは，精密な理論を展開して実際の物質群の解析を行なっているが，ここでは最も簡略化した形でそれを解説しよう．

「最良」ということを具体的に数式にのせるためには，変分法を用いるのがよい．つまり，試行作用 A_0 として2次形式のものを選び，その中に含まれるパラメーターを

$$F=F_0+\frac{1}{\beta}\langle A-A_0\rangle_{A_0} \tag{3-4-33}$$

が最小になるように選ぶ．ここで F は，真の自由エネルギー F_{true} と $F_{\mathrm{true}}\leqq F$ の関係にある．A_0 として，(3-4-14)の δ_0 を変分パラメーターの δ に変えた

$$A_0=\frac{1}{2}\sum_{\boldsymbol{q},i\omega_l}(\delta+q^2+|\omega_l|/\Gamma_q)\varphi(\boldsymbol{q},i\omega_l)\varphi(-\boldsymbol{q},-i\omega_l) \tag{3-4-34}$$

を選ぶことにする．すると(3-4-33)は

$$\begin{aligned}F-&\frac{1}{2\beta}\sum_{\boldsymbol{q},i\omega_l}\ln[\delta+q^2+|\omega_l|/\Gamma_q]\\&+\frac{1}{2\beta}\sum_{\boldsymbol{q},i\omega_l}\frac{\delta_0-\delta}{\delta+q^2+|\omega_l|/\Gamma_q}\\&+3u\cdot V\left(\frac{1}{\beta V}\sum_{\boldsymbol{q},i\omega_l}\frac{1}{\delta+q^2+|\omega_l|/\Gamma_q}\right)^2\end{aligned} \tag{3-4-35}$$

となる．$\partial F/\partial\delta=0$ から，δ を定める方程式

$$\delta = \delta_0+12u\langle\varphi(r,\tau)^2\rangle_{A_0} = \delta_0+12u\frac{1}{\beta V}\sum_{\boldsymbol{q},i\omega_l}\frac{1}{\delta+q^2+|\omega_l|/\Gamma_q}$$
$$= \delta_0+12u\frac{1}{V}\int\frac{d^d\boldsymbol{q}}{(2\pi)^d}\int_0^{\Gamma_q}\frac{d\varepsilon}{\pi}\coth\frac{\varepsilon}{2T}\frac{\varepsilon/\Gamma_q}{(\delta+q^2)^2+(\varepsilon/\Gamma_q)^2} \tag{3-4-36}$$

を得る．

この方程式により定められた δ は，非線形項をくり込んだ相関長 $\xi(T,\delta_0)$ と

$$\delta(T,\delta_0) = \xi^{-2}(T,\delta_0) \tag{3-4-37}$$

の関係にある．いま，絶対零度における量子臨界点を考えよう．これは $\delta=0$ となる点で，このとき δ_0 は

$$0 = \delta_0+12u\int\frac{d^d\boldsymbol{q}}{(2\pi)^d}\int_0^{\Gamma_q}\frac{d\varepsilon}{\pi}\frac{\varepsilon/\Gamma_q}{q^4+(\varepsilon/\Gamma_q)^2} \tag{3-4-38}$$

を満たす．この右辺第2項は絶対零度における量子揺らぎ $\langle\varphi(r,\tau)^2\rangle_{T=0}$ に対応する．このパラメーター δ_0 のときに有限温度で $\delta(T,\delta_0)$ はどのように振舞うだろうか．そのために，(3-4-36)から(3-4-38)を引いて

$$\delta = 12u\int\frac{d^d\boldsymbol{q}}{(2\pi)^d}\int_0^{\Gamma_q}\frac{d\varepsilon}{\pi}$$
$$\times\left\{\coth\frac{\varepsilon}{2T}\frac{\varepsilon/\Gamma_q}{(\delta+q^2)^2+(\varepsilon/\Gamma_q)^2}-\frac{\varepsilon/\Gamma_q}{q^4+(\varepsilon/\Gamma_q)^2}\right\}$$
$$= 12u\int\frac{d^d\boldsymbol{q}}{(2\pi)^d}\int_0^{\Gamma_q}\frac{d\varepsilon}{\pi}\left(\coth\frac{\varepsilon}{2T}-1\right)\frac{\varepsilon/\Gamma_q}{(\delta+q^2)^2+(\varepsilon/\Gamma_q)^2}$$
$$+12u\int\frac{d^d\boldsymbol{q}}{(2\pi)^d}\int_0^{\Gamma_q}\frac{d\varepsilon}{\pi}\left\{\frac{\varepsilon/\Gamma_q}{(\delta+q^2)^2+(\varepsilon/\Gamma_q)^2}-\frac{\varepsilon/\Gamma_q}{q^4+(\varepsilon/\Gamma_q)^2}\right\} \tag{3-4-39}$$

としよう．以降，例として $d=3$ の反強磁性($\Gamma_q=\Gamma$)の場合に(3-4-39)を解析しよう．

$T\to 0$ のときは，後に確認できるように，$\delta\ll T$ なので，(3-4-39)の右辺第1項の積分は，

$$\sim 12u\int\frac{d^3\boldsymbol{q}}{(2\pi)^3}\int_0^T\frac{d\varepsilon}{2\pi}\frac{2T}{\varepsilon}\frac{\varepsilon/\Gamma}{(\delta+q^2)^2+(\varepsilon/\Gamma)^2}$$
$$=\frac{24}{\pi}uT\int\frac{d^3\boldsymbol{q}}{(2\pi)^3}\frac{1}{\delta+q^2}\tan^{-1}\frac{T/\Gamma}{\delta+q^2}$$
$$\simeq\frac{24}{\pi}uT\int\frac{d^3\boldsymbol{q}}{(2\pi)^3}\frac{1}{q^2}\tan^{-1}\left(\frac{T}{\Gamma q^2}\right)$$
$$=\frac{24}{\pi}uT^{3/2}\Gamma^{-1/2}\int\frac{d^3\boldsymbol{x}}{(2\pi)^3}\frac{1}{x^2}\tan^{-1}\frac{1}{x^2} \qquad (3\text{-}4\text{-}40)$$

となる．ここで x 積分の上限 x_c は，q 積分の上限 q_c を用いて $x_c=T^{-1/2}q_c$ となるが，被積分関数が $x\gg1$ で $\sim x^{-4}$ と振舞うために，$d=3$ では $x_c\to\infty$ としてよい．すると(3-4-40)は結局，a をある定数として

$$auT^{3/2}$$

となる．

一方，(3-4-39)の右辺第 2 項は，$\delta+q^2\ll1$ に対して

$$12\Gamma u\int\frac{d^3\boldsymbol{q}}{(2\pi)^3}\frac{1}{2\pi}\ln\frac{q^2}{\delta+q^2}=\frac{6\Gamma u}{\pi}\delta^{3/2}\int\frac{d^3\boldsymbol{x}}{(2\pi)^3}\ln\frac{x^2}{1+x^2} \qquad (3\text{-}4\text{-}41)$$

こんどは $x_c\sim\delta^{-1/2}$ で，被積分関数は，$x\gg1$ で $\sim x^{-2}$ と振舞うために，(3-4-41)は $\sim u\delta^{3/2}\times x_c^{3-2}\sim u\delta^{3/2}\delta^{-1/2}=u\delta$ のオーダーとなる．結局，以上の考察をまとめると，(3-4-39)より量子臨界点直上での低温の $\delta=\xi^{-2}$ は

$$\delta(T)=\xi^{-2}(T)\propto T^{3/2} \qquad (3\text{-}4\text{-}42)$$

という自明でない温度依存性をもつ．これが物理量に臨界的な振舞をもたらすことを以下に見てみよう．

SCR 理論では，電子がスピンの揺らぎの場 φ により散乱されることにより電気抵抗が生じると考える．具体的には，電子のグリーン関数の自己エネルギーの虚部が寿命の逆数を与える．最低次の自己エネルギー $\Sigma(\boldsymbol{k}, i\varepsilon_n)$ は

$$\Sigma(\boldsymbol{k}, i\varepsilon_n)=\frac{g^2}{\beta V}\sum_{\boldsymbol{q},\, i\omega_l}G(\boldsymbol{k}+\boldsymbol{q}, i\varepsilon_n+i\omega_l)D(\boldsymbol{q}, i\omega_l) \qquad (3\text{-}4\text{-}43)$$

で与えられる．g はスピンの揺らぎと電子との結合定数である．ここで φ のプロパゲーター $D(\boldsymbol{q}, i\omega_l)$ は(3-4-14)中の δ_0 を上で求めたセルフコンシステントな δ で置き換えたものである．ε_n はフェルミオンの松原周波数で

$$G(\boldsymbol{k}, i\varepsilon_n) = \frac{1}{i\varepsilon_n - \xi_{\boldsymbol{k}}} \tag{3-4-44}$$

である．(3-4-43)の ω_l に関する和を実行すると

$$\Sigma(\boldsymbol{k}, i\varepsilon_n) = \frac{g^2}{V}\sum_{\boldsymbol{q}}\int_{-\Gamma_q}^{\Gamma_q}\frac{d\varepsilon}{\pi}\frac{n(\varepsilon)+f(\xi_{\boldsymbol{k}+\boldsymbol{q}})}{i\varepsilon_n+\varepsilon-\xi_{\boldsymbol{k}+\boldsymbol{q}}}\frac{\varepsilon/\Gamma_q}{(\delta+q^2)^2+(\varepsilon/\Gamma_q)^2} \tag{3-4-45}$$

となる．ここで $n(\varepsilon)=(e^{\beta\varepsilon}-1)^{-1}$ はボーズ分布関数である．ここで $i\varepsilon_n \to \omega + i\delta$ と解析接続すると，遅延自己エネルギー $\Sigma^{\mathrm{R}}(\boldsymbol{k}, \omega)$ として

$$\begin{aligned}\mathrm{Im}\,\Sigma^{\mathrm{R}}(\boldsymbol{k}, \omega) = \frac{-\pi g^2}{V}\sum_{\boldsymbol{q}}\int_{-\Gamma_q}^{\Gamma_q}\frac{d\varepsilon}{\pi}&\frac{\varepsilon/\Gamma_q}{(\delta+q^2)^2+(\varepsilon/\Gamma_q)^2}\\ &\times[n(\varepsilon)+f(\omega+\varepsilon)]\delta(\omega+\varepsilon-\xi_{\boldsymbol{k}+\boldsymbol{q}})\end{aligned} \tag{3-4-46}$$

を得る．ここで絶対零度において $n(\varepsilon)+f(\varepsilon)=0$ であることに注意すると，$\mathrm{Im}\,\Sigma^{\mathrm{R}}(\boldsymbol{k}, \omega=0)$ は $T=0$ で 0 となることがわかる．

有限温度に対しては，$|\varepsilon| \ll T$ で $n(\varepsilon)+f(\varepsilon) \cong T/\varepsilon$ なので，

$$\mathrm{Im}\,\Sigma^{\mathrm{R}}(k_{\mathrm{F}}, 0) \cong -\frac{\pi g^2}{V}\sum_{\boldsymbol{q}}\int_{-\Gamma_q}^{\Gamma_q}\frac{d\varepsilon}{\pi}\frac{T/\Gamma_q}{(\delta+q^2)^2+(\varepsilon/\Gamma_q)^2}\delta(\varepsilon-\xi_{\boldsymbol{k}+\boldsymbol{q}}) \tag{3-4-47}$$

ここでふたたび上で考察した $d=3$ の反強磁性の場合を考えると，$\Gamma_q=\Gamma \gg \delta$, $q^2, \xi_{\boldsymbol{k}+\boldsymbol{q}} \cong \boldsymbol{v}_{\mathrm{F}}\cdot\boldsymbol{q}$ なので，(3-4-47)は

$$\mathrm{Im}\,\Sigma^{\mathrm{R}}(k_{\mathrm{F}}, 0) \cong -\frac{g^2}{V}\sum_{\boldsymbol{q}}\frac{T/\Gamma}{(\delta+q^2)^2+(\xi_{\boldsymbol{k}+\boldsymbol{q}}/\Gamma)^2} \tag{3-4-48}$$

となる．ここで $\boldsymbol{q}$ 積分で主として寄与するのは

$$\delta+q^2 \sim \frac{\xi_{\boldsymbol{k}+\boldsymbol{q}}}{\Gamma} \sim \frac{v_{\mathrm{F}}}{\Gamma}q$$

の領域なので，$\delta+q^2 \cong \delta$ と近似してよい．したがって

$$-\mathrm{Im}\,\Sigma^{\mathrm{R}}(k_{\mathrm{F}}, 0) \cong g^2\int_0^{T/v_{\mathrm{F}}}\frac{d^d\boldsymbol{q}}{(2\pi)^d}\frac{T/\Gamma}{\delta^2+(\boldsymbol{v}_{\mathrm{F}}\cdot\boldsymbol{q}/\Gamma)^2} \tag{3-4-49}$$

ここで，3次元の場合を考えると，角度平均は

$$\left\langle\frac{1}{\delta^2+(v_{\mathrm{F}}q\cos\theta/\Gamma)^2}\right\rangle = \frac{1}{2}\int_{-1}^{1}d(\cos\theta)\frac{1}{\delta^2+\left(\frac{v_{\mathrm{F}}q}{\Gamma}\cos\theta\right)^2}$$

$$\cong \frac{1}{2}\int_{-\infty}^{\infty} dx \frac{1}{\delta^2 + \left(\frac{v_F q}{\Gamma} x\right)^2} = \frac{\pi}{2} \frac{\Gamma}{v_F q \delta} \tag{3-4-50}$$

となる．これから(3-4-49)は

$$-\mathrm{Im}\,\Sigma^{R}(k_F, 0) \cong \int_0^{T/v_F} \frac{d^3\boldsymbol{q}}{(2\pi)^3} \frac{\pi g^2}{2} \frac{T}{v_F q \cdot \delta}$$
$$\sim g^2\left(\frac{T}{v_F}\right)^3 \frac{1}{\delta} \sim T^{3/2} \tag{3-4-51}$$

となる．これは通常の T^2 依存性よりも低温で増強されている．量子臨界点近傍の大きなスピン揺らぎが，大きな電気抵抗をもたらすと理解される．

このような解析は他の物理量——比熱，帯磁率，核磁気緩和率など——に対しても，任意の次元で行なうことができるが，詳細は守谷の著書[9]を参照されたい．SCR 理論の大きな特徴の1つは，帯磁率の温度依存性が，相関長 ξ の温度依存性から生じることである．例えば弱い強磁性の場合，広い温度領域で $1/T$ のキュリー則が導かれるが，これは局在スピンの場合のような空間相関が全くないスピン揺らぎではなく，相関長，および揺らぎの大きさ自体が温度変化することによっており，まったく物理的描像は異なっている．

以上述べてきたSCR 理論は，いわば相転移の理論におけるモード間結合理論の量子版とでも呼ぶべきものである．これと対応して，くり込み群の量子版もあるはずで，以降はこれについて考えよう．ふたたび(3-4-14)のガウシアン理論に戻って考える．その自由エネルギーは(3-4-22)で波数 $\boldsymbol{q}$ とエネルギー ε の積分として与えられている．この表式の積分範囲を少しずつ変えていくことを考える．

まず q 積分のカットオフを Λ から Λ/b $(b>1)$ へと変える．($b-1$ は微小であるとする．)

$$f_{\mathrm{Gauss}} = \left(\int_0^{\Lambda/b} + \int_{\Lambda/b}^{\Lambda}\right) \frac{d^d\boldsymbol{q}}{(2\pi)^d} \int_0^{\Gamma_q} \frac{d\varepsilon}{2\pi} \coth\frac{\varepsilon}{2T} \tan^{-1}\frac{\varepsilon/\Gamma_q}{\delta_0 + q^2}$$
$$= \int_0^{\Lambda/b} (\cdots) + \Lambda^d K_d \ln b \int_0^{\Gamma_\Lambda} \frac{d\varepsilon}{2\pi} \coth\frac{\varepsilon}{2T} \tan^{-1}\frac{\varepsilon/\Gamma_\Lambda}{\delta_0 + \Lambda^2}$$

$$\equiv f'_{\mathrm{Gauss}} + f_\Lambda \ln b \tag{3-4-52}$$

ここで $K_d = \int \frac{d^d\boldsymbol{k}}{(2\pi)^d}\delta(k-1)$ は d 次元中の単位球の表面積を $(2\pi)^d$ でわったものである．

(3-4-52)右辺第1項を，スケール変換

$$\begin{aligned} \boldsymbol{q} &= \boldsymbol{q}'/b \qquad (\boldsymbol{r} = \boldsymbol{r}'b) \\ \delta_0 &= \delta'_0/b^2 \\ \varepsilon &= \varepsilon'/b^z \qquad (\tau = \tau' b^z) \\ T &= T'/b^z \end{aligned} \tag{3-4-53}$$

によって元の形と同じようにしよう．

$$f'_{\mathrm{Gauss}} = b^{-(d+z)}\int_0^\Lambda \frac{d^d\boldsymbol{q}'}{(2\pi)^d}\int_0^{\Gamma(q'b^{-1})b^z}\frac{d\varepsilon'}{2\pi} \times \coth\left(\frac{\varepsilon'}{2T'}\right)\tan^{-1}\left[\frac{\varepsilon'/\Gamma_{(q'b^{-1})}}{\delta'_0 + q'^2}\cdot b^{2-z}\right] \tag{3-4-54}$$

ここで z は

$$\Gamma_{(q'b^{-1})}b^{z-2} = \Gamma_{q'} \tag{3-4-55}$$

となるように選ぶことにすると，強磁性($\Gamma_q = \Gamma q$)に対しては $z=3$，反強磁性($\Gamma_q = \Gamma$)に対しては $z=2$ となる．こうすると(3-4-54)は

$$f'_{\mathrm{Gauss}} = b^{-(d+z)}\int_0^\Lambda \frac{d^d\boldsymbol{q}'}{(2\pi)^d}\int_0^{\Gamma_{q'}b^2}\frac{d\varepsilon'}{2\pi}\coth\left(\frac{\varepsilon'}{2T'}\right)\tan^{-1}\left[\frac{\varepsilon'/\Gamma_{q'}}{\delta'_0 + q'^2}\right] \tag{3-4-56}$$

となる．そこで f'_{Gauss} はさらに

$$\begin{aligned} f'_{\mathrm{Gauss}} &= b^{-(d+z)}\int_0^\Lambda \frac{d^d\boldsymbol{q}'}{(2\pi)^d}\int_0^{\Gamma_{q'}}\frac{d\varepsilon'}{2\pi}(\cdots) \\ &\quad + b^{-(d+z)}\int_0^\Lambda \frac{d^d\boldsymbol{q}'}{(2\pi)^d}\coth\left(\frac{\Gamma_{q'}}{2T}\right)\tan^{-1}\left[\frac{1}{\delta'_0 + q'^2}\right]\cdot 2\frac{\Gamma_{q'}}{2\pi}\ln b \\ &\equiv f''_{\mathrm{Gauss}} + f_\Gamma \ln b \end{aligned} \tag{3-4-57}$$

となる．

これまで行なってきたのは，$q\varepsilon$ 平面で図3-5の斜線部分を積分した寄与 $(f_\Lambda + f_\Gamma)\ln b$ と，それ以外の部分に分けたことに対応している．このようにカッ

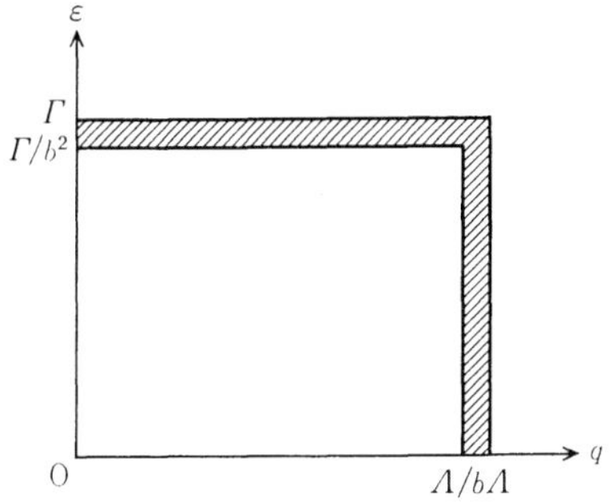

図 3-5　反強磁性の場合の $q\varepsilon$ 平面におけるくり込みの概念図．斜線部分を積分していく．

トオフを順次小さくしていくときに，理論の中に含まれるパラメーターがどのように変化していくかを追ってゆく方法論をくり込み群の手法という(2-1 節参照)．つまり f''_{Gauss} の積分の形は(3-4-53)のスケール変換により不変に保たれることを，δ_0 や T が b に依存するとして

$$\frac{d\delta_0(b)}{d\ln b} = 2\delta_0(b)$$
$$\frac{dT(b)}{d\ln b} = zT(b) \tag{3-4-58}$$

の形のスケーリング方程式を導くわけである．

これを経路積分に則して考えると，くり込み群の手続きは，

(1)　図 3-5 の斜線部(これを $\partial\Lambda$ と書こう)に対応する φ の成分を φ_1，内側に対応するものを φ_0 とすると，$\varphi=\varphi_0+\varphi_1$ と書いて，φ_1 についてのみ積分して，まず φ_0 に対する有効作用を求める．

(2)　q や ε をスケールし直してカットオフを元の値になるようにする．

(3)　q^2 の係数が 1/2 となるように φ_0 をスケールし直す(波動関数のくり込み因子)

の 3 つのステップから成る．この(1)のステップが最も困難であるが，これを u に関する摂動を用いて実行しよう．u の零次の場合はすでに上で議論した

ガウシアン理論である．

$$e^{-A_{\mathrm{eff}}(\varphi_0)} = \int \mathcal{D}\varphi_1 e^{-A(\varphi_0+\varphi_1)}$$
$$= \int \mathcal{D}\varphi_1 e^{-A_{\mathrm{Gauss}}(\varphi_0)-A_{\mathrm{Gauss}}(\varphi_1)-A_{\mathrm{int}}(\varphi_0+\varphi_1)}$$
$$= e^{-A_{\mathrm{Gauss}}(\varphi_0)} Z_1 \langle e^{-A_{\mathrm{int}}(\varphi_0+\varphi_1)}\rangle_{\varphi_1,\ \mathrm{Gauss}} \qquad (3\text{-}4\text{-}59)$$

ここで

$$Z_1 = \int \mathcal{D}\varphi_1 e^{-A_{\mathrm{Gauss}}(\varphi_1)}$$
$$\langle \mathcal{O} \rangle_{\varphi_1,\ \mathrm{Gauss}} = \frac{1}{Z_1}\int \mathcal{D}\varphi_1 \mathcal{O}\, e^{-A_{\mathrm{Gauss}}(\varphi_1)} \qquad (3\text{-}4\text{-}60)$$

である．(3-4-59)で A_{int} に関して展開すると(以下 $\langle\ \rangle_{\varphi_1,\ \mathrm{Gauss}}$ を $\langle\ \rangle_{\varphi_1}$ と書く)，

$$\langle e^{-A_{\mathrm{int}}(\varphi_0+\varphi_1)}\rangle_{\varphi_1} = 1-\langle A_{\mathrm{int}}\rangle_{\varphi_1}+\frac{1}{2}\langle A_{\mathrm{int}}{}^2\rangle_{\varphi_1}-\cdots$$
$$\fallingdotseq \exp\left[-\langle A_{\mathrm{int}}\rangle_{\varphi_1}+\frac{1}{2}\{\langle A_{\mathrm{int}}{}^2\rangle_{\varphi_1}-\langle A_{\mathrm{int}}\rangle_{\varphi_1}{}^2\}\right] \qquad (3\text{-}4\text{-}61)$$

となる．

これを以下評価して見よう．

$$\langle A_{\mathrm{int}}\rangle_{\varphi_1} = u\int d^d\boldsymbol{r}d\tau\langle(\varphi_0+\varphi_1)^4\rangle_{\varphi_1}$$
$$= u\int d^d\boldsymbol{r}d\tau\,[\varphi_0{}^4+6\varphi_0{}^2\langle\varphi_1{}^2\rangle_{\varphi_1}+\langle\varphi_1{}^4\rangle_{\varphi_1}] \qquad (3\text{-}4\text{-}62)$$

この中で，$\langle\varphi_1{}^4\rangle_{\varphi_1}$ は φ_0 を含まない定数となる．$\varphi_0{}^2$ を発生する項に現われる $\langle\varphi_1{}^2\rangle_{\varphi_1}$ は

$$\langle\varphi_1{}^2\rangle_{\varphi_1} = \int_{\partial\Lambda}\frac{d^d\boldsymbol{q}}{(2\pi)^d}\frac{d\varepsilon}{\pi}\coth\frac{\varepsilon}{2T}\frac{\varepsilon/\Gamma_q}{(\delta_0+q^2)^2+(\varepsilon/\Gamma_q)^2}$$
$$= \Lambda^d K_d \ln b\int_0^{\Gamma_\Lambda}\frac{d\varepsilon}{\pi}\coth\frac{\varepsilon}{2T}\cdot\frac{\varepsilon/\Gamma_\Lambda}{(\delta_0+\Lambda)^2+(\varepsilon/\Gamma_\Lambda)^2}$$
$$+\frac{2\ln b}{\pi}\int_0^{\Lambda}\frac{d^d\boldsymbol{q}}{(2\pi)^d}\coth\frac{\Gamma_q}{2T}\cdot\frac{1}{(\delta_0+q^2)^2+1} \qquad (3\text{-}4\text{-}63)$$

で与えられるが，以降 $\Lambda=\Gamma_\Lambda=1$ とおくと，

$$\langle\varphi_1{}^2\rangle_{\varphi_1} = f^{(2)}(T,\delta_0)\ln b \qquad (3\text{-}4\text{-}64)$$

$$f^{(2)}(T,\delta_0)=\frac{2}{\pi}\int_0^1\frac{d^d\boldsymbol{q}}{(2\pi)^d}\coth\frac{q^{z-2}}{2T}\cdot\frac{1}{(\delta_0+q^2)^2+1}$$
$$+K_d\int_0^1\frac{d\varepsilon}{\pi}\coth\frac{\varepsilon}{2T}\cdot\frac{\varepsilon}{(\delta_0+1)^2+\varepsilon^2}\tag{3-4-65}$$

となる．

次に $A_{\mathrm{int}}{}^2$ の項は，$d1=dr_1d\tau_1$ 等と略記すると

$$\frac{1}{2}u^2\int d1d2[\langle(\varphi_0(1)+\varphi_1(1))^4(\varphi_0(2)+\varphi_1(2))^4\rangle_{\varphi_1}$$
$$-\langle(\varphi_0(1)+\varphi_1(1))^4\rangle_{\varphi_1}\langle(\varphi_0(2)+\varphi_1(2))^4\rangle_{\varphi_1}]\tag{3-4-66}$$

であるが，この中で $\varphi_0{}^2$ の項はすでに u の1次の補正があるので，ここでは無視することとし，$\varphi_0{}^4$ の項の補正に着目する．これは

$$\frac{1}{2}u^2\int d1d2\cdot36\varphi_0{}^2(1)\varphi_0{}^2(2)[\langle\varphi_1{}^2(1)\varphi_1{}^2(2)\rangle_{\varphi_1}-\langle\varphi_1{}^2(1)\rangle_{\varphi_1}\langle\varphi_1{}^2(2)\rangle_{\varphi_1}]$$
$$\equiv18u^2\int d1d2G_{\varphi_1{}^2}(1-2)\varphi_0{}^2(1)\varphi_0{}^2(2)\tag{3-4-67}$$

で与えられる．

ここで，$\varphi_0{}^2$ はゆっくり変動するのに対して，$G_{\varphi_1{}^2}(1-2)$ は速く振動する成分だから，(3-4-67)は

$$(3\text{-}4\text{-}67)\cong18\int d(1-2)G_{\varphi_1{}^2}(1-2)\int d1\varphi_0{}^4(1)\tag{3-4-68}$$

と近似できる．

$$\int d(1-2)G_{\varphi_1{}^2}(1-2)$$
$$=2\int d(1-2)\langle\varphi_1(1)\varphi_1(2)\rangle_{\varphi_1}{}^2$$
$$=2\int d(1-2)[D_0(1-2)]^2$$
$$=2\int d(1-2)\frac{1}{\beta V}\sum_{\substack{\boldsymbol{q},i\omega_l\\ \in\partial\Lambda}}\frac{1}{\beta V}\sum_{\substack{\boldsymbol{q}',i\omega_m\\ \in\partial\Lambda}}e^{i(\boldsymbol{q}+\boldsymbol{q}')\cdot(\boldsymbol{r}_1-\boldsymbol{r}_2)}$$
$$\times e^{-i(\omega_l+\omega_m)(\tau_1-\tau_2)}D_0(\boldsymbol{q},i\omega_l)D_0(\boldsymbol{q}',i\omega_m)$$
$$=2\cdot\frac{1}{\beta V}\sum_{\boldsymbol{q},i\omega_l\in\partial\Lambda}D_0(\boldsymbol{q},i\omega_l)D_0(-\boldsymbol{q},-i\omega_l)$$

$$= 2 \cdot \frac{1}{\beta V} \sum_{\substack{\boldsymbol{q},\, i\omega_l \\ \in \partial\Lambda}} \frac{1}{(\delta_0 + q^2 + |\omega_l|/\Gamma_q)^2}$$

$$= 2\int_{\partial\Lambda} \frac{d^d\boldsymbol{q}}{(2\pi)^d} \int \frac{d\varepsilon}{2\pi} \coth\frac{\varepsilon}{2T} \cdot \frac{(\varepsilon/\Gamma_q)(\delta_0 + q^2)}{[(\delta_0 + q^2)^2 + (\varepsilon/\Gamma_q)^2]^2} \equiv 2f^{(4)} \ln b \tag{3-4-69}$$

ここで $f^{(4)}$ はふたたび $\Lambda = \Gamma_\Lambda = 1$ とすると，

$$f^{(4)} = \frac{2}{\pi}\int_0^1 \frac{d^d\boldsymbol{q}}{(2\pi)^d} \coth\frac{q^{z-2}}{2T} \cdot \frac{q^{z-2}(\delta_0 + q^2)}{[(\delta_0 + q^2)^2 + 1]^2}$$

$$+ K_d \int_0^1 \frac{d\varepsilon}{\pi} \coth\frac{\varepsilon}{2T} \cdot \frac{\varepsilon(\delta_0 + 1)}{[(\delta_0 + 1)^2 + \varepsilon^2]^2} \tag{3-4-70}$$

で与えられる．

以上をまとめると，φ_0 に対する有効作用は，

$$A_{\text{eff}}(\varphi_0) = \frac{1}{2} \sum_{\substack{\boldsymbol{q},\, i\omega_l \\ \in \Lambda - \partial\Lambda}} \left(\delta_0 + 12uf^{(2)} \ln \mathrm{b} + q^2 + \frac{|\omega_l|}{\Gamma_q}\right) \varphi_0(\boldsymbol{q}, i\omega_l)\, \varphi_0(-\boldsymbol{q}, -i\omega_l)$$

$$+ [u - 18u^2 f^{(4)} \ln b] \int d^d\boldsymbol{r} d\tau \varphi_0{}^4(\boldsymbol{r}, \tau) \tag{3-4-71}$$

で与えられる．次に(3-4-53)のスケール変換と，$q^2\varphi^2$ の係数を不変に保つための φ_0 のスケール変換

$$\begin{aligned} \varphi_0(\boldsymbol{q}, i\omega_l) &= b^{\frac{d+z+2}{2}} \varphi'(\boldsymbol{q}', i\omega_l') \\ \varphi_0(\boldsymbol{r}, \tau) &= b^{\frac{-d-z+2}{2}} \varphi'(\boldsymbol{r}', \tau') \end{aligned} \tag{3-4-72}$$

を行なうと，(3-4-71)は

$$A'_{\text{eff}}(\varphi') = \frac{1}{2} \int \frac{d^d\boldsymbol{q}'}{(2\pi)^d} \sum_{i\omega_l} \left(\delta_0[1 + 2\ln b] + 12uf^{(2)} \ln b + q'^2 + \frac{|\omega_l'|}{\Gamma_{q'}}\right)$$

$$\times \varphi'(\boldsymbol{q}', i\omega_l')\, \varphi'(-\boldsymbol{q}', -i\omega_l') + [u(1 + (4 - d - z)\ln b)$$

$$- 18u^2 f^{(4)} \ln b] \int dr' d\tau' \varphi^4(\boldsymbol{r}', \tau') \tag{3-4-73}$$

となる．これより δ_0 と u の変化が得られる．T の変化は(3-4-58)で与えられているものと変わらないので，くり込み群の方程式は

$$\frac{dT(b)}{d \ln b} = zT(b) \tag{3-4-74a}$$

$$\frac{d\delta_0(b)}{d\ln b}=2\delta_0(b)+12u(b)f^{(2)} \tag{3-4-74b}$$

$$\frac{du(b)}{d\ln b}=[4-(d+z)]u(b)-18u(b)^2f^{(4)} \tag{3-4-74c}$$

となる．

この方程式を具体的に解かなくても得られるいくつかの結論について述べる．まず，古典極限とのつながりを考えよう．そもそもいまの量子系は，虚時間方向が有限サイズ β の $d+1$ 次元古典系と考えられる．時間方向と空間方向で異方性があるために(3-4-15)で $\omega\sim T\sim q^z\sim\xi^{-z}$ という関係で動的臨界指数 z を導入したが，これが(3-4-74a)に現われている．つまり(3-4-74a)から

$$T(b)=Tb^z \tag{3-4-75}$$

となる．b を大きくして長いスケールを考察したとき，この $T(b)$ が1の程度になることは，虚時間方向のサイズが有限であることを系が感じ始めることを意味する．そのときの b を b_0 とすると，$b_0\cong T^{-1/z}$ で与えられる．

さらに b を大きくすると($b>b_0$)，系の性質は d 次元の古典系のそれに移行するはずである．この次元クロスオーバーが，量子-古典クロスオーバーに対応しているのである．このクロスオーバーは，系の相関長を ξ とすると，$b_0\sim\xi$ のときに起こる．(3-4-74)に則していえば，$T(b)>1$ に対して $f^{(2)},f^{(4)}\propto T(b)$ となるので，$u(b)$ のかわりに $v(b)\equiv u(b)T(b)$ を φ^4 の係数と考えると，(3-4-74)は

$$\frac{d\delta_0(b)}{d\ln b}=2\delta_0(b)+Cv(b) \tag{3-4-76a}$$

$$\frac{dv(b)}{d\ln b}=(4-d)v(b)-Dv(b)^2 \tag{3-4-76b}$$

となる．ここで $T(b)\gg1$ における $f^{(2)},f^{(4)}$ をそれぞれ $12f^{(2)}=CT(b)$，$18f^{(4)}=DT(b)$ と置いた．これは通常の φ^4 理論のくり込み群の方程式にほかならない．

(3-4-74)と(3-4-76)を見比べて，$u(b)$ と $v(b)$ の relevant/irrelevant の条件が z だけシフトしていることに気づく．つまり量子臨界現象では，上部臨界次元 d_u (その次元より上では非線形相互作用が irrelevant となりガウス近似

が正確に臨界現象を記述する次元)が，$d_u+z=4$ で与えられるのである．z は上に述べたように2や3であるから，$d=3$ の場合は通常 d_u よりの上となる．このとき，臨界指数はランダウ理論による値となる．以下，この場合について考えよう．しかし温度を上げてゆくと(3-4-76)に移行するので，こんどはウィルソン理論による非古典的な臨界指数をもつ臨界現象が現われるはずである．このクロスオーバーを解析してみよう．

まず，(3-4-74c)で $u(b)^2$ の項を無視すると，

$$u(b) = ub^{4-(d+z)} \tag{3-4-77}$$

を得る．これを(3-4-74b)に代入すると，

$$\delta_0(b) = b^2\left[\delta_0+12u\int_0^{\ln b} dxe^{[2-(d+z)]x}f^{(2)}(Te^{zx})\right] \tag{3-4-78}$$

を得る．$\delta(b)\sim 1$ となる b を b_1 とすると，$1\ll b_1\ll b_0$ ならば $T(b_1)\ll 1$ であり，この場合は $T=0$ K の量子臨界現象が現われる．この条件を具体的に求めよう．(3-4-78)で $f^{(2)}(Te^{zx})$ を $f^{(2)}(T=0)$ に置き換えると，

$$\delta_0(b) = b^2\left[\delta_0+\frac{12uf^{(2)}(T=0)}{z+d-2}\right] \equiv b^2 r \tag{3-4-79}$$

となる．r は絶対零度における，臨界点からの距離を測るものである．$b_1=r^{-1/2}$ を得るのでこれを(3-4-75)に代入し

$$T(b_1) = Tr^{-\frac{z}{2}} \ll 1 \tag{3-4-80}$$

と求まる．つまり $T\ll r^{z/2}$ の低温では $T=0$ の量子臨界現象が生じる．

一方，$T\gg r^{z/2}$ の高温側では，$b_0\ll b_1$ なので b に関する積分を $1<b<b_0$ と $b_0<b<b_1$ の2つに分ける必要が生じる．$1<b<b_0$ では(3-4-77)が使えるので

$$v(b_0) = T(b_0)u(b_0) = u(b_0) = ub_0{}^{4-(d+z)} = uT^{(d+z-4)/z} \tag{3-4-81}$$

が得られる．また，(3-4-78)で $f^{(2)}(Te^{zx})$ を $f^{(2)}(T=0)$ と $f^{(2)}(Te^{zx})-f^{(2)}(T=0)$ に分けて積分すると，(3-4-79)のかわりに有限温度による補正をも含めた表式

$$\delta_0(b_0) = T^{-2/z}[r+BuT^{(d+z-2)/z}] \tag{3-4-82}$$

が得られる．この[　]の中は，ガウス理論における相関長を ξ として ξ^{-2} を与えている．$d=3$，反強磁性($z=2$)に対して，これは $\xi^{-2}\propto r+\text{const}\cdot T^{3/2}$ を

与え，上述の SCR 理論と一致していることに注意されたい．ここで B は

$$B = 12\frac{1}{z}\int_0^1 dT\cdot T^{\frac{2-(d+2z)}{z}}[f^{(2)}(T)-f^{(2)}(0)] \tag{3-4-83}$$

で与えられる定数である．

これらの $v(b_0)$, $\delta_0(b_0)$ を初期値として(3-4-76)を $b_0<b<b_1$ に対して積分する．もし $v(b_1)\ll 1$ であるならば，ガウス理論が正当化される．この条件は**ギンツブルクの判定基準**と呼ばれているが，これをより顕(あらわ)に求めよう．以降 $d=3$ とすると，(3-4-76b)より

$$v(b) = v(b_0)e^{\ln(b/b_0)} \tag{3-4-84}$$

が得られる．ここで $b<b_1$ に対しては仮定より $v(b)\ll 1$ なので $v(b)^2$ の項を無視した．この解を(3-4-76a)に代入すると

$$\delta_0(b) = (\delta_0(b_0)+Cv(b_0))e^{2\ln(b/b_0)}-Cv(b_0)e^{\ln(b/b_0)} \tag{3-4-85}$$

を得る．これから $\delta_0(b_1)=1$ を解くと

$$\frac{b_1}{b_0}\cong[\delta_0(b_0)+Cv(b_0)]^{-1/2} = T^{1/z}[r+(B+C)uT^{1+\frac{1}{z}}]^{-1/2} \tag{3-4-86}$$

となり，このとき

$$v(b_1) = uT[r+(B+C)uT^{1+\frac{1}{z}}]^{-1/2}\ll 1 \tag{3-4-87}$$

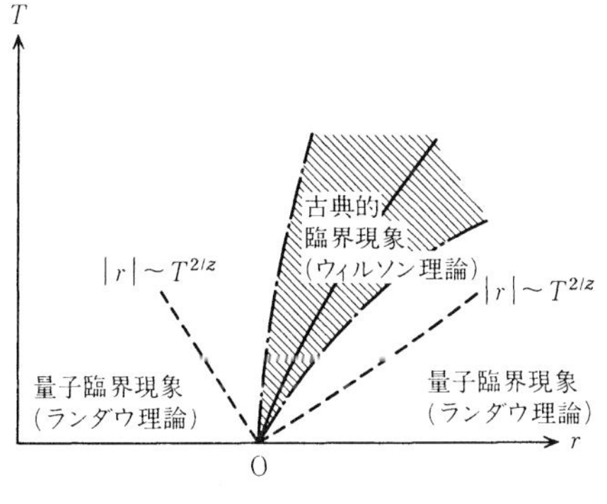

図 3-6　量子臨界現象の概念図(J. A. Hertz : Phys. Rev. **B14**(1976) 1165 にもとづく)

がギンツブルクの判定基準である．逆に $v(b_1) \gg 1$ ならば系はウィルソンの臨界領域にある．この臨界領域で見られる非古典的な臨界指数の導出は多くの教科書に見出されるので参照されたい．以上の考察を図示したのが図 3-6 である．

このように，量子揺らぎが本質的な役割を果たす量子相転移における量子臨界現象は，古典系にはない新しい側面がいくつかある．実際に重い電子系における反強磁性秩序，誘電体における量子常誘電性などで量子臨界現象が観測されており，盛んな研究対象となっている．しかし，モット転移のように秩序パラメーターが定義しにくい場合に，その量子臨界現象をどのように理解するのかは，まだ残された問題であるといえよう．また，現実の系では不純物等の乱れの効果も重要であること，クーロン相互作用の長距離性に由来した 1 次相転移の可能性などを忘れてはならないことを注意しておく．

4 局所的電子相関

この章では，1次元系とならんでほぼ理解され，なおかつ強相関電子系の理論を考える上で多くの示唆に富む局所的電子相関の問題を議論する．まず金属中の磁性不純物の問題——近藤問題——を考察する．さらに空間次元 d が大きな極限における動的平均場理論はこの近藤問題の発展として把えることができる．

4-1 近藤効果

3-1節で電子相関のいろいろな模型を議論したが，ここでは金属中に置かれた磁性不純物の問題を考える．

まず(3-1-22)に含まれている物理を定性的に考察しよう．3-3節におけるのと同様にストラトノビッチ-ハバード変換を用いると，ラグランジアンは

$$\begin{aligned} L = &\sum_{\boldsymbol{k},\sigma} C^{\dagger}_{\boldsymbol{k}\sigma}(\partial_\tau - \mu + \varepsilon_{\boldsymbol{k}}) C_{\boldsymbol{k}\sigma} + \sum_{\sigma} f^{\dagger}_{\sigma}(\partial_\tau + E_{\mathrm{f}}) f_{\sigma} \\ &+ \frac{U}{4}\varphi(\tau)^2 + \frac{U}{2}\varphi(\tau)(f^{\dagger}_{\uparrow}f_{\uparrow} - f^{\dagger}_{\downarrow}f_{\downarrow}) \\ &- \frac{1}{\sqrt{N_0}}\sum_{\boldsymbol{k},\sigma}(V_{\boldsymbol{k}}C^{\dagger}_{\boldsymbol{k}\sigma}f_{\sigma} + V^{*}_{\boldsymbol{k}}f^{\dagger}_{\sigma}C_{\boldsymbol{k}\sigma}) \end{aligned} \tag{4-1-1}$$

となる．φ はスピンの揺らぎを表わす場である．ここでまず $C^{\dagger}, C$ を積分すると，φ と $f^{\dagger}, f$ に関する有効作用を求めることができる．

$$A_{\text{eff}}(\{\varphi\}, f^{\dagger}, f) = \sum_{i\omega_n, \sigma}(-i\omega_n + E_{\text{f}} + \Sigma_{\text{f}}(i\omega_n))f_{\sigma}^{\dagger}(i\omega_n)f_{\sigma}(i\omega_n)$$
$$+\frac{U}{2}\int d\tau \sum_{\sigma}\sigma\varphi(\tau)f_{\sigma}^{\dagger}(\tau)f_{\sigma}(\tau) + \frac{U}{4}\int d\tau\varphi(\tau)^2 \tag{4-1-2}$$

ここでf電子の自己エネルギー $\Sigma_{\text{f}}(i\omega_n)$ は,

$$\Sigma_{\text{f}}(i\omega_n) = \frac{1}{N_0}\sum_{\boldsymbol{k}}\frac{|V_{\boldsymbol{k}}|^2}{i\omega_n - \xi_{\boldsymbol{k}}} \tag{4-1-3}$$

で与えられる. これを虚部と実部に分け, $|\omega_n|$ がバンド幅より小さいときを考えて, $|V_{\boldsymbol{k}}|^2$ を $\langle|V_{\boldsymbol{k}}|^2\rangle_{E_{\text{F}}}$ で置き換えると

$$\Sigma_{\text{f}}(i\omega_n) = \langle|V_{\boldsymbol{k}}|^2\rangle_{E_{\text{F}}}\int d\xi D(\xi)\frac{-i\omega_n - \xi_{\boldsymbol{k}}}{\omega_n{}^2 + \xi_{\boldsymbol{k}}{}^2}$$
$$\cong -i\pi D(E_{\text{F}})\langle|V_{\boldsymbol{k}}|^2\rangle_{E_{\text{F}}}\operatorname{sgn}\omega_n + \operatorname{Re}\Sigma_{\text{f}}(i\omega_n)$$
$$\equiv -i\Delta_0\operatorname{sgn}\omega_n + \operatorname{Re}\Sigma_{\text{f}}(i\omega_n) \tag{4-1-4}$$

$\operatorname{Re}\Sigma_{\text{f}}(i\omega\cong 0)$ は E_{f} に吸収することにすると, (4-1-2)は

$$A_{\text{eff}}(\{\varphi\}, f^{\dagger}, f) = \sum_{i\omega_n, \sigma}(-i\omega_n + E_{\text{f}} - i\Delta_0\operatorname{sgn}\omega_0)f_{\sigma}^{\dagger}(i\omega_n)f_{\sigma}(i\omega_n)$$
$$+\frac{U}{2}\int d\tau\sum_{\sigma}\sigma\varphi(\tau)f_{\sigma}^{\dagger}(\tau)f_{\sigma}(\tau)$$
$$+\frac{U}{4}\int d\tau\varphi(\tau)^2 \tag{4-1-5}$$

となる.

ここで φ の静的な成分に対する作用を計算しよう. これはアンダーソンが最初に行なった平均場理論に対応している.

$$A(\varphi) = -\sum_{i\omega_n, \sigma}\ln\left(-i\omega_n + E_{\text{f}} - i\Delta_0\operatorname{sgn}\omega_n + \frac{U}{2}\sigma\varphi\right) + \frac{U}{4}\beta\varphi^2 \tag{4-1-6}$$

であるが, これを φ で微分すると

$$\beta^{-1}\frac{dA(\varphi)}{d\varphi}$$
$$= -\frac{1}{\beta}\sum_{i\omega_n, \sigma}\frac{\frac{U}{2}\sigma}{-i\omega_n + E_{\text{f}} - i\Delta_0\operatorname{sgn}\omega_n + \frac{U}{2}\sigma\varphi} + \frac{U}{2}\varphi$$

$$= \frac{1}{\beta}\sum_{i\omega_n}\left[\frac{U/2}{i\omega_n + i\Delta_0 \operatorname{sgn}\omega_n - E_f - \dfrac{U}{2}\varphi} - \frac{U/2}{i\omega_n + i\Delta_0 \operatorname{sgn}\omega_n - E_f + \dfrac{U}{2}\varphi}\right]$$

$$+ \frac{U}{2}\varphi$$

$$= \frac{U}{2}\left[\frac{1}{\beta}\sum_{i\omega_n}\frac{U\varphi}{(i\omega_n + i\Delta_0 \operatorname{sgn}\omega_n - E_f)^2 - \left(\dfrac{U}{2}\varphi\right)^2} + \varphi\right] \qquad (4\text{-}1\text{-}7)$$

となる．ここで $T \to 0$ の極限を考えると

$$\beta^{-1}\frac{dA(\varphi)}{d\varphi} = -\frac{U^2}{2}\varphi\int_0^\infty \frac{d\omega}{2\pi}\left\{\frac{1}{(\omega+\Delta_0+iE_f)^2+(U\varphi/2)^2}\right.$$

$$\left.+\frac{1}{(\omega+\Delta_0-iE_f)^2+(U\varphi/2)^2}\right\} + \frac{U\varphi}{2}$$

$$= -\frac{U}{2\pi}\left[\tan^{-1}\frac{\omega+\Delta_0+iE_f}{U\varphi/2} + \tan^{-1}\frac{\omega+\Delta_0-iE_f}{U\varphi/2}\right]_{\omega=0}^{\omega=\infty} + \frac{U\varphi}{2}$$

$$= -\frac{U}{2\pi}\left\{\tan^{-1}\frac{U\varphi/2}{\Delta_0+iE_f} + \tan^{-1}\frac{U\varphi/2}{\Delta_0-iE_f}\right\} + \frac{U\varphi}{2}$$

$$(4\text{-}1\text{-}8)$$

ここで

$$\int dx \tan^{-1}\frac{x}{a} = x\tan^{-1}\frac{x}{a} - \frac{a}{2}\ln(a^2+x^2) \qquad (4\text{-}1\text{-}9)$$

を使うとこれを積分することができるが，$A(\varphi)$ の形のみを知るには φ の小さなところを調べればよい．

そこで φ の1次までで

$$\frac{dA(\varphi)}{d\varphi} = \frac{U}{2}\left[1 - \frac{1}{\pi}\frac{\Delta_0 U}{\Delta_0^2 + E_f^2}\right]\varphi \qquad (4\text{-}1\text{-}10)$$

となる．この係数が負のときには有限の φ で極小をもつような $A(\varphi)$ の形が得られ，それに応じて平均場近似では局在モーメントの発生を意味する．これを**アンダーソンの判定条件**という．

これは，次のように理解できる．Δ_0 は伝導電子との混成 $V_{\boldsymbol{k}}$ により，f電子が結晶中に逃げることにより生じる寿命の逆数である．一方，エネルギー E_f

が伝導電子のフェルミ面 $\xi=0$ から遠いほど f 準位の単電子占拠が困難となるので，局在モーメントの発生を妨げるエネルギースケールとして

$$\Delta=\frac{\Delta_0{}^2+E_f{}^2}{\Delta_0} \tag{4-1-11}$$

が現われる．これとクーロン斥力 U との間で競合が起こり，$U>\pi\Delta$ のときはモーメントが発生し $U<\pi\Delta$ のときには発生しないというわけである．特に $U\gg\pi\Delta$ の場合は f 電子のスピンモーメントはほぼ飽和値 1/2 となり，局在スピンが現われると予想される．この極限を**近藤極限**と呼ぶ．このとき，(4-1-2)から f 電子のグリーン関数は $\omega=E_f\pm U/2$ のところに 1/2 ずつの重みでピークをもつはずである．

ところが，以上はあくまで φ を古典的つまり静的な自由度として扱った範囲内での話である．この φ の量子揺らぎを考慮すると何が期待されるか．それが近藤問題と呼ばれる局所的電子相関の問題の本質である．量子揺らぎは，端的にいえば $A(\varphi)$ の 2 つの極小点 $+\varphi_0$ と $-\varphi_0$ の間の量子トンネル効果であり，その特徴的な周波数 ω_0 で 2 つの描像の間でクロスオーバーが起こる．$\omega\gg\omega_0$ または $T\gg\omega_0$ では，見ている時間スケールは $\pm\varphi_0$ 間の往き来の時間スケールよりも短いから，φ は $+\varphi_0$ か $-\varphi_0$ に止まっていると考えてよい．したがって局在スピンモーメントが見えるはずで，例えば帯磁率はキュリー則

$$\chi(T)=\frac{S(S+1)\mu_B{}^2}{3T} \tag{4-1-12}$$

$(S=1/2)$ に従うはずである．

ところが，$\omega\ll\omega_0$ かつ $T\ll\omega_0$ では，$\omega_0{}^{-1}$ より長い時間スケールを見ているので，その間に φ は $\pm\varphi_0$ の間を多数回，往ったり来たりしているはずで，スピンモーメントは消去してしまう．ω_0 を温度のスケールで測ったものを**近藤温度** T_K と呼び，T_K を境にして各種物理量の振舞にクロスオーバーが起こるのである．例えば帯磁率は(4-1-12)の振舞は $T\sim T_K$ で飽和し，それより低温では一定値

$$\chi(T\to 0)\sim\frac{S(S+1)\mu_B{}^2}{T_K} \tag{4-1-13}$$

に近づく．

この特性温度 T_{K} を評価することが次の問題となるが，これを一種の平均場近似で行なうことにする．そのために(3-1-22)をすこし一般化しよう．

$$H = \sum_{m=1}^{N}\sum_{\boldsymbol{k}}(\varepsilon_{\boldsymbol{k}}-\mu)C^{\dagger}_{\boldsymbol{k}m}C_{\boldsymbol{k}m}+E_{\mathrm{f}}\sum_{m=1}^{N}f^{\dagger}_{m}f_{m}+U\left(\sum_{m=1}^{N}f^{\dagger}_{m}f_{m}\right)^{2} - \sqrt{\frac{2}{N_0 N}}\sum_{m=1,\boldsymbol{k}}^{N}V_{\boldsymbol{k}}(C^{\dagger}_{\boldsymbol{k}m}f_{m}+f^{\dagger}_{m}C_{\boldsymbol{k}m}) \qquad (4\text{-}1\text{-}14)$$

(4-1-1)ではスピンの指標 σ だったものをここでは m に代えて，それが $1 \sim N$ まで N 個の値を取り得るものとした．例えば軌道が M 個あったとすると，$N=2M$ である．以下述べるのは $N \gg 1$ の場合の解析であり $1/N$ 展開と呼ばれる手法の応用例である．

ここでスレーブボゾン法を導入しよう．これは $U\to\infty$ の極限で f 電子の 2 重占拠を排除する方法論である．まず，f 電子の状態として許されるのは，$|\mathrm{vac}\rangle$ を f 電子がいない状態とすると，

$$|\mathrm{vac}\rangle,\ |m\rangle = f^{\dagger}_{m}|\mathrm{vac}\rangle \qquad (m=1\sim N) \qquad (4\text{-}1\text{-}15)$$

の $N+1$ 個の状態だけであることに注意しよう．この $N+1$ 次元のヒルベルト空間の中で同じ行列要素を与えるような演算子を構成しようというものである．具体的にはフェルミオンとボゾンの空間を考えて，その直積空間内のベクトルを(4-1-15)に対応させる．

$$\begin{aligned} |\mathrm{vac}\rangle &\leftrightarrow b^{\dagger}|0,0\rangle \\ |m\rangle = f^{\dagger}_{m}|\mathrm{vac}\rangle &\leftrightarrow s^{\dagger}_{m}|0,0\rangle \end{aligned} \qquad (4\text{-}1\text{-}16)$$

ここでボゾンは 1 種類，フェルミオンは N 種類導入し，$|0,0\rangle$ は両者の真空である．この空孔を表現するために導入したボゾン $b^{\dagger}, b$ を**スレーブボゾン**と呼ぶ．(4-1-16)の対応関係の下で

$$\begin{aligned} f_{m} &\leftrightarrow s_{m}b^{\dagger} \\ f^{\dagger}_{m} &\leftrightarrow s^{\dagger}_{m}b \end{aligned} \qquad (4\text{-}1\text{-}17)$$

と演算子を対応させれば行列要素はすべて等しくなることを確認できる．例えば

$$\langle\mathrm{vac}|f_{m}|m\rangle = \langle\mathrm{vac}|f_{m}f^{\dagger}_{m}|\mathrm{vac}\rangle = 1 \qquad (4\text{-}1\text{-}18)$$

に対応して

$$\langle 0,0|bs_m b^\dagger s_m^\dagger|0,0\rangle = \langle 0,0|bb^\dagger s_m s_m^\dagger|0,0\rangle = 1 \tag{4-1-19}$$

などである．

このスレーブボソンの導入により，もともとは不等式

$$\sum_m f_m^\dagger f_m \leqq 1 \tag{4-1-20}$$

で与えられていた拘束条件が，等式

$$b^\dagger b + \sum_m s_m^\dagger s_m = 1 \tag{4-1-21}$$

で与えられることになる．このことがこの方法論の技術上の最大のメリットであり，ラグランジュ乗数を用いて(4-1-21)は経路積分中で容易に取り込める．以上の準備のもとに(4-1-14)に対するラグランジアンは

$$\begin{aligned} L = &\sum_{m=1}^{N}\sum_{\boldsymbol{k}}(\partial_\tau+\xi_{\boldsymbol{k}})C_{\boldsymbol{k}m}^\dagger C_{\boldsymbol{k}m} + \sum_{m=1}^{N} s_m^\dagger(\partial_\tau+E_{\mathrm{f}})s_m + b^\dagger\partial_\tau b \\ &-\sqrt{\frac{2}{N_0 N}}\sum_{m=1}^{N}\sum_{\boldsymbol{k}} V_{\boldsymbol{k}}(C_{\boldsymbol{k}m}^\dagger s_m b^\dagger + s_m^\dagger b C_{\boldsymbol{k}m}) \\ &+\lambda\left(\sum_m s_m^\dagger s_m + b^\dagger b - 1\right) \end{aligned} \tag{4-1-22}$$

となる．ここで U の代わりに拘束条件を表わす場 λ が導入されている．

(4-1-22)を眺めたときに，全体のラグランジアンが「だいたい」N に比例していることに気づく．ただし，いくつかの技巧がなお必要である．まず $\sum_{m=1}^{N} s_m^\dagger s_m$ が N のオーダーだとすると $b^\dagger b$ も N のオーダーであって欲しい．そこで $b=\sqrt{N}b_0$, $b^\dagger=\sqrt{N}b_0^\dagger$ とし，(4-1-2)を

$$Nb_0^\dagger b_0 + \sum_{m=1}^{N} s_m^\dagger s_m = Nq \tag{4-1-23}$$

とし $q=1/N$ と計算の後で置くことにする．この技巧を行なうと L は N のオーダーとなり，$N\to\infty$ の極限で鞍点法が正確となる．フェルミオン $C^\dagger, C, s^\dagger, s$ を積分すると，$b_0^\dagger, b_0, \lambda$ に対する有効作用として

$$\begin{aligned} A_{\mathrm{eff}}(b_0^\dagger, b_0, \lambda) = &-N\,\mathrm{Tr}\ln\begin{bmatrix} \partial_\tau+\xi_{\boldsymbol{k}} & -\sqrt{\dfrac{2}{N_0}}V_{\boldsymbol{k}}b_0^\dagger \\ -\sqrt{\dfrac{2}{N_0}}V_{\boldsymbol{k}}b_0 & \partial_\tau+E_{\mathrm{f}}+\lambda \end{bmatrix} \\ &+N\int d\tau\,(b_0^\dagger(\partial_\tau+\lambda)b_0-\lambda q) \end{aligned} \tag{4-1-24}$$

となる．ここで，$N\to\infty$ とすると鞍点解，つまり

$$\delta A_{\mathrm{eff}} = 0 \tag{4-1-25}$$

の解で積分を置き換えることができる．

鞍点解を時間によらない $b_0^\dagger, b_0, \lambda$ の範囲でさがすことにすると，フェルミオンの積分は(4-1-1)で $U=0$ の場合に

$$\begin{aligned} V_{\boldsymbol{k}} &\to b_0^\dagger V_{\boldsymbol{k}} \\ E_{\mathrm{f}} &\to E_{\mathrm{f}}+\lambda \end{aligned} \tag{4-1-26}$$

と置き換えた問題にほかならないから，(4-1-6)に対応して

$$\begin{aligned} A_{\mathrm{eff}}(b_0^\dagger, b_0, \lambda) = &-N\sum_{i\omega_n}\ln(-i\omega_n+E_{\mathrm{f}}+\lambda-i|b_0|^2\varDelta_0\,\mathrm{sgn}\,\omega_n) \\ &+\beta N\lambda(|b_0|^3-q) \end{aligned} \tag{4-1-27}$$

となる．ここで

$$\begin{aligned} (N\beta)^{-1}\frac{\partial A_{\mathrm{eff}}}{\partial\lambda} &= -\frac{1}{\beta}\sum_{i\omega_n}\frac{e^{i\omega_n\delta}}{-i\omega_n+E_{\mathrm{f}}+\lambda-i|b_0|^2\varDelta_0\,\mathrm{sgn}\,\omega_n}+|b_0|^2-q \\ &= 0 \end{aligned} \tag{4-1-28}$$

は拘束条件(4-1-23)に対応する．ここで右辺第1項は $\langle s_m^\dagger s_m\rangle$ に対応するため，グリーン関数で $\tau=-\delta<0$ (δ：無限小)を代入することから，$e^{i\omega_n\delta}$ の因子をつけた．

一方，$b_0^\dagger$ と b_0 は $|b_0|^2$ の形でのみ現われ，

$$\begin{aligned} (N\beta)^{-1}\frac{\partial A_{\mathrm{eff}}}{\partial(|b_0|^2)} &= +\frac{1}{\beta}\sum_{i\omega_n,\,\sigma}\frac{i\varDelta_0\,\mathrm{sgn}\,\omega_n}{-i\omega_n+E_{\mathrm{f}}+\lambda-i|b_0|^2\varDelta_0\,\mathrm{sgn}\,\omega_n}+\lambda \\ &= 0 \end{aligned} \tag{4-1-29}$$

が $|b_0|^2$ を決める．これらの方程式を解いていこう．まず s フェルミオンのグリーン関数

$$G_s(i\omega_n) = \frac{1}{i\omega_n-E_{\mathrm{f}}-\lambda+i|b_0|^2\varDelta_0\,\mathrm{sgn}\,\omega_n} \tag{4-1-30}$$

を考える．解析接続により遅延グリーン関数を求めると

$$G_s^{\mathrm{R}}(\omega) = G_s(i\omega_n\to\omega+i\delta) = \frac{1}{\omega-E_{\mathrm{f}}-\lambda+i|b_0|^2\varDelta_0} \tag{4-1-31}$$

となり，そのスペクトル関数 $A_s(\omega)$ は

$$A_s(\omega) = -\frac{1}{\pi}\operatorname{Im} G_s^{\mathrm{R}}(\omega) = \frac{|b_0|^2\varDelta_0}{\pi\{(\omega-E_{\mathrm{f}}-\lambda)^2+(|b_0|^2\varDelta_0)^2\}} \tag{4-1-32}$$

というローレンツ型となる．

これを用いて

$$G_s(i\omega_n) = \int d\omega \frac{A_s(\omega)}{i\omega_n-\omega} \tag{4-1-33}$$

と書けるので，(4-1-28)の右辺第1項は

$$\frac{1}{\beta}\sum_{i\omega_n} G_s(i\omega_n)e^{i\omega_n\delta} = \int d\omega A_s(\omega)\frac{1}{\beta}\sum_{i\omega_n}\frac{e^{i\omega_n\delta}}{i\omega_n-\omega}$$

$$= \int d\omega A_s(\omega)f(\omega) \tag{4-1-34}$$

となる．以降 $T\to 0$ の極限を考えると，(4-1-32)，(4-1-34)から(4-1-28)は

$$\frac{1}{2}-\frac{1}{\pi}\tan^{-1}\left(\frac{E_{\mathrm{f}}+\lambda}{|b_0|^2\varDelta_0}\right)+|b_0|^2 = q \tag{4-1-35}$$

となる．ここで $N=2$，$q=1/2$ を代入すると

$$|b_0|^2 = \frac{1}{\pi}\tan^{-1}\left(\frac{E_{\mathrm{f}}+\lambda}{|b_0|^2\varDelta_0}\right) \tag{4-1-36}$$

一方，(4-1-29)からは

$$\lambda = \frac{\varDelta_0}{2\pi}\ln\frac{D^2}{(E_{\mathrm{f}}+\lambda)^2+(|b_0|^2\varDelta_0)^2} \tag{4-1-37}$$

を得る．ここで ω_n に関する和を正直にとると発散してしまうところを，(4-1-30)のグリーン関数の形が正しい領域として $|\omega_n|<D$ (D：伝導電子のバンド幅程度のカットオフ)の範囲に和を制限した．

ここで近藤極限と呼ばれる領域を考えよう．ここでは E_{f} が負の値で大きく，f電子(およびsフェルミオン)の占拠数はほぼ1で空孔の確率 $|b_0|^2$ は小さいはずである．そのためには(4-1-36)で $|E_{\mathrm{f}}+\lambda|\ll|b_0|^2\varDelta_0$ である必要があり，$\tan^{-1}$ を展開して

$$|b_0|^4\varDelta_0 = \frac{E_{\mathrm{f}}+\lambda}{\pi} \tag{4-1-38}$$

が得られ，(4-1-37)では ln の中で $(E_{\mathrm{f}}+\lambda)^2$ を無視して

$$|b_0|^2\varDelta_0 = De^{-\pi\lambda/\varDelta_0} \tag{4-1-39}$$

を得る．$E_f+\lambda$ は小さな数だから，(4-1-39)で $\lambda=|E_f|$ と置いてよく，

$$|b_0|^2\Delta_0 = De^{-\pi|E_f|/\Delta_0} \tag{4-1-40}$$

となり，これを(4-1-38)に代入して

$$\tilde{E}_f \equiv \lambda+E_f = \pi\frac{D^2}{\Delta_0}e^{-2\pi|E_f|/\Delta_0} \tag{4-1-41}$$

を得る．

近藤極限は $|E_f|\gg\Delta_0$ に対応し，このとき指数関数の肩は次のような意味をもつ．

$$2\pi\frac{|E_f|}{\Delta_0} = 2\pi\frac{|E_f|}{\pi\langle|V_{\boldsymbol{k}}|^2\rangle D(E_F)} = \frac{2|E_f|}{\langle|V_{\boldsymbol{k}}|^2\rangle D(E_F)} = \frac{2}{J_K D(E_F)} \tag{4-1-42}$$

ここで J_K は近藤結合と呼ばれる交換相互作用で，$|E_f|$ のエネルギーをもつ f 電子が空になる中間状態を使った，伝導電子スピンと f スピンとの結合定数である．

ハバード模型からハイゼンベルク模型を導いたときと同様の手続きで，アンダーソン模型(3-1-22)から s-d 模型(近藤モデル)

$$H_{\mathrm{Kondo}} = \sum_{\boldsymbol{k},\sigma}(\varepsilon_{\boldsymbol{k}}-\mu)C^{\dagger}_{\boldsymbol{k}\sigma}C_{\boldsymbol{k}\sigma}+2J_K\boldsymbol{s}\cdot\boldsymbol{S} \tag{4-1-43}$$

を導くことができる．

$$\boldsymbol{s} = \frac{1}{2N_0}\sum_{\substack{\boldsymbol{k},\boldsymbol{k}'\\ \alpha,\beta}} C^{\dagger}_{\boldsymbol{k}\alpha}\boldsymbol{\sigma}_{\alpha\beta}C_{\boldsymbol{k}'\beta} \tag{4-1-44}$$

は不純物サイトにおける伝導電子のスピンであり，

$$\boldsymbol{S} = \frac{1}{2}\sum_{\alpha,\beta} f^{\dagger}_{\alpha}\boldsymbol{\sigma}_{\alpha\beta}f_{\beta} \tag{4-1-45}$$

は f スピンである．ここでは拘束条件

$$\sum_{\alpha} f^{\dagger}_{\alpha}f_{\alpha} = 1 \tag{4-1-46}$$

がついているので，局在スピンの存在を保証するかのように一見思われるのだが，反強磁性的 J_K のために f スピンは結局そのまわりに伝導電子のスピンを引きつけて，1 重項状態(singlet)を形成してしまうのである．アンダーソン模型では空孔の有限の確率 $|b_0|^2$ が交換相互作用，ひいては 1 重項形成を記述している．

特に f 電子のグリーン関数を考えると，

$$G_{\mathrm{f}}(i\omega_n) = \frac{|b_0|^2}{i\omega_n - \tilde{E}_{\mathrm{f}} + i|b_0|^2 \Delta_0 \,\mathrm{sgn}\,\omega_n} \tag{4-1-47}$$

となるので，フェルミエネルギーの近傍 $\tilde{E}_{\mathrm{f}}$ のところに $|b_0|^2$ の重みをもった幅 $|b_0|^2\Delta_0$ のピークが存在することになる．$|b_0|^2$ は準粒子の重みを表わす，通常 Z と書かれる因子である．残りの $1-Z$ はインコヒーレントなバックグラウンドを形成し，$E=E_{\mathrm{f}}$，$E_{\mathrm{f}}+U$ のあたりにあるブロードなピークを形成する．幅 $|b_0|^2\Delta_0$ は伝導電子との実効的な混成エネルギーであり，その逆数が f 電子のスピンが伝導電子との往き来により消失する特徴的な時間を与える．よってこれを，**近藤温度**と同定できる．

$$T_{\mathrm{K}} \cong |b_0|^2\Delta_0 = De^{-\pi|E_{\mathrm{f}}|/\Delta_0} \tag{4-1-48}$$

以上の理論では結局，f 電子のコヒーレントな部分を $f^{\dagger}=\langle b\rangle s^{\dagger}$ と書いて b のボーズ凝縮という形で表現し，このくり込み因子以外は自由フェルミオン模型を考えているのだから，系は(局所的な)フェルミ流体となっている．実際に，通常の近藤問題の基底状態は 1 重項で，その低エネルギーの性質は局所的なフェルミ流体論によって記述されることが確立されているから，上述の取扱いは定性的には正しいものと考えられる．しかし，もし仮にスレーブボゾンのボーズ凝縮が起こらないような場合があるとすれば，それは局所的非フェルミ流体を記述しているはずである．そのような可能性を考えることは非現実的なのだろうか．

驚くべきことに，答は「否」であり，この可能性は多チャンネル近藤問題で実現しているのである．多チャンネルとは伝導電子が複数のチャンネル(例えばスピン以外に軌道などの縮退)をもつことを意味する．一方 f 電子の方はスピン S をもち，こちらの軌道の自由度は死んでいるとする．このとき，S とチャンネルの数 M との関係でいくつかの場合が考えられる．

まず，いままで考えていたのは $S=1/2$，$M=1$ の場合で，局在スピンと伝導電子スピンの間で 1 重項形成が起こることは上に見たとおりである．一般に $2S=M$ のときには，図 4-1(a)に示すように，1 重項形成が起こる．ところが $2S>M$ の場合には伝導スピンの数が足りないために，局在スピンのうち S

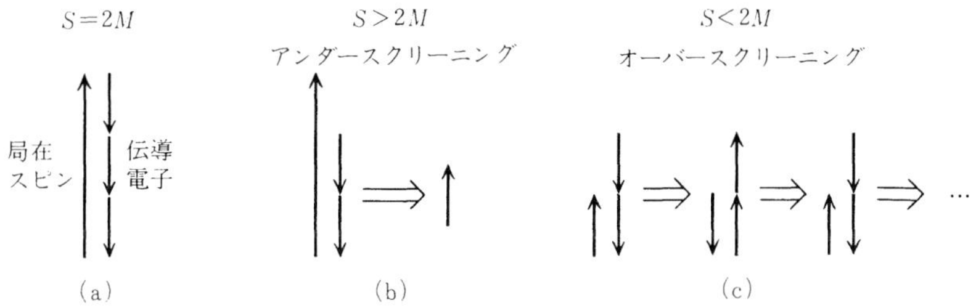

図 4-1　多チャンネル近藤効果の概念図

$-\frac{M}{2}$ だけが残ってしまう(図 4-1(b)). これを**アンダースクリーニング近藤効果**と呼ぶ. この場合は, 局所的フェルミ流体と残留局在スピンが分離してしまった状態が基底状態となる.

もっと面白いのは $2S<M$ の場合で, これは**オーバースクリーニング近藤効果**と呼ばれる(図 4-1(c)). このときは, 伝導電子が局在スピンを遮蔽しすぎる結果, ふたたび局在スピンを発生してしまう. これをまた伝導電子のスピンが遮蔽しようとするが, やはり遮蔽のしすぎで局在スピンを発生してしまい, …という過程が際限なく続くことになる. その結果, 基底状態には縮退を生じ, 系は局所的非フェルミ流体となるのである.

それではこの状態を記述する鞍点解が存在するのだろうか. じつは, 上に述べたのとは異なった $N\to\infty$ の極限での鞍点解がこれに対応している. 多チャンネル近藤ハミルトニアンは, N_0 を格子点の数として

$$H_{\mathrm{Kondo}}=\sum_{m=1}^{M}\sum_{\sigma=\uparrow\downarrow}\sum_{\boldsymbol{k}}\varepsilon_{\boldsymbol{k}}C_{\boldsymbol{k}m\sigma}^{\dagger}C_{\boldsymbol{k}m\sigma}+\frac{2J_{\mathrm{K}}}{N_0}\sum_{m=1}^{M}\sum_{\boldsymbol{k},\boldsymbol{k}'}\sum_{\alpha}C_{\boldsymbol{k}m\alpha}^{\dagger}\boldsymbol{\sigma}_{\alpha\beta}C_{\boldsymbol{k}'m\beta}\cdot\boldsymbol{S} \tag{4-1-49}$$

で与えられる. ここで M はチャンネルの数で, 不純物スピン $\boldsymbol{S}$ はスピン 1/2 をもつとする.

次にこのハミルトニアンを有効ハミルトニアンとしてもつような, 仮想的なアンダーソンハミルトニアンを設定しよう. それは

$$H = \sum_m \sum_\sigma \sum_{\boldsymbol{k}} \varepsilon_{\boldsymbol{k}} C^\dagger_{\boldsymbol{k}m\sigma} C_{\boldsymbol{k}m\sigma} + E_\mathrm{f} \sum_\sigma f^\dagger_\sigma f_\sigma + \frac{V}{\sqrt{N_0}} \sum_{\boldsymbol{k}, m, \sigma} [f^\dagger_\sigma b_m C_{\boldsymbol{k}m\sigma} + \mathrm{h.c.}] \tag{4-1-50}$$

で与えられる．ここで，f_σ と b_m はスレーブボゾン法におけるフェルミオンとボゾンの演算子であるが，いまの場合拘束条件は

$$\sum_{m=1}^{M} b^\dagger_m b_m + \sum_{\sigma=1}^{2} f^\dagger_\sigma f_\sigma = 1 \tag{4-1-51}$$

を満たすものとする．ここでは正孔の状態を M 個のボゾンで重複して表現したことになっているが，これは近藤ハミルトニアン(4-1-49)を導くための数学的技巧である．その意味で，(4-1-50)のアンダーソンハミルトニアンはむしろ仮想的なものとして考えるべきである．E_f が負のときに V に関する摂動展開を行なうと，

$$J_\mathrm{K} = \frac{V^2}{|E_\mathrm{f}|} \tag{4-1-52}$$

とする(4-1-49)の近藤ハミルトニアンが得られる．

ここでふたたび経路積分を鞍点法で評価するために，σ に関する和を 2 から N へと一般化し，同時に $V \to \frac{1}{\sqrt{N}} V$ と置くことにする．つまり m は 1 から M まで，σ は 1 から N まで走ることとし，$\gamma \equiv M/N$ を有限にして $N \to \infty$ の極限を考えるのである．このとき，(4-1-51)の右辺は 1 のままであり，(4-1-23)のように N に比例するとは考えないとする．その結果，$b^\dagger_m b_m$ は $1/N$ のオーダーとなり，ボーズ凝縮は $N \to \infty$ で起こらなくなる．また，(4-1-51)の左辺を Q とすると，拘束条件は

$$Z = \lim_{\lambda \to \infty} e^{\beta\lambda} \operatorname{Tr}[e^{-\beta H(\lambda)} Q] \tag{4-1-53}$$

と表現できる．ここで

$$H(\lambda) = H + \lambda Q \tag{4-1-54}$$

である．これを経路積分表示にすると

$$Z = \lim_{\lambda \to \infty} e^{\beta\lambda} \int \mathcal{D}C^\dagger \mathcal{D}C \mathcal{D}f^\dagger \mathcal{D}f \mathcal{D}b^\dagger \mathcal{D}b e^{-\int_0^\beta L d\tau} \tag{4-1-55}$$

$$L = \sum_{m, \sigma, \boldsymbol{k}} C^\dagger_{\boldsymbol{k}m\sigma} (\partial_\tau + \varepsilon_{\boldsymbol{k}} - \mu) C_{\boldsymbol{k}m\sigma} + \sum_\sigma f^\dagger_\sigma (\partial_\tau + \lambda + E_\mathrm{f}) f_\sigma$$

$$+\sum_{m} b_m^{\dagger}(\partial_\tau+\lambda)b_m+\frac{V}{\sqrt{NN_0}}\sum_{\boldsymbol{k},m,\sigma}[f_\sigma^{\dagger}b_m C_{\boldsymbol{k}m\sigma}+\mathrm{h.c.}] \qquad (4\text{-}1\text{-}56)$$

となる．

ここで $C^{\dagger}, C$ を積分してしまおう．それはグラスマン数 $C^{\dagger}, C$ に関する“平方完成”を行なえばよく，フーリエ変換したとき $\xi_{\boldsymbol{k}}=\varepsilon_{\boldsymbol{k}}-\mu$ として

$$\begin{aligned}\hat{C}_{\boldsymbol{k}m\sigma}(i\omega_n) &= C_{\boldsymbol{k}m\sigma}(i\omega_n)+\frac{1}{-i\omega_n+\xi_{\boldsymbol{k}}}\frac{V}{\sqrt{N_0N}}(b_m^{\dagger}f_\sigma)_{i\omega_n}\\ \hat{C}_{\boldsymbol{k}m\sigma}^{\dagger}(i\omega_n) &= C_{\boldsymbol{k}m\sigma}^{\dagger}(i\omega_n)+\frac{1}{-i\omega_n+\xi_{\boldsymbol{k}}}\frac{V}{\sqrt{N_0N}}(f_\sigma^{\dagger}b_m)_{i\omega_n}\end{aligned} \qquad (4\text{-}1\text{-}57)$$

と積分変数を変換すれば，おつりとして

$$\frac{V^2}{N}\sum_{m,\sigma}\sum_{i\omega_n}(f_\sigma^{\dagger}b_m)_{i\omega_n}G(i\omega_n)(b_m^{\dagger}f_\sigma)_{i\omega_n} \qquad (4\text{-}1\text{-}58)$$

が残る．ここで

$$G(i\omega_n)=\frac{1}{N_0}\sum_{\boldsymbol{k}}\frac{1}{i\omega_n-\xi_{\boldsymbol{k}}} \qquad (4\text{-}1\text{-}59)$$

である．虚時間に戻ると，これは

$$\frac{V^2}{N}\sum_{m,\sigma}\int d\tau d\tau' f_\sigma^{\dagger}(\tau)b_m(\tau)G(\tau-\tau')b_m^{\dagger}(\tau')f_\sigma(\tau') \qquad (4\text{-}1\text{-}60)$$

となる．

以上の手続きは，物理的には次のようなことに対応する．局在スピンにとって伝導電子系は熱浴であり，(4-1-60)は時刻 τ' で電子が熱浴へ去り $\tau-\tau'$ の時間熱浴中をさまよった後，時刻 τ でふたたび不純物サイトに現われる過程を表わす．この熱浴効果は時間方向で非局所的な相互作用——つまり散逸効果と非可逆性——をもたらすのである．

さて，さらに(4-1-60)を2種類のストラトノビッチ-ハバード場 $\Phi_{f\sigma}$ と Φ_{bm} を用いて分解すると，作用積分として，

$$\begin{aligned}A=\int d\tau\Big[&\sum_{\sigma}f_\sigma^{\dagger}(\partial_\tau+E_{\mathrm{f}}+\lambda)f_\sigma+\sum_{m}b_m^{\dagger}(\partial_\tau+\lambda)b_m\Big]\\ &-\frac{V^2}{N}\int d\tau d\tau' G(\tau-\tau')\sum_{m,\sigma}[\Phi_{bm}(\tau,\tau')f_\sigma^{\dagger}(\tau)f_\sigma(\tau')\\ &-\Phi_{f\sigma}(\tau',\tau)b_m^{\dagger}(\tau')b_m(\tau)-\Phi_{f\sigma}(\tau',\tau)\Phi_{bm}(\tau,\tau')]\end{aligned} \qquad (4\text{-}1\text{-}61)$$

となる．ここで $M, N \to \infty$ の極限を考えると，作用全体は $\mathcal{O}(N)$ となり鞍点法が使える．

鞍点解として時間並進対称な解 $\Phi_{f\sigma}(\tau, \tau') = \Phi_f(\tau - \tau')$, $\Phi_{bm}(\tau, \tau') = \Phi_b(\tau - \tau')$ を仮定すると，作用は

$$
\begin{aligned}
A = &\sum_{\sigma} \sum_{i\omega_n} f_\sigma^\dagger(i\omega_n)[-i\omega_n + E_{\mathrm{f}} + \lambda + \Sigma_f(i\omega_n)] f_\sigma(i\omega_n) \\
&+ \sum_{m} \sum_{i\omega_l} b_m^\dagger(i\omega_l)[-i\omega_l + \lambda + \Sigma_b(i\omega_l)] b_m(i\omega_l) \\
&+ V^2 M\beta \int d\tau \Phi_f(\tau) \Phi_b(-\tau)
\end{aligned}
\tag{4-1-62}
$$

となる．ここで

$$
\begin{aligned}
\Sigma_f(\tau) &= -\gamma V^2 G(\tau) \Phi_b(\tau) \\
\Sigma_b(\tau) &= V^2 G(\tau) \Phi_f(-\tau)
\end{aligned}
\tag{4-1-63}
$$

であり，そのフーリエ変換は $\Sigma(i\omega) = \int_0^\beta d\tau e^{i\omega\tau} \Sigma(\tau)$ で定義されている．また，$\Phi_b(\tau)$, $\Phi_f(\tau)$ はそれぞれ，$\delta A = 0$ により定められるが，(4-1-61)に戻ると，それは

$$
\begin{aligned}
\Phi_b(\tau, \tau') &= -\langle T_\tau b_m(\tau) b_m^\dagger(\tau') \rangle \\
\Phi_f(\tau, \tau') &= -\langle T_\tau f_\sigma(\tau) f_\sigma^\dagger(\tau') \rangle
\end{aligned}
\tag{4-1-64}
$$

となり，それぞれボゾンとフェルミオンのグリーン関数である．

これから

$$
\begin{aligned}
\Phi_b(i\omega_l) &= [i\omega_l - \lambda - \Sigma_b(i\omega_l)]^{-1} \\
\Phi_f(i\omega_n) &= [i\omega_n - E_{\mathrm{f}} - \lambda - \Sigma_f(i\omega_n)]^{-1}
\end{aligned}
\tag{4-1-65}
$$

となるが，一方(4-1-63)をフーリエ変換すると，例えば Σ_f に対して

$$
\begin{aligned}
\Sigma_f(i\omega_n) &= -\gamma V^2 \int_0^\beta d\tau e^{i\omega_n\tau} G(\tau) \Phi_b(\tau) \\
&= -\frac{1}{\beta^2} \gamma V^2 \sum_{i\omega_l, i\omega_m} \int_0^\beta d\tau e^{(i\omega_n - i\omega_m - i\omega_l)\tau} G(i\omega_m) \Phi_b(i\omega_l) \\
&= -\gamma V^2 \frac{1}{\beta} \sum_{i\omega_m} G(i\omega_m) \Phi_b(i\omega_n - i\omega_m)
\end{aligned}
\tag{4-1-66}
$$

ここで Φ_b に対してスペクトル分解

$$\Phi_b(i\omega_n - i\omega_m) = \int d\omega \frac{A_b(\omega)}{i\omega_n - i\omega_m - \omega} \tag{4-1-67}$$

を代入して $i\omega_m$ の和を実行すると，(4-1-66)は

$$\Sigma_f(i\omega_n) = \frac{\gamma V^2}{N_0} \sum_{\boldsymbol{k}} \int d\omega A_b(\omega) \frac{f(-\xi_{\boldsymbol{k}}) + n(\omega)}{i\omega_n - \xi_{\boldsymbol{k}} - \omega} \tag{4-1-68}$$

となる．ここで(4-1-59)を使った．

ここで，フェルミオンおよびボゾンのスペクトル関数についてすこし考察しておこう．両者は $\omega \sim \lambda$ の近傍で値をもつので，$\lambda \to \infty$ の極限がとりやすいように

$$\bar{A}_{f,b}(\omega) = A_{f,b}(\omega + \lambda) \tag{4-1-69}$$

と定義しておく．すると，温度グリーン関数はそれぞれ，$\tau > 0$ に対して

$$\begin{aligned} \Phi_f(\tau) &= \int_{-\infty}^{\infty} d\omega e^{-(\omega+\lambda)\tau} [1 - f(\omega + \lambda)] \bar{A}_f(\omega) \\ \Phi_b(\tau) &= \int_{-\infty}^{\infty} d\nu e^{-(\nu+\lambda)\tau} [1 + n(\nu + \lambda)] \bar{A}_b(\nu) \end{aligned} \tag{4-1-70}$$

と書ける．ここで $\tau > 0$ のとき

$$\frac{1}{\beta} \sum_{\substack{i\omega_n \\ :\text{フェルミオン}}} \frac{e^{-i\omega_n \tau}}{i\omega_n - x} = 1 - f(x) \tag{4-1-71}$$

および

$$\frac{1}{\beta} \sum_{\substack{i\nu_n \\ :\text{ボゾン}}} \frac{e^{-i\nu_n \tau}}{i\nu_n - x} = 1 + n(x) \tag{4-1-72}$$

であることを用いた．このとき，$\bar{A}_f(\omega)$ と $\bar{A}_b(\nu)$ は，それぞれ

$$\begin{aligned} \bar{A}_f(\omega) &= Z(\lambda)^{-1} \sum_{i,j} |\langle j; Q_j | f_\sigma^\dagger | i; Q_i \rangle|^2 (e^{-\beta(E_j + \lambda Q_j)} + e^{-\beta(E_i + \lambda Q_i)}) \\ &\quad \times \delta(\omega - (E_j - E_i)) \\ \bar{A}_b(\nu) &= Z(\lambda)^{-1} \sum_{i,j} |\langle j; Q_j | b_m^\dagger | i; Q_i \rangle|^2 (e^{-\beta(E_j + \lambda Q_j)} + e^{-\beta(E_i + \lambda Q_i)}) \\ &\quad \times \delta(\nu - (E_j - E_i)) \end{aligned} \tag{4-1-73}$$

となる．

Q_i, Q_j は状態 i, j における Q の値であり，$Q_j = Q_i + 1$ が成り立つ．$Z(\lambda)$ は

$$Z(\lambda) = \mathrm{Tr}\,[e^{-\beta H(\lambda)}] = \sum_{Q=0}^{\infty} e^{-\beta\lambda Q} Z(Q) \qquad (4\text{-}1\text{-}74)$$

で定義される．$\lambda\to\infty$ の極限をとると $Q_i=0$, $Q_j=1$ の寄与のみが残り，(4-1-74)は

$$\bar{A}_f(\omega) = Z(Q=0)^{-1}\sum_{i,\,j}|\langle j\,;Q_j=1|f_\sigma^\dagger|i\,;Q_i=0\rangle|^2 e^{-\beta E_i}\delta(\omega-(E_j-E_i))$$

$$\bar{A}_b(\omega) = Z(Q=0)^{-1}\sum_{i,\,j}|\langle j\,;Q_j=1|b_m^\dagger|i\,;Q_i=0\rangle|^2 e^{-\beta E_i}\delta(\omega-(E_j-E_i)) \qquad (4\text{-}1\text{-}75)$$

となる．$Z(Q=0)$ は不純物サイトがない伝導電子系のみの状態和である．さらに $T\to 0$ の極限をとると i に関する和のうち $Q_i=0$ の基底状態のみが寄与するので，$Z(Q=0)^{-1}\cong e^{\beta E_0}$ を考慮すると

$$\begin{aligned}\bar{A}_f(\omega) &= \sum_j|\langle j\,;Q=1|f_\sigma^\dagger|0\,;Q=0\rangle|^2\delta(\omega-E_j)\\ \bar{A}_b(\omega) &= \sum_j|\langle j\,;Q=1|b_m^\dagger|0\,;Q=0\rangle|^2\delta(\omega-E_j)\end{aligned} \qquad (4\text{-}1\text{-}76)$$

となる．よって $T\to 0$ では $Q=1$ の空間内での基底状態のエネルギーを E_{G} として，$\omega\geqq E_{\mathrm{G}}$ のみで $\bar{A}_f(\omega)$, $\bar{A}_b(\omega)$ は有限の値をとる．以上見てきたように，$\lambda\to\infty$ の極限で $\bar{A}_{f,b}(\omega)$ は有限の関数へ収束するので，(4-1-68)中の ω 積分における $n(\omega)$ は $\omega\sim\lambda$ であるから無視してよい．以上の了解のもとに以降エネルギー ω は λ から測ることにする．

そこで(4-1-68)は

$$\begin{aligned}\Sigma_f(i\omega_n) &= \gamma V^2\int d\xi D(\xi)f(\xi)\int\frac{\bar{A}_b(\omega)\,d\omega}{i\omega_n+\xi-\omega}\\ &= \gamma V^2\int d\xi D(\xi)f(\xi)\,\Phi_b(i\omega_n+\xi)\end{aligned} \qquad (4\text{-}1\text{-}77)$$

と書ける．ここで状態密度 $D(\xi)=\dfrac{1}{N_0}\sum_{\boldsymbol{k}}\delta(\xi-\xi_{\boldsymbol{k}})$ を導入した．ここで解析接続を行ない $i\omega_n\to\omega+i\delta$ とすると，遅延グリーン関数の間の関係として

$$\Sigma_f^{\mathrm{R}}(\omega) = \frac{\gamma\Gamma}{\pi}\int d\xi\, f(\xi)\,\Phi_b^{\mathrm{R}}(\omega+\xi) \qquad (4\text{-}1\text{-}78)$$

を得る．両辺で ω の原点を λ だけシフトして考えると，(4-1-65)式で $\lambda=0$ と置けることに注意されたい．状態密度 $D(\xi)$ は一定値 D とし $\Gamma=\pi DV^2$ を導入したが，これは(4-1-4)の Δ_0 にほかならない．同様の考察をボゾンの自己エ

ネルギー Σ_0 に対して行なうと,

$$\Sigma_b^{\mathrm{R}}(\omega) = \frac{\Gamma}{\pi}\int d\xi\, f(\xi)\, \Phi_f^{\mathrm{R}}(\xi) \tag{4-1-79}$$

を得る.

こうして(4-1-65), (4-1-78), (4-1-79)が解くべき方程式の組として得られたことになる. これはNCA(non crossing approximation)と呼ばれる近似に対応しているが, これらの方程式の解は次のようにして求まる.

以下, 絶対零度 $T=0$ を考える.

まず, (4-1-78), (4-1-79)を ω に関して微分すると

$$\begin{aligned}\frac{\partial \Sigma_f^{\mathrm{R}}(\omega)}{\partial \omega} &= \frac{\gamma\Gamma}{\pi}\int d\xi \frac{\partial f(\xi-\omega)}{\partial \omega}\Phi_b^{\mathrm{R}}(\xi) \\ &= \frac{\gamma\Gamma}{\pi}\int d\xi \delta(\xi-\omega)\,\Phi_b^{\mathrm{R}}(\xi) = \frac{\gamma\Gamma}{\pi}\Phi_b^{\mathrm{R}}(\omega)\end{aligned} \tag{4-1-80}$$

同様に

$$\frac{\partial \Sigma_b^{\mathrm{R}}(\omega)}{\partial \omega} = \frac{\Gamma}{\pi}\Phi_f^{\mathrm{R}}(\omega) \tag{4-1-81}$$

を得る. これに下端のカットオフとして $\omega=-D$ において $\Sigma_f^{\mathrm{R}}, \Sigma_b^{\mathrm{R}}$ が0であるという初期条件を課すことにする. そこで,

$$\begin{aligned}Y_f(\omega) &= -[\Phi_f^{\mathrm{R}}(\omega)]^{-1} = -\omega+E_{\mathrm{f}}+\Sigma_f^{\mathrm{R}}(\omega) \\ Y_b(\omega) &= -[\Phi_b^{\mathrm{R}}(\omega)]^{-1} = -\omega+\Sigma_b^{\mathrm{R}}(\omega)\end{aligned} \tag{4-1-82}$$

を定義すると, 方程式(4-1-80), (4-1-81)は

$$\begin{aligned}\frac{\partial Y_f(\omega)}{\partial \omega} &= -1+\frac{\partial \Sigma_f^{\mathrm{R}}(\omega)}{\partial \omega} = -1-\frac{\gamma\Gamma}{\pi}Y_b^{-1}(\omega) \\ \frac{\partial Y_b(\omega)}{\partial \omega} &= -1+\frac{\partial \Sigma_b^{\mathrm{R}}(\omega)}{\partial \omega} = -1-\frac{\Gamma}{\pi}Y_f^{-1}(\omega)\end{aligned} \tag{4-1-83}$$

となる.

さて, (4-1-83)の2つの方程式の比をとると

$$\frac{dY_f}{dY_b} = \frac{1+\dfrac{\gamma\Gamma}{\pi}Y_b^{-1}}{1+\dfrac{\Gamma}{\pi}Y_f^{-1}} \tag{4-1-84}$$

となるので, これを積分して

$$Y_f+\frac{\Gamma}{\pi}\ln\frac{Y_f}{D}+C = Y_b+\frac{\gamma\Gamma}{\pi}\ln\frac{Y_b}{D} \tag{4-1-85}$$

を得る．C は積分定数であるが，$\omega=-D$ における初期条件 $Y_f(-D)=D+E_{\mathrm{f}}$, $Y_b(-D)=D$ を用いると

$$C = -E_{\mathrm{f}}-\frac{\Gamma}{\pi}\ln\left(1+\frac{E_{\mathrm{f}}}{D}\right) \tag{4-1-86}$$

と定まる．$E_{\mathrm{f}}/D\ll 1$ を考慮すると $C\cong -E_{\mathrm{f}}$ となる．

さて，ここで $\bar{A}_f(\omega), \bar{A}_b(\omega)$ は $\omega\to E_{\mathrm{G}}$ で冪(べき)発散していることが予想される．なぜなら，これらの量は(4-1-73)から明らかなように，フェルミオンやボゾンを生成したときの伝導電子の応答を記述しており，X 線吸収端異常と同様の特異性が期待されるからである．このことは後に自己無撞着に正当化されるので，それを仮定して先に進むことにしよう．

すると，$\bar{A}_{f,b}(\omega)=-\frac{1}{\pi}\mathrm{Im}\,\Phi^{\mathrm{R}}_{f,b}(\omega)$ だから，$\omega\to E_{\mathrm{G}}$ で $[\Phi^{\mathrm{R}}_{f,b}(\omega)]^{-1}\to 0$ となることが結論される．さらに $\omega<E_{\mathrm{G}}$ で $\bar{A}_{f,b}(\omega)=0$ だから，そこで $\Phi^{\mathrm{R}}_{f,b}(\omega)$ および $Y_{f,b}(\omega)$ は実数となる．以上の考察の下に(4-1-83)を積分しよう．(4-1-85)は Y_f を Y_b の関数として与える式と読めるので，$Y_f=Y_f(Y_b)$ と考えると，(4-1-83)の第 2 の方程式を，Y_b に関して積分することにより，

$$\int_{-D}^{\omega}d\varepsilon = -\int_{D}^{Y_b}\frac{dx}{1+\dfrac{\Gamma}{\pi}Y_f^{-1}(x)} = \frac{\Gamma}{\pi}\int_{D}^{Y_b}\frac{dx}{\dfrac{\Gamma}{\pi}+Y_f(x)}-(Y_b-D) \tag{4-1-87}$$

を得る．これは

$$\omega = -Y_b-\frac{\Gamma}{\pi}\int_{Y_b}^{D}\frac{dx}{\dfrac{\Gamma}{\pi}+Y_f(x)} \tag{4-1-88}$$

と等価である．ここで $\omega=E_{\mathrm{G}}$ のときに $Y_b=0$ であることから，(4-1-88)から

$$E_{\mathrm{G}} = -\frac{\Gamma}{\pi}\int_{0}^{D}\frac{dx}{\Gamma/\pi+Y_f(x)} \tag{4-1-89}$$

となる．(4-1-88)から(4-1-89)を辺々引くことにより

$$\omega - E_{\mathrm{G}} = -\int_0^{Y_b} dx \frac{Y_f(x)}{\Gamma/\pi + Y_f(x)} \tag{4-1-90}$$

を得る．

さて，$|\omega - E_{\mathrm{G}}|$ が小さいときに $Y_f(\omega)$ および $Y_b(\omega)$ も小さいので，(4-1-85)で対数項が支配的となる結果

$$\frac{Y_f(\omega)}{D} e^{-\pi E_f/\Gamma} = \left[\frac{Y_b(\omega)}{D}\right]^\gamma \tag{4-1-91}$$

を得る．ここでNCA近似における近藤温度 T_{NCA} を

$$T_{\mathrm{NCA}} = D(\gamma\Gamma/\pi D)^\gamma e^{\pi E_f/\Gamma} \tag{4-1-92}$$

で定義すると，(4-1-91)は

$$\frac{Y_f(\omega)}{T_{\mathrm{NCA}}} = \left[\frac{\pi Y_b(\omega)}{\gamma\Gamma}\right]^\gamma \tag{4-1-93}$$

と書ける．これを(4-1-90)式に代入し，被積分関数の分母における $Y_f(x)$ を Γ/π に対して無視すると

$$\omega - E_{\mathrm{G}} \cong -\frac{\pi}{\Gamma} T_{\mathrm{NCA}} \frac{\gamma\Gamma}{\pi(\gamma+1)} \left[\frac{\pi Y_b(\omega)}{\gamma\Gamma}\right]^{\gamma+1} \tag{4-1-94}$$

を得る．

これから $E_{\mathrm{G}} - \omega \to 0$ の極限で

$$\begin{aligned} Y_b(\omega) &\sim |\omega - E_{\mathrm{G}}|^{\frac{1}{\gamma+1}} \\ Y_f(\omega) &\sim [Y_b(\omega)]^\gamma \sim |\omega - E_{\mathrm{G}}|^{\frac{\gamma}{\gamma+1}} \end{aligned} \tag{4-1-95}$$

となる．これからさらに

$$\begin{aligned} \Phi_b^{\mathrm{R}}(\omega) &\sim |\omega - E_{\mathrm{G}}|^{-\frac{1}{\gamma+1}} \\ \Phi_f^{\mathrm{R}}(\omega) &\sim |\omega - E_{\mathrm{G}}|^{-\frac{\gamma}{\gamma+1}} \end{aligned} \tag{4-1-96}$$

を得る．このようにフェルミオンとボゾンのグリーン関数は，E_{G} において $\gamma = M/N$ のみの指数により特徴づけられる特異性をもつ．

以上のような手続きで求めたグリーン関数を用いて低温における比熱，帯磁率，電気抵抗などを計算する仕事は残っており，その意味でまださわりのところを述べたに過ぎない．しかし，容易に想像されるように，冪の特異性は，これらの物理量の低温における温度依存性にやはり冪の特異性をもたらす．そし

て，その形が $M>N$ のオーバースクリーニングといわれる場合の非フェルミオン的固定点の性質を再現していることが示されている．詳細は文献[14]を参照されたい．このように，マルチチャンネル近藤効果の問題にも鞍点法が有効であることがわかった．しかし，どの鞍点解を採用するかに物理的考察あるいは他の方法論を用いた総合的な判断を必要としていることを銘記しなければならない．

4-2　動的平均場理論

前節では，1 不純物の局所的電子相関の問題を考察した．この節ではその知見を，ハバード模型などの各サイトで電子相関のある問題に適用する．その際の最も基本的なアイディアは，イジング模型の平均場理論の中にすでに見出されるものである．

$\sigma_i = \pm 1$ として，ハミルトニアン

$$H = -\sum_{i,\,j} J_{ij}\sigma_i\sigma_j - h\sum_i \sigma_i \tag{4-2-1}$$

を考える．$J_{ij}>0$ としておく．いま，あるサイトのスピン σ_i に着目し，他のスピンは J_{ij} を通じて σ_i に働きかける媒質であると考えよう．σ_i に関係した項を H_i と書くと，

$$H_i = -\left(2\sum_j J_{ij}\sigma_j + h\right)\sigma_i \equiv -h_i^{\mathrm{eff}}(\{\sigma_j\})\,\sigma_i \tag{4-2-2}$$

である．ここで $h_i^{\mathrm{eff}}(\{\sigma_j\})$ は σ_i 以外のスピンに依存した有効磁場であるが，これを有限温度 T における熱平均で近似するのが平均場近似である．直観的にいうと図 4-2 に示すようにまわりのスピン σ_j の個性を「べったりと塗り潰し」

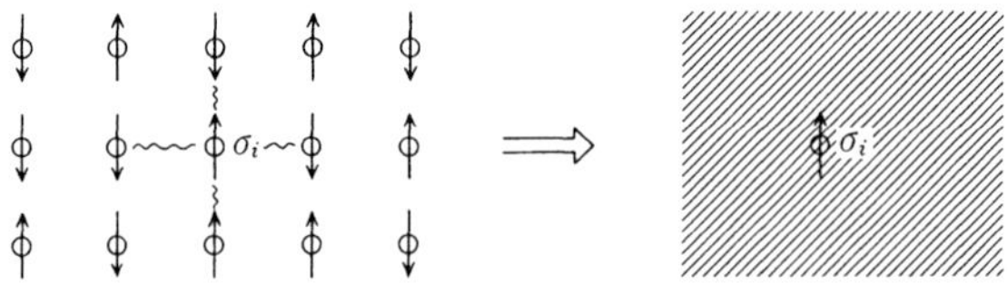

図 4-2　平均場近似の描像

て一様な有効媒質で置き換えることに対応する.

$$\langle h_i^{\mathrm{eff}}(\{\sigma_j\})\rangle = 2\sum_j J_{ij}\langle\sigma_j\rangle + h \tag{4-2-3}$$

$\langle\sigma_j\rangle$ は j によらないと考えられるから, $\langle h_i^{\mathrm{eff}}\rangle$ もまたそうであり,

$$\langle h^{\mathrm{eff}}\rangle = 2\left(\sum_j J_{ij}\right)\langle\sigma\rangle + h \equiv 2\bar{J}\langle\sigma\rangle + h \tag{4-2-4}$$

となる. ところが $\langle\sigma\rangle$ はいま着目しているスピン σ_i の平均値でもあるはずだから,

$$\langle\sigma\rangle = \langle\sigma_i\rangle = \tanh\frac{\langle h_{\mathrm{eff}}\rangle}{T} = \tanh\left[\frac{2\bar{J}\langle\sigma\rangle + h}{T}\right] \tag{4-2-5}$$

という $\langle\sigma\rangle$ に対する自己無撞着な方程式が得られる. (4-2-5)式で外場 $h=0$ と置いても, $T < T_{\mathrm{c}} = 2\bar{J}$ で自発的磁化 $\langle\sigma\rangle \neq 0$ が得られることはよく知られている. $T > T_{\mathrm{c}}$ では, 帯磁率 $\chi(T)$ に $\bar{J}$ の効果が現われる. 微小磁場 h の下で $\langle\sigma\rangle = \chi(T)h$ も小さいことから, (4-2-5)の tanh を展開して

$$\langle\sigma\rangle \fallingdotseq \frac{2\bar{J}\langle\sigma\rangle + h}{T} \tag{4-2-6}$$

よりキュリー-ワイス則

$$\chi(T) = \frac{1}{T - T_{\mathrm{c}}} \tag{4-2-7}$$

を得る.

それでは, この平均場近似はどのような場合に正当化されるのであろうか. (4-2-2)式を見ると, $h_i^{\mathrm{eff}}(\{\sigma_j\})$ は, σ_i と J_{ij} によって結合しているスピン σ_j に関する和により表わされる. よって σ_j の数 M が大きくなると, 中央極限定理によりその揺らぎは平均値に比べて $M^{-1/2}$ のオーダーで小さくなる. 例えば, d 次元の立方格子を考えて J_{ij} は最隣接サイト間のみに働くとすると $M=2d$ であるから, $M\to\infty$ の極限は $d\to\infty$ に対応する.

以上の考察を電子相関の問題に拡張しよう. イジング模型は古典的なモデルで σ_i は量子ダイナミックスをもたなかった. そのために有効磁場 $\langle h^{\mathrm{eff}}\rangle$ も静的なものであった. それに対して, 電子は量子力学的粒子であるから,「有効磁場」も動的なものになる. 経路積分では, (虚)時間依存性を考えることに対応する.

ふたたびハバード模型を考える．

$$H = -\sum_{i,\ j,\ \sigma} t_{ij} C_{i\sigma}^{\dagger} C_{j\sigma} + U \sum_i n_{i\uparrow} n_{i\downarrow} \tag{4-2-8}$$

(4-2-1)との類推では $J_{ij} \leftrightarrow t_{ij}$ の対応がある．しかし，イジング模型のときのように $\langle C_{i\sigma}^{\dagger} \rangle$ や $\langle C_{i\sigma} \rangle$ を取ることはできない．なぜならフェルミオンの演算子の平均値は 0 だからである．

そこで，着目するサイト i の電子に対する t_{ij} の効果は次のようなものとなる．時刻 τ' で i から j へ移動した電子は $\tau-\tau'$ の時間だけ i 以外のサイトで遍歴し(その間には他の電子との相互作用を感じている)，時刻 τ でふたたび i へと戻ってくる．この効果を表現するのは $\tau-\tau'$ の時間のプロパゲーター(グリーン関数) $\mathcal{G}_0(\tau-\tau')$ であり，サイト i の電子に対する有効作用は

$$\begin{aligned} A_{\text{eff}} = & -\int_0^{\beta} d\tau \int_0^{\beta} d\tau' \sum_{\sigma} C_{i\sigma}^{\dagger}(\tau) \mathcal{G}_0^{-1}(\tau-\tau') C_{i\sigma}(\tau') \\ & + U \int_0^{\beta} d\tau n_{i\uparrow}(\tau) n_{i\downarrow}(\tau) \end{aligned} \tag{4-2-9}$$

となる．

それでは $\mathcal{G}_0^{-1}(\tau-\tau')$ を自己無撞着に定める方程式はどのようなものであろうか．これを考えるために，電子の自己エネルギー $\Sigma_{ij}(i\omega_n)$ を考える．$\Sigma_{ij}(i\omega_n)$ はクーロン相互作用 U によって生じるものであるが，平均場近似のアイディアは，その効果を(4-2-9)のような局所的なモデルで取り扱おうというものである．その近似が正当化される極限とは，イジング模型と同様に次元 $d\to\infty$ の極限である．そのとき，$\mathcal{G}_0^{-1} \propto \sum_j t_{ij}^2$ が有限となることを要請すると，$t_{ij} \propto d^{-1/2}$ とスケールしなければならない．このとき，異なるサイト間の自己エネルギー $\Sigma_{ij}(i \neq j)$ は Σ_{ii} に比べて少なくとも $d^{-1/2}$ のオーダーだけ小さくなる．つまり $d\to\infty$ の極限で $\Sigma_{ij}(\omega) = \delta_{ij}\Sigma(\omega)$ となることを意味している．

これは k 空間で自己エネルギーが $\boldsymbol{k}$ 依存性をもたないことに対応し，電子のグリーン関数は

$$G(\boldsymbol{k}, i\omega_n) = \frac{1}{i\omega_n - \varepsilon_{\boldsymbol{k}} + \mu - \Sigma(i\omega_n)} \tag{4-2-10}$$

となる．サイト i の局所的なグリーン関数 $G_{ii}(i\omega_n)$ は

$$G_{ii}(i\omega_n) = \frac{1}{V}\sum_{\boldsymbol{k}} G(\boldsymbol{k}, i\omega_n) = \int d\varepsilon \frac{D(\varepsilon)}{i\omega_n + \mu - \Sigma(i\omega_n) - \varepsilon} \tag{4-2-11}$$

と，スピン当たりの状態密度 $D(\varepsilon) = \frac{1}{V}\sum_{\boldsymbol{k}} \delta(\varepsilon - \varepsilon_{\boldsymbol{k}})$ を用いて書ける．

関数 $F(z)$ を複素数 z に対して

$$F(z) = \int d\varepsilon \frac{D(\varepsilon)}{z - \varepsilon} \tag{4-2-12}$$

で定義すると $G_{ii}(i\omega_n) = F(i\omega_n + \mu - \Sigma(i\omega_n))$ となるが，$F(z)$ の逆関数を用いて

$$i\omega_n + \mu - \Sigma(i\omega_n) = F^{-1}(G_{ii}(i\omega_n)) \tag{4-2-13}$$

とも書ける．

自己無撞着方程式は，(4-2-9)で得られるグリーン関数 $G(i\omega_n)$ と(4-2-11)の $G_{ii}(i\omega_n)$ が一致することを要求することにより得られる．つまり(4-2-9)で得られる自己エネルギー $\Sigma(i\omega_n) = \mathcal{G}_0{}^{-1}(i\omega_n) - G^{-1}(i\omega_n)$ を(4-2-13)に代入して

$$\mathcal{G}_0{}^{-1}(i\omega_n) = i\omega_n + \mu + G^{-1}(i\omega_n) - F^{-1}(G(i\omega_n)) \tag{4-2-14}$$

が得られる．以上をまとめると，局所的なモデル(4-2-9)でグリーン関数 $G(i\omega_n)$ を計算し(4-2-14)の右辺に代入して得られた $\mathcal{G}_0{}^{-1}(i\omega_n)$ が最初に仮定した $\mathcal{G}_0{}^{-1}(i\omega_n)$ に一致するという条件が，自己無撞着方程式である．

状態密度 $D(\varepsilon)$ としてはいろいろな形が考えられるが，代表的なものとして，半円形

$$D(\varepsilon) = \frac{1}{2\pi t^2}\sqrt{4t^2 - \varepsilon^2}$$

やローレンツ型

$$D(\varepsilon) = \frac{t}{\pi(t^2 + \varepsilon^2)}$$

がある．特にローレンツ型の場合には，$F(z) = (z + it \operatorname{sgn} \operatorname{Im} z)^{-1}$ となるので，(4-2-14)は

$$\mathcal{G}_0{}^{-1}(i\omega_n) = i\omega_n + \mu + it \operatorname{sgn} \omega_n \tag{4-2-15}$$

となり，右辺は $G(i\omega_n)$ を含まない．よって自己無撞着の方程式を解く必要が

なくなり，(4-2-15)を(4-2-9)に代入した1不純物問題を解くだけでよくなる．しかし，ローレンツ型は ε に関するモーメントが発散するので，実効的なバンド幅が大きな極限に対応しており，例えばモット-ハバード転移のような興味深い現象をとらえられないという欠点がある．

実際に動的平均場理論を作る上で最も困難なステップは，不純物問題(4-2-9)に対する不純物グリーン関数 $G(i\omega_n)$ を，(任意の) $\mathscr{G}_0^{-1}(i\omega_n)$ に対して計算することであるが，これに対しては近藤問題で発展させられた豊富な理論的手法を援用することができる．特にそこで得られた物理的描像を，ハバード模型の性質に翻訳することができる．いま，(4-2-9)を有効作用とするような，仮想的なアンダーソン模型を考えよう．

$$H_{\mathrm{AM}} = \sum_{\boldsymbol{k},\sigma}\varepsilon_{\boldsymbol{k}} a_{\boldsymbol{k}\sigma}^{\dagger} a_{\boldsymbol{k}\sigma} - \frac{1}{\sqrt{N_0}}\sum_{\boldsymbol{k},\sigma}(V_{\boldsymbol{k}} a_{\boldsymbol{k}\sigma}^{\dagger} C_\sigma + V_{\boldsymbol{k}}^* C_\sigma^{\dagger} a_{\boldsymbol{k}\sigma}) + \varepsilon_d \sum_\sigma C_\sigma^{\dagger} C_\sigma + U n_\uparrow n_\downarrow \tag{4-2-16}$$

(3-1-22)や(4-1-1)と比較して，いまは電子 $C, C^{\dagger}$ が $f, f^{\dagger}$ に相当していることに注意してほしい．$a, a^{\dagger}$ は仮想的な伝導電子である．4-1節に従って a, $a^{\dagger}$ を積分すると(4-2-9)が得られるが，そのときの $\mathscr{G}_0^{-1}(i\omega_n)$ は

$$\mathscr{G}_0^{-1}(i\omega_n) = i\omega_n - \varepsilon_d + \int_{-\infty}^{\infty}\frac{d\varepsilon}{\pi}\frac{\Delta(\varepsilon)}{i\omega_n - \varepsilon} \tag{4-2-17}$$

$$\Delta(\varepsilon) = \frac{\pi}{N_0}\sum_{\boldsymbol{k}}|V_{\boldsymbol{k}}|^2\delta(\varepsilon - \varepsilon_{\boldsymbol{k}}) \tag{4-2-18}$$

で与えられる．

$\Delta(\varepsilon)$ は局在電子と伝導電子との混成を表わす関数であるが，任意の $\mathscr{G}_0^{-1}(i\omega_n)$ は必ずある $\Delta(\varepsilon)$ を用いて表現できる．4-1節の議論から，1チャンネルの通常の近藤問題では，フェルミエネルギー $\varepsilon=0$ における $\Delta(0)$ が有限である限り，ある特徴的な温度 T_{K} (近藤温度)以下では電子のスペクトル関数の $\varepsilon=0$ 近くに T_{K} 程度の幅の近藤ピークが現われる．これはスピンの揺らぎを T_{K}^{-1} 程度以上の長時間にわたって平均すると，1重項が形成されることを意味していた．この局所的フェルミ流体は，いまの場合は電子がフェルミ流体であることを意味する．一方，U が大きいときには ε_{d} と $\varepsilon_{\mathrm{d}}+U$ のあたりにも

ピークが現われるが，これは後に述べるように下および上ハバードバンドに対応する．

さて，$\Delta(\varepsilon=0)$ が有限であると，$d\to\infty$ 模型はフェルミ流体を与えるのであるが，$\Delta(\varepsilon)$ あるいは $\mathcal{G}_0{}^{-1}(i\omega_n)$ は自己無撞着に決めなければならない量である．$\Delta(\varepsilon)$ は，着目するサイト以外のサイトの電子のスペクトルであるから，これにギャップが生じると，やはり電子のスペクトルもギャップをもつという解が自己無撞着に可能となる．これは 3-1 節で述べたモット絶縁体に対応しており，ハーフフィルドで U がある臨界値 U_c よりも大きいときに現われる解である．したがって $d\to\infty$ 模型は $U<U_c$ のフェルミ流体相と $U>U_c$ のモット絶縁体の両者，およびモット転移の性質を研究する上での 1 つの方法論を与えているのである．しかし，自己エネルギー $\Sigma(\boldsymbol{k},\omega)$ の $\boldsymbol{k}$ 依存性を無視するという近似がどこまで正しいかにその適用限界は依存しており，モット転移の本質のある部分は $\boldsymbol{k}$ 依存性からきているという主張があることも念頭に置く必要がある．

5 強相関電子系のゲージ理論

強相関電子系を扱う有力な理論的枠組の1つとして，ゲージ理論が発展してきている．この理論の考え方は，いままで述べてきた理論が，サイト上の自由度に注目していたのに対して，サイトとサイトを結ぶリンク上の自由度で系を記述しようとするものである．ここでは，量子スピン系，ドープされた量子スピン系，量子ホール液体の三者について，ゲージ理論による取扱いを述べる．

5-1 量子反強磁性体のゲージ理論

2-3節での考察で，1次元量子反強磁性体においてはベリー位相が重要な役割を果たすことを見た．ここではそれをより明らかな形で表現する理論形式——ゲージ理論——について述べる．ゲージ場とは量子力学的状態間の内積の位相因子——数学的には接続と呼ばれる——を表現するものだから，ベリー位相と密接に関連，もしくはそのものといえる．2-3節で導入した非線形シグマ模型に則して，それを見てみよう．

そのために，$\boldsymbol{\Omega}$ を複素数の場 z_α ($\alpha=\uparrow, \downarrow$) を用いて

$$\boldsymbol{\Omega}(x) = \sum_{\alpha, \beta} z_\alpha^*(x)\boldsymbol{\sigma}_{\alpha\beta}z_\beta(x) \tag{5-1-1}$$

と表現する．$\boldsymbol{\sigma}=(\sigma^x, \sigma^y, \sigma^z)$ は1-1節で導入したパウリ行列である．この関

係はちょうどスピンの2成分波動関数

$$\begin{bmatrix} z_{\uparrow} \\ z_{\downarrow} \end{bmatrix} \tag{5-1-2}$$

に対するスピンの向きを計算したものと対応しているが，ここでは z_α はむしろ経路積分の積分変数の意味をもつことに注意されたい．(5-1-1)より

$$\boldsymbol{\Omega}(x)^2 = (|z_{\uparrow}(x)|^2+|z_{\downarrow}(x)|^2)^2 \tag{5-1-3}$$

なので，$\boldsymbol{\Omega}(x)^2=1$ のかわりに拘束条件

$$|z_{\uparrow}(x)|^2+|z_{\downarrow}(x)|^2 = 1 \tag{5-1-4}$$

が必要となる．$\boldsymbol{\Omega}$ は3成分で1つの拘束条件をもつことから自由度の数は2つである．一方 $z_{\uparrow}, z_{\downarrow}$ はそれぞれ複素数だから4つの自由度で，(5-1-4)の拘束条件により1つ減って，3つの自由度をもつ．したがって1つだけ自由度の数にミスマッチが生じることになる．この余分の自由度は，ゲージ変換

$$\begin{aligned} z_\alpha(x) &\to e^{i\theta(x)} z_\alpha(x) \\ z_\alpha^*(x) &\to e^{-i\theta(x)} z_\alpha^*(x) \end{aligned} \tag{5-1-5}$$

の自由度に対応している．(5-1-5)の変換により(5-1-1)の $\boldsymbol{\Omega}$ は不変に保たれるので，物理には顔を出さないのである．つまり理論は(5-1-5)の変換に対する不変性――ゲージ不変性――をもつことになる．

それでは具体的に作用積分を z_α で書こう．まず，若干の計算の後

$$\frac{1}{g}\int(\partial_\mu \boldsymbol{\Omega}(x))^2 d^2x = \frac{1}{g}\int\{\partial_\mu z_\alpha^* \partial_\mu z_\alpha + (z_\alpha^* \partial_\mu z_\alpha)(z_\beta^* \partial_\mu z_\beta)\} d^2x \tag{5-1-6}$$

が得られる．(5-1-6)の右辺積分中の第2項を，ストラトノビッチ-ハバード変換を用いて

$$\begin{aligned} &\exp\left[-\frac{1}{g}\int d^2x (z_\alpha^* \partial_\mu z_\alpha)(z_\beta^* \partial_\mu z_\beta)\right] \\ &= \int \mathcal{D} a_\mu \exp\left[-\frac{1}{g}\int d^2x (a_\mu{}^2 - 2i a_\mu z_\alpha^* \partial_\mu z_\alpha)\right] \\ &= \int \mathcal{D} a_\mu \exp\left[-\frac{1}{g}\int d^2x (z_\alpha^* z_\alpha a_\mu{}^2 - 2i a_\mu z_\alpha^* \partial_\mu z_\alpha)\right] \end{aligned} \tag{5-1-7}$$

と書き直す．2番目の等式で(5-1-4)を使った．

これにより

$$\exp\left[-\frac{1}{g}\int d^2x|\partial_\mu\boldsymbol{\Omega}(x)|^2\right]=\int\mathcal{D}a_\mu\exp\left[-\frac{1}{g}\int d^2x|(\partial_\mu+ia_\mu)z_\alpha|^2\right] \tag{5-1-8}$$

と共変微分 $\partial_\mu+ia_\mu$ を用いて書けることがわかる．a_μ はゲージ場であり，(5-1-7)の平方完成から

$$a_\mu=iz_\alpha^*\partial_\mu z_\alpha \tag{5-1-9}$$

との対応がある．これから(5-1-5)のゲージ変換に対し

$$a_\mu\to a_\mu-\partial_\mu\theta(x) \tag{5-1-10}$$

と変換することがわかる．(5-1-5)と(5-1-10)を組にしたゲージ変換により，(5-1-8)の作用が不変に保たれることはすぐにわかる．

この a_μ の意味するところは次のようなものである．いま，点 x における状態 $|\chi_1\rangle=\begin{bmatrix}z_\uparrow(x)\\ z_\downarrow(x)\end{bmatrix}$ とその近傍の点 $x+\Delta x=x+\Delta x_\mu e_\mu$ における状態 $|\chi_2\rangle=\begin{bmatrix}z_\uparrow(x+\Delta x)\\ z_\downarrow(x+\Delta x)\end{bmatrix}$ との内積は

$$\begin{aligned}\langle\chi_1|\chi_2\rangle&=z_\alpha^*(x)z_\alpha(x+\Delta x)\fallingdotseq z_\alpha^*(x)[z_\alpha(x)+\Delta x_\mu\partial_\mu z_\alpha(x)]\\&=1+\Delta x_\mu z_\alpha^*\partial_\mu z_\alpha\\&=1-i\Delta x_\mu a_\mu(x)\fallingdotseq e^{-i\Delta x_\mu a_\mu(x)}\end{aligned}$$

と書ける．したがって a_μ は状態間の接続を表わしており，スピンのベリー位相と密接に関係していることは容易に想像される．実際に若干の計算の後，

$$\frac{1}{2}\boldsymbol{\Omega}\cdot(\partial_\tau\boldsymbol{\Omega}\times\partial_x\boldsymbol{\Omega})=\partial_\tau(z_\alpha^*\partial_x z_\alpha)-\partial_x(z_\alpha^*\partial_\tau z_\alpha) \tag{5-1-11}$$

の関係が得られる．したがって(2-3-22)のベリー位相項は

$$iS\int d^2x(\partial_\tau a_x-\partial_x a_\tau)=S\int d^2xE_x \tag{5-1-12}$$

と書ける．ここで E_x は x 方向の「電場」である．以上をまとめると作用 A は

$$A=\frac{1}{g}\int d^2x|(\partial_\mu+ia_\mu)z_\alpha|^2+S\int d^2xE_x \tag{5-1-13}$$

となり，強さ $\pm S$ の電荷を試料の両端においたボーズ場の問題と等価になる．S が整数ならばこの両端の電荷は z_α により表現されている粒子により遮蔽されて試料内の電場は存在しないであろう．これがハルデイン状態に対応する．

一方 S が半奇数の場合には，z 粒子による遮蔽は端の電荷を $+\frac{1}{2}$ から $-\frac{1}{2}$ へ，または $-\frac{1}{2}$ から $+\frac{1}{2}$ へと変化させるだけで完全に遮蔽することができない．また，この議論から予想されるのは，試料の中に ± 1 の電荷をもつ粒子の対生成を行なっても，その対にはさまれた領域の電場を反転させるだけで，それ以外の領域とエネルギー的に縮退していることである．これは S＝整数 のときに試料の中では基底状態に電場が存在しないために，粒子の対生成を行なっても両者の距離に比例したエネルギー増加が生じて閉じ込めが起こっているのと対照をなしている．この z 粒子はスピン 1/2 をもつ粒子である(このことは，(5-1-1)や(5-1-2)から明らかである)から，整数スピンの場合，スピン 1/2 の粒子は現われず必ずスピン 0 やスピン 1 として閉じ込められていることを意味する．

ところが半奇数スピンの場合は，上述の縮退のためにスピン 1/2 の粒子の閉じ込めが起こらずに独立した粒子として振舞う．これを**スピノン**と呼び，1-2 および 1-3 節で述べたキンクと対応している．また，以上の考察から予想される顕著な現象は，例えば $S=1$ のときでも試料の端には遮蔽のために z 粒子がそれぞれ 1 個束縛され，スピン 1/2 の局在スピンがそこに存在することである．このことも理論，実験ともに確立している．

5-2　ドープしたモット絶縁体のゲージ理論

3-1 節で述べたように反強磁性量子スピン系は，モット絶縁体における有効モデルとして現われた．その量子スピン系に，ゲージ場の構造が存在していることを前節で見た．これから，そこにキャリアーをドープしたときにはキャリアーとゲージ場の間に相互作用が働くことが予想される．じつはこの問題は高温超伝導のモデルとして盛んに研究されており，ここではその基本的な考え方に焦点を当てて述べたい．

再びハバード模型を考える．ストラトノビッチ-ハバード変換を導入し，3-3 節で行なったように z 方向だけでなくスピンの量子化軸についてもその方向積分を行なうこととする．この場合はスピンの揺らぎの場がベクトル場 $\boldsymbol{\varphi}_i$ となる．いま，U が t よりも十分に大きい場合を考えよう．すると，電子に作用している場 $\frac{U}{2}\boldsymbol{\varphi}_i$ はひじょうに強いために，電子のスピン

$$\boldsymbol{s}_i=\frac{1}{2}\sum_{\alpha,\beta}C_{i\alpha}^{\dagger}\boldsymbol{\sigma}_{\alpha\beta}C_{i\beta}$$

は $\boldsymbol{\varphi}_i$ の方向に強制的に反平方にならなければならない．ひとたび $\boldsymbol{s}_i$ が $\boldsymbol{\varphi}_i$ に平行になると，$U\to\infty$ となっても，U の効果はいわば飽和してしまう．強相関極限とは，この飽和状態を意味しており，そのときには $\boldsymbol{\varphi}_i$ に平行のスピン成分はエネルギーが高いので無視してもよい．(ただし，1 サイト当りの電子が 1 以下の正孔ドープの場合を考えていることに注意.) このように，スピンの自由度が実効的になくなってしまうため，ハーフフィリングのときには，電子は各サイトに 1 つずつ詰まっていて絶縁体となる．これは 3-1 節で述べたモット絶縁体にほかならない．電子数がサイト当り 1 より小さい場合，つまり x の割合の正孔をドープしたときには，電子は隣りに電子がいなければ飛び移ることができる．この過程を考えてみよう．

いま，サイト i に電子がいて，そのスピンは $-\boldsymbol{\varphi}_i /\!/ \boldsymbol{n}_i=(\cos\phi_i\sin\theta_i, \sin\phi_i\sin\theta_i, \cos\theta_i)$ の方向を向いているとする．このときスピンの波動関数 $|\chi_i\rangle$ は，2 成分のスピノールで

$$|\chi_i\rangle=\begin{bmatrix} e^{i\frac{b_i+\phi_i}{2}}\cos\frac{\theta_i}{2} \\ e^{i\frac{b_i-\phi_i}{2}}\sin\frac{\theta_i}{2} \end{bmatrix} \tag{5-2-1}$$

で与えられる．ここで b_i は波動関数全体にかかる位相因子で，ゲージの自由度と呼ばれ，物理量には顔を出さないものである(前節(5-1-5)参照)．(5-2-1)の状態でスピン演算子の期待値を作ると，たしかに

$$\langle\chi_i|\boldsymbol{s}_i|\chi_i\rangle=\frac{1}{2}\langle\chi_i|\boldsymbol{\sigma}|\chi_i\rangle=\frac{1}{2}\boldsymbol{n}_i \tag{5-2-2}$$

が得られる．

一方，電子が飛ぶ先のサイト j の $-\boldsymbol{\varphi}_j$ が $\boldsymbol{n}_j$ の方向に向いているとすると，そこでは「郷に入らば郷に従え」で，スピンの波動関数は $|\chi_j\rangle$ とならなければならない．その結果，$j\to i$ への飛び移りの行列要素は，ハバード模型の t に

$|\chi_i\rangle$ と $|\chi_j\rangle$ の内積がかかった

$$t_{ij}^{\mathrm{eff}} = t\langle\chi_i|\chi_j\rangle \tag{5-2-3}$$

となる．(5-2-1)から具体的に t_{ij}^{eff} は

$$t_{ij}^{\mathrm{eff}} = te^{-i\frac{b_i-b_j}{2}}\left(e^{-i\frac{\phi_i-\phi_j}{2}}\cos\frac{\theta_i}{2}\cos\frac{\theta_j}{2}+e^{i\frac{\phi_i-\phi_j}{2}}\sin\frac{\theta_i}{2}\sin\frac{\theta_j}{2}\right) \tag{5-2-4}$$

となる．この絶対値は

$$\begin{aligned}|t_{ij}^{\mathrm{eff}}|^2 &= t^2\Big[\cos^2\frac{\theta_i}{2}\cos^2\frac{\theta_j}{2}+\sin^2\frac{\theta_i}{2}\sin^2\frac{\theta_j}{2} \\ &\qquad +2\cos\frac{\theta_i}{2}\cos\frac{\theta_j}{2}\sin\frac{\theta_i}{2}\sin\frac{\theta_j}{2}\cos(\phi_i-\phi_j)\Big] \\ &= \frac{t^2}{2}[1+\cos\theta_{ij}] = t^2\cos^2\frac{\theta_{ij}}{2}\end{aligned} \tag{5-2-5}$$

と求まる．ここで θ_{ij} は $\boldsymbol{n}_i$ と $\boldsymbol{n}_j$ のなす角度($\boldsymbol{n}_i\cdot\boldsymbol{n}_j=\cos\theta_{ij}$)である．

つまり $|t_{ij}^{\mathrm{eff}}|$ は $\boldsymbol{n}_i$ と $\boldsymbol{n}_j$ が平行のときには最大値 t をとり，$\boldsymbol{n}_i=-\boldsymbol{n}_j$ の反平行のときに0となる．電子は飛び移りに際してスピンを保存するので，これは自然な結果である．また，このことから電子の運動エネルギーの利得をかせぐために，スピン間には平行になろうとする強磁性的な相互作用が働く．これが2重交換相互作用と呼ばれるものに対応する．以上が t_{ij}^{eff} の絶対値に関することであるが，(5-2-4)を見ればわかるように，t_{ij}^{eff} は一般には複素数となり，位相因子をもつ．これを $e^{ia_{ij}}$ と書くと

$$t_{ij}^{\mathrm{eff}} = te^{ia_{ij}}\cos\frac{\theta_{ij}}{2} \tag{5-2-6}$$

となる．

a_{ij} の意味を考えるために，いまゲージ b_i を固定し，$b_i=-\phi_i$ とする．$\theta_i=\theta_j+d\theta$，$\phi_i=\phi_j+d\phi$ とすると，(5-2-4)から

$$t_{ij}^{\mathrm{eff}} = t\left[1+id\phi\sin^2\frac{\theta_i}{2}\right] \tag{5-2-7}$$

となり，

$$a_{ij} = d\phi\sin^2\frac{\theta_i}{2} = \frac{d\phi}{2}(1-\cos\theta_i)$$

を得る．これは，図5-1に示すように，北極Nと $\boldsymbol{n}_i$ と $\boldsymbol{n}_j$ が単位球面上で作る

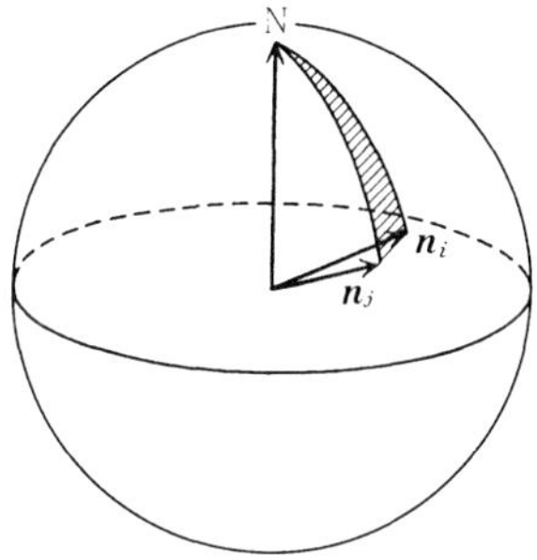

図 5-1 単位球面上で北極 N と 2 つのベクトル $\boldsymbol{n}_i$, $\boldsymbol{n}_j$ のつくる 3 角形

3 角形の面積の 1/2 となっている．これ以外の一般の場合にもこのことは成立する．つまり a_{ij} は，前節で議論したようにスピンの方向が作る立体角(これをスピンカイラリティーと呼ぶ)と関係しており，電子はそれを「磁場」のようにして感じているのである．

ここで注目して欲しいのは，$U\to\infty$ の極限では，「サイト」の自由度にかわって「リンク」の自由度 t_{ij}^{eff} が重要になっていることである．この考え方はスピンの揺らぎを扱った 3-4 節や動的平均場(4-2 節)の考察と定性的に異なっている．特に，スピン 1 重項はスピン間の「関係」が保持されたまま，各スピン自体は量子力学的に揺いでいる状態だから，このリンクの自由度による記述が適していることが理解できるだろう．それに対し，磁気秩序はサイト上のスピンでよく記述できる．この 2 つの立場は本来つながっているはずであるが，現在までのところ両者を統一的に扱うことはできていない．今後に残された課題である．

さて，強相関の極限において，前節で述べたのとは別の方法で有効作用を導く方法論として**スレーブ粒子法**(スレーブボゾン法，スレーブフェルミオン法)がある(4-1 節参照)．この方法ではまず電子の生成，消滅演算子を，スピノン $s_{i\sigma}^{\dagger}$, $s_{i\sigma}$ とホロン $h_i^{\dagger}$, h_i およびダブロン $d_i^{\dagger}$, d_i を用いて表現する．

$$
\begin{aligned}
C_{i\sigma}^{\dagger} &= s_{i\sigma}^{\dagger}h_i+\varepsilon_{\sigma\sigma'}s_{i\sigma'}d_i^{\dagger} \\
C_{i\sigma} &= s_{i\sigma}h_i^{\dagger}+\varepsilon_{\sigma\sigma'}s_{i\sigma'}^{\dagger}d_i
\end{aligned}
\tag{5-2-8}
$$

ただし各サイトの状態は(a)正孔，(b)↑スピン，(c)↓スピン，(d) 2 重占拠の 4 つであることに対応して，拘束条件

$$h_i^\dagger h_i + s_{i\uparrow}^\dagger s_{i\uparrow} + s_{i\downarrow}^\dagger s_{i\downarrow} + d_i^\dagger d_i = 1 \tag{5-2-9}$$

を課する．この拘束条件の下に，スピノンがフェルミオン(ボゾン)でホロンとダブロンがボゾン(フェルミオン)の(反)交換関係を満たすとすると，$C_{i\sigma}^\dagger, C_{i\sigma}$ は通常のフェルミオンの反交換関係を満たす．このような表記法を**スレーブボゾン(スレーブフェルミオン)法**と呼ぶ．

上述の座標回転の考え方は自然にスレーブフェルミオン法を導くが，以下ではスレーブボゾン法を用いて議論する．その理由はこの方法による方が高温超伝導体の性質を記述するのに適していると考えられるからである．この方法で便利な点は，同一サイトの電子間斥力 U が十分大きく 2 重占拠が禁止されるような場合には，単に(5-2-8), (5-2-9)でダブロン $d_i^\dagger, d_i$ を無視してしまえばよいのである．このとき(5-2-8)は

$$\begin{aligned} C_{i\sigma}^\dagger &= s_{i\sigma}^\dagger h_i \\ C_{i\sigma} &= s_{i\sigma} h_i^\dagger \end{aligned} \tag{5-2-10}$$

となり，(5-2-9)は

$$h_i^\dagger h_i + s_{i\uparrow}^\dagger s_{i\uparrow} + s_{i\downarrow}^\dagger s_{i\downarrow} = 1 \tag{5-2-11}$$

となる．ただし，このとき拘束条件付きの $C_{i\sigma}^\dagger, C_{i\sigma}$ はフェルミオンの反交換関係を満たさなくなる．

このように，2 重占拠が禁止されるような低エネルギーの状態を記述するモデルは，3-1 節で述べた t-J 模型であり，そのハミルトニアンは

$$H = -\sum_{ij\sigma} t_{ij} C_{i\sigma}^\dagger C_{j\sigma} + \sum_{ij} J_{ij} \boldsymbol{S}_i \cdot \boldsymbol{S}_j \tag{5-2-12}$$

で与えられる．以降，高温超伝導体を想定して 2 次元正方格子を考えることにする．これに(5-2-10)を代入すると，$s_{i\sigma}^\dagger, s_{i\sigma}, h_i^\dagger, h_i$ でハミルトニアンが書けることになる．経路積分に移ると，ラグランジアンは

$$\begin{aligned} L = &\sum_{i\sigma} s_{i\sigma}^\dagger (\partial_\tau - \mu_s) s_{i\sigma} + \sum_i h_i^\dagger (\partial_\tau - \mu_h) h_i \\ &- \sum_{ij,\,\sigma} t_{ij} s_{i\sigma}^\dagger s_{j\sigma} h_i h_j^\dagger + \frac{1}{4} \sum_{ij} J_{ij} s_{i\alpha}^\dagger \boldsymbol{\sigma}_{\alpha\beta} s_{i\beta} \cdot s_{j\gamma}^\dagger \boldsymbol{\sigma}_{\gamma\delta} s_{j\delta} \end{aligned}$$

$$+\sum_i \lambda_i\left(h_i^\dagger h_i + \sum_\sigma s_{i\sigma}^\dagger s_{i\sigma} - 1\right) \tag{5-2-13}$$

となる．ここで拘束条件(5-2-11)を課すためにラグランジュ乗数場 λ_i を導入した．

ここで，ゲージ不変性について言及しておこう．ゲージ変換

$$s_{i\sigma} \to e^{i\varphi_i} s_{i\sigma}$$
$$h_i \to e^{i\varphi_i} h_i$$

に対して $C_{i\sigma}^\dagger, C_{i\sigma}$ は不変に保たれ，したがってハミルトニアンも変化しない．このゲージ不変性を保つためにはゲージ場を導入する必要が生じるのであるが，同時にそれは拘束条件(5-2-9)と深い関係にある．一般に，拘束系の量子論を考えるときにしばしばゲージ場が現われる．いまのモデルもその一例なのである．

(5-2-13)のラグランジアンに対してストラトノビッチ-ハバード変換を行なう．このとき，恒等式

$$\begin{aligned}
\boldsymbol{S}_i\cdot\boldsymbol{S}_j &= -\frac{1}{2}\left(\sum_\sigma s_{i\sigma}^\dagger s_{j\sigma}\right)\left(\sum_\sigma s_{j\sigma}^\dagger s_{i\sigma}\right) - \frac{1}{4} \\
&= -\frac{1}{2}(s_{i\uparrow}s_{j\downarrow} - s_{i\downarrow}s_{j\uparrow})(s_{j\downarrow}^\dagger s_{i\uparrow}^\dagger - s_{j\uparrow}^\dagger s_{i\downarrow}^\dagger) + \frac{1}{4}
\end{aligned} \tag{5-2-14}$$

に注意する．これを(5-2-4)式の J_{ij} の項に代入するのだが，相互作用に2通りの分解の方法があるときには，平均場近似を適用することを前提にして，2つの表式の単純和(つまり係数 1/2 をつけない)を作用として採用する．すると，ストラトノビッチ-ハバード場 $\chi_{ij}, \bar{\chi}_{ij}, B_{ij}, \bar{B}_{ij}, \Delta_{ij}, \bar{\Delta}_{ij}$ を導入して，作用は

$$\begin{aligned}
A = \int_0^\beta d\tau \sum_{i,j} &\frac{1}{t_{ij}}(\bar{B}_{ij}\chi_{ij} + \bar{\chi}_{ij}B_{ij}) - \frac{J_{ij}}{2t_{ij}^2}\bar{\chi}_{ij}\chi_{ij} + \frac{1}{2J_{ij}}\bar{\Delta}_{ij}\Delta_{ij} \\
&+ \bar{\chi}_{ij}\sum_\sigma s_{i\sigma}^\dagger s_{j\sigma} + \chi_{ij}\sum_\sigma s_{j\sigma}^\dagger s_{i\sigma} \\
&+ \bar{\Delta}_{ij}(s_{i\uparrow}s_{j\downarrow} - s_{i\downarrow}s_{j\uparrow}) + \Delta_{ij}(s_{j\downarrow}^\dagger s_{i\uparrow}^\dagger - s_{j\uparrow}^\dagger s_{i\downarrow}^\dagger) \\
&+ \bar{\chi}_{ij}h_i^\dagger h_j + \chi_{ij}h_j^\dagger h_i \\
&+ \sum_i \left\{\sum_\sigma s_{i\sigma}^\dagger(\partial_\tau + \lambda_i)s_{i\sigma} + h_i^\dagger(\partial_\tau + \lambda_i - \tilde{\mu}_{\mathrm{B}})h_i\right\}
\end{aligned} \tag{5-2-15}$$

となる．ここで $s^\dagger, h^\dagger$ は元の演算子 $s^\dagger, h^\dagger$ に対応するグラスマン数およびc

数である．

ここで χ_{ij}, Δ_{ij} はそれぞれスピノン(フェルミオン)のホッピングと1重項ペアリングに対応している．これに対応して，ホロン(ボゾン)のホッピングは B_{ij} により表現されているが，同時にホロン自体がボーズ凝縮する可能性 $(\langle h_i \rangle \neq 0)$ も考えなければならない．(5-2-15)の作用積分の鞍点を求めると，それが平均場近似に相当している．その結果得られた相図の概略は温度-正孔濃度平面で，図5-2に与えられている．

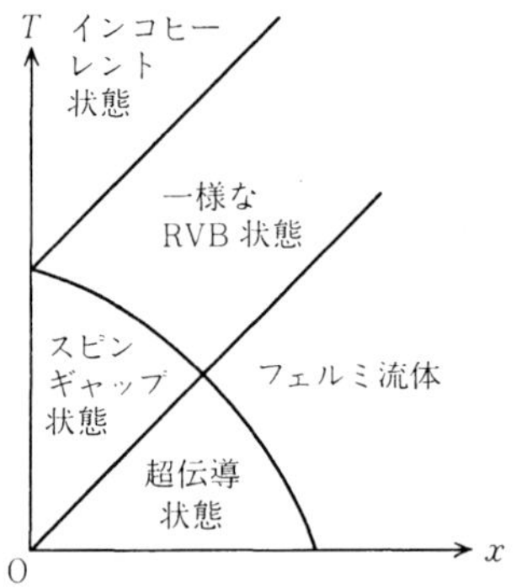

図5-2　スレーブボゾン法による平均場近似

まず，いちばん高温側ではインコヒーレントなホッピングによる熱拡散運動が主となるような状態である．ここではすべての秩序パラメーターは0である．その下の一様なRVB状態(uniform RVB state)ではスピノンもホロンも量子力学的な運動を行ない，スピノンはフェルミ縮退を起こしている．ここでは $\bar{\chi}_{ij}, \chi_{ij}, \bar{B}_{ij}, B_{ij}$ がゼロでない一様な値をとり，$\Delta_{ij} = \langle h_i \rangle = 0$ である．

この一様なRVB状態は，低温にすると2種類の秩序に対して不安定となる．1つは，スピノンの J_{ij} による1重項ペアリング Δ_{ij} の形成で，もう1つはホロンのボーズ凝縮である．前者のみが発生しているのが“スピンギャップ状態”である．一方，後者のボーズ凝縮のみが起こっている相は，通常のフェルミ流体となる．この両者がともに発生して初めて超伝導状態になることは $C_{i\uparrow} C_{j\downarrow} = f_{i\uparrow} f_{j\downarrow} b_i^\dagger b_j^\dagger$ からも理解されるだろう．

以上の相図の各状態に対して諸物性が議論されているが，ここでは一様なRVB状態に対してゲージ理論を用いた解析を紹介する．この状態ではスピノンは通常のタイトバインディングのバンド運動をしており大きなフェルミ面を構成するのに対し，ホロンは小さい運動量をもちボルツマン分布をしていると考えられる．そこでJに比べて低エネルギーを記述する有効ラグランジアンは，連続体近似で

$$L = \int dr\Big[s_\sigma^*(r,\tau)\Big(\frac{\partial}{\partial\tau}-a_0-\mu_{\mathrm{F}}\Big)s_\sigma(r,\tau) + s_\sigma^*(r,\tau)\frac{1}{2m_{\mathrm{F}}}\Big(\frac{1}{i}\nabla+\boldsymbol{a}\Big)^2 s_\sigma(r,\tau)\Big] + \int dr\Big[h^*(r,\tau)\Big(\frac{\partial}{\partial\tau}-a_0-\mu_{\mathrm{B}}\Big)h(r,\tau) + h^*(r,\tau)\frac{1}{2m_{\mathrm{B}}}\Big(\frac{1}{i}\nabla+\boldsymbol{a}\Big)^2 h(r,\tau)\Big] \tag{5-2-16}$$

となる．

ここで単位系は，$\hbar=c=1$，格子間隔を長さの単位にとり，交換相互作用Jをエネルギーの単位にとった．するとm_{B}およびm_{F}はともに1のオーダー，スピノンのフェルミ縮退温度T_{F}は$1-x\sim1$のオーダーで，ホロンのボーズ凝縮温度$T_{\mathrm{B.E.}}^{(0)}$はxのオーダーとなる．(2次元理想ボーズ気体は有限温度ではボーズ凝縮は起きず，ここでの$T_{\mathrm{B.E.}}^{(0)}$とは化学ポテンシャルμ_{B}の絶対値がほぼTに比例した振舞から$\exp[-T_{\mathrm{B.E.}}^{(0)}/T]$に比例した振舞へと変化するクロスオーバー温度をさす.)

さて，(5-2-16)におけるゲージ場$\boldsymbol{a}$は秩序変数χ_{ij}, B_{ij}の位相のゆらぎに対応する．したがって2種類の位相が存在するはずであるが，(5-2-15)から両者が同位相で揺らぐモードのみがマスレスであることがわかり，低いエネルギーを考えるときは逆位相のモードを無視してよいのである．これがサイトiとサイトjを結ぶリンク上に定義されたゲージ場の空間成分a_{ij}となり，これを連続体近似で

$$a_{ij} = (\boldsymbol{r}_i-\boldsymbol{r}_j)\cdot\boldsymbol{a}\Big(\frac{\boldsymbol{r}_i+\boldsymbol{r}_j}{2},\tau\Big) \tag{5-2-17}$$

と書いたときのベクトル場が $\boldsymbol{a}(r,\tau)$ である．一方，時間成分 a_0 はラグランジュ乗数 $\lambda_i(\tau)$ の平均値 λ_0 からのゆらぎ $ia_0(i,\tau)$ を連続体近似したものである．

さて，ここで系と電磁場(ベクトルポテンシャル A_0, A_{ij} で表わされる)との結合を考えよう．A_{ij} は電子の移動に際し

$$t_{ij}C_{i\sigma}^{\dagger}C_{j\sigma} \to t_{ij}e^{iA_{ij}}C_{i\sigma}^{\dagger}C_{j\sigma} = t_{ij}e^{iA_{ij}}s_{i\sigma}^{\dagger}s_{j\sigma}h_ih_j^{\dagger} \tag{5-2-18}$$

と位相因子を導入する．この位相因子は $s_{i\sigma}^{\dagger}s_{j\sigma}$ にかかったと見ることができるので，(5-2-16)の第1項においてのみ

$$\frac{1}{2m_{\mathrm{F}}}\left(\frac{1}{i}\nabla+\boldsymbol{a}\right)^2 \to \frac{1}{2m_{\mathrm{F}}}\left(\frac{1}{i}\nabla+\boldsymbol{a}+\boldsymbol{A}\right)^2 \tag{5-2-19}$$

と置き換えればよい．スカラーポテンシャル A_0 に対しても，電荷との結合は，

$$A_0(i)\cdot\sum_{\sigma}C_{i\sigma}^{\dagger}C_{i\sigma} = A_0(i)\cdot\sum_{\sigma}f_{i\sigma}^{\dagger}f_{i\sigma} \tag{5-2-20}$$

と書ける．じつは以上の考察はホロンが電荷をもっているとしても全く平行に進むので，任意性がある．しかし，後に述べる合成法則から明らかなように，両者はゲージ場 a_μ の原点のシフトで結びついており，a_μ を積分した後の物理量は同じである．このように，スピノンとホロンのどちらが電荷をもっているかは意味をもたない問題で，最終的にゲージ不変な量のみが物理的な意味をもち得るのである．それに対し，スピンと磁場とのゼーマン結合はスピノン s, $s^{\dagger}$ のみを用いて書ける．

なぜなら

$$\begin{aligned}\boldsymbol{s}_i &= \frac{1}{2}C_{i\alpha}^{\dagger}\boldsymbol{\sigma}_{\alpha\beta}C_{i\beta} = \frac{1}{2}f_{i\alpha}^{\dagger}\boldsymbol{\sigma}_{\alpha\beta}f_{i\beta}b_ib_i^{\dagger} \\ &= \frac{1}{2}f_{i\alpha}^{\dagger}\boldsymbol{\sigma}_{\alpha\beta}f_{i\beta}[1-b_i^{\dagger}b_i]\end{aligned}$$

となるが，$b_i^{\dagger}b_i=1$ の状態に $f_{i\beta}$ を作用させると 0 となるので，上式で $b_i^{\dagger}b_i$ は無視してよいからである．つまりスピン自由度はフェルミオンのみが担っていることになる．

以上の電磁場との結合を含めた(5-2-16)の作用を一般的な形で書くと

$$A_{\mathrm{eff}} = A_{\mathrm{s}}(\partial_\mu+ia_\mu+iA_\mu)+A_{\mathrm{h}}(\partial_\mu+ia_\mu) \tag{5-2-21}$$

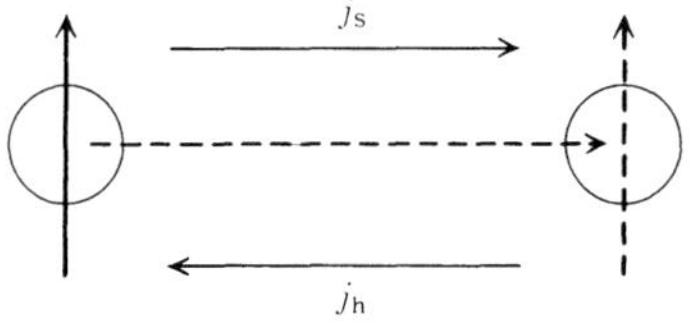

図 5-3　バックフロー効果．スピノンが左から右へ移ることは，ホロン(正孔)が右から左へ移ることと等価で，$j_s+j_h=0$ が成り立つ．

となる．a_μ に関して変分をとると

$$\frac{\delta A_{\mathrm{eff}}}{\delta a_\mu} = j_{\mathrm{s}\mu}+j_{\mathrm{h}\mu} = 0 \tag{5-2-22}$$

が得られ，スピノンの数とホロンの数の和はいたるところで保存されていることを表わしている．これは，拘束条件(5-2-11)にほかならない．つまり図 5-3 に示すように，スピノンのカレントとホロンのカレントが相殺することは，スピノンとホロンの合計粒子数が(1 に)保たれていることと等価である．

ゲージ理論の急所は，先にスピノンとホロンを積分してゲージ場に対する有効作用を求めることにある．具体的にはスピノン(ホロン)のカレント-カレント相関関数 $(\Pi^{\mathrm{s}}_{\mu\nu})(\boldsymbol{q},\omega_n)(\Pi^{\mathrm{h}}_{\mu\nu}(\boldsymbol{q},\omega_n))$ を用いて，a_μ, A_μ について 2 次まででで

$$\begin{aligned} A_{\mathrm{eff}}(a_\mu, A_\mu) = &\sum_{\boldsymbol{q},\,\omega_n} \Pi^{\mathrm{h}}_{\mu\nu}(\boldsymbol{q},\omega_n)\, a_\mu(\boldsymbol{q},\omega_n)\, a_\nu(-\boldsymbol{q},-\omega_n) \\ &+\sum_{\boldsymbol{q},\omega_n} \Pi^{\mathrm{s}}_{\mu\nu}(\boldsymbol{q},\omega_n)\,(a_\mu(\boldsymbol{q},\omega_n)+A_\mu(\boldsymbol{q},\omega_n)) \\ &\times(a_\nu(-\boldsymbol{q},-\omega_n)+A_\nu(-\boldsymbol{q},-\omega_n)) \end{aligned} \tag{5-2-23}$$

となる．いまクーロンゲージ$(\nabla\cdot\boldsymbol{a}=0,\ \nabla\cdot\boldsymbol{A}=0)$をとることにすると，スカラーの成分 Π_0 と横成分 $\Pi_\perp$ を用いて(5-2-23)式は(略記すると)

$$\begin{aligned} A_{\mathrm{eff}}(a_\mu, A_\mu) = &\sum_{\boldsymbol{q},\,\omega_n} \{\Pi^{\mathrm{h}}_0 a_0 a_0+\Pi^{\mathrm{s}}_0(a_0+A_0)(a_0+A_0)\} \\ &+\sum_{\boldsymbol{q},\,\omega_n} \{\Pi^{\mathrm{h}}_\perp a_\perp a_\perp+\Pi^{\mathrm{s}}_\perp(a_\perp+A_\perp)(a_\perp+A_\perp)\} \end{aligned} \tag{5-2-24}$$

と書ける．この形から次の結論が得られる．

1.　ゲージ場の揺らぎを記述するプロパゲーター $D_\alpha(\boldsymbol{q},\omega_n)$ $(\alpha=0$ または

$\perp$) は $(\Pi_\alpha^{\mathrm{s}}+\Pi_\alpha^{\mathrm{h}})^{-1}$ で与えられる．

2. ゲージ場 a_μ を積分して得られる A_μ に対する有効作用は系全体の電磁応答を記述するが

$$A_{\mathrm{eff}}(A_\mu) = \sum_{\alpha=0,\perp}\sum_{\boldsymbol{q},\omega_n}\Pi_\alpha(\boldsymbol{q},\omega_n)A_\alpha(\boldsymbol{q},\omega_n)A_\alpha(-\boldsymbol{q},-\omega_n) \qquad (5\text{-}2\text{-}25)$$

$$\Pi_\alpha(\boldsymbol{q},\omega_n) = \frac{\Pi_\alpha^{\mathrm{s}}(\boldsymbol{q},\omega_n)\Pi_\alpha^{\mathrm{h}}(\boldsymbol{q},\omega_n)}{\Pi_\alpha^{\mathrm{s}}(\boldsymbol{q},\omega_n)+\Pi_\alpha^{\mathrm{h}}(\boldsymbol{q},\omega_n)} \qquad (5\text{-}2\text{-}26)$$

となるので，(5-2-26)が系全体のカレント-カレント相関関数となる．

この式の意味は以下の通りである．まず外場 A_α によって a_α の揺らぎの中心が $-\Pi_\alpha^{\mathrm{s}}A_\alpha/(\Pi_\alpha^{\mathrm{s}}+\Pi_\alpha^{\mathrm{h}})$ へシフトし，スピノンとホロンの感じるゲージ場は平均としてそれぞれ $\Pi_\alpha^{\mathrm{h}}A_\alpha/(\Pi_\alpha^{\mathrm{s}}+\Pi_\alpha^{\mathrm{h}})$ および $-\Pi_\alpha^{\mathrm{s}}A_\alpha/(\Pi_\alpha^{\mathrm{s}}+\Pi_\alpha^{\mathrm{h}})$ となる．この遮蔽効果により(5-2-22)式が満たされるようになり，結局直列回路の電気抵抗の合成則

$$\Pi_\alpha{}^{-1} = (\Pi_\alpha^{\mathrm{s}})^{-1}+(\Pi_\alpha^{\mathrm{h}})^{-1} \qquad (5\text{-}2\text{-}27)$$

が成立する．この公式は，スピノンとホロンは互いに相手が動いてくれないとその空席へ動けないという関係があるため，動きにくい方，つまり Π^{s} と Π^{h} のうち小さい方が律速段階となって Π を決めてしまうという事情を表現している．

一様なRVB状態では横成分 $a_\perp$ の揺らぎが低周波，長波長で重要となるので，$\Pi_\perp^{\mathrm{s}}$ と $\Pi_\perp^{\mathrm{h}}$ を考えよう．v をスピノン(ホロン)の特徴的な速度として，$|\omega_n| \ll v|\boldsymbol{q}|$ の領域で

$$\Pi_\perp^{\mathrm{s(h)}}(\boldsymbol{q},\omega_n) = |\omega_n|\sigma_{\mathrm{s(h)}}(\boldsymbol{q})+\chi_{\mathrm{s(h)}}|\boldsymbol{q}|^2 \qquad (5\text{-}2\text{-}28)$$

という形をもつ．ここで $\chi_{\mathrm{s(h)}}$ はスピノン(ホロン)のランダウ反磁性帯磁率であり，$\sigma_{\mathrm{s(h)}}(\boldsymbol{q})$ は波数に依存した静的伝導度である．

x が1より小さいときは $\sigma_{\mathrm{s}}(q)$ の方が $\sigma_{\mathrm{h}}(q)$ よりも大きいので，こちらの方のみを考えると，スピノンの平均自由行程を l として

$$\sigma_{\mathrm{s}}(q) \approx \begin{cases} k_{\mathrm{F}}/q & (ql>1) \\ k_{\mathrm{F}}l & (ql<1) \end{cases}$$

となる．結局，ゲージ場のプロパゲーター $D_\perp(\boldsymbol{q},\omega_n)$ は

$$D_\perp(\boldsymbol{q}, \omega_n) = \frac{1}{|\omega_n|\sigma_\mathrm{s}(q) + \chi_\mathrm{d} q^2}$$

となる．ここで $\chi_\mathrm{d} = \chi_\mathrm{s} + \chi_\mathrm{h}$ である．

次にこのゲージ場の揺らぎと相互作用しているスピノンとホロンの運動をまず考察する．そこでゲージ場による非弾性散乱時間 τ を計算する．いま，波数 $\boldsymbol{k}$ をもつホロン(ボゾン)の輸送散乱時間 $\tau_{\boldsymbol{k}}$ は，ボルツマン理論の範囲内では

$$\tau_{\boldsymbol{k}}^{-1} = \int d^2\boldsymbol{q} d\omega \left(\frac{q}{k}\right)^2 \left(\frac{\boldsymbol{q}}{q} \times \frac{\boldsymbol{k}}{m_\mathrm{B}}\right)^2 \frac{1}{e^{\beta\omega}-1} \frac{\omega\sigma_\mathrm{s}(q)}{(\omega\sigma_\mathrm{s}(q))^2 + (\chi_\mathrm{d} q^2)^2} \delta(\varepsilon_{\boldsymbol{k}} - \varepsilon_{\boldsymbol{k}+\boldsymbol{q}} + \omega) \tag{5-2-29}$$

で与えられる．$\varepsilon_{\boldsymbol{k}} = k^2/2m_\mathrm{B} - \mu_\mathrm{B}$ はボゾンのエネルギーである．被積分関数中の $(q/k)^2$ という因子は輸送散乱時間の計算に現われる $1-\cos\theta$ の因子に対応しており散乱による波数の変化 q が小さいときには，ボゾンの波数(運動量)の緩和にあまり寄与しないことを表わしている．

具体的に(5-2-29)式を評価しよう．まず q 積分のうち主として寄与するのは $ql > 1$ であることが，コンシステントにいえる．そこで $\sigma_\mathrm{s}(q) \sim k_\mathrm{F}/q$ とすると，ゲージ場のスペクトル関数の型から，積分に寄与するのは $|\omega| \sim \chi_\mathrm{d} q^3/k_\mathrm{F}$ のところであることがわかる．一方，ボゾンの波数 k は $\sqrt{T}$ 程度であり，エネルギー保存則 $\delta(\varepsilon_{\boldsymbol{k}} - \varepsilon_{\boldsymbol{k}+\boldsymbol{q}} + \omega)$ から q も $\sqrt{T}$ 程度である必要がある．これから $|\omega| \sim T^{3/2} \ll T$ となり(われわれは $T_\mathrm{B.E.} < T \ll J$ の場合を考えている) δ 関数の中の ω は $\varepsilon_{\boldsymbol{k}} - \varepsilon_{\boldsymbol{k}+\boldsymbol{q}} \sim T$ に対して無視できる．同時にボーズ因子 $(e^{\beta\omega}-1)^{-1}$ は $(\beta\omega)^{-1} = T/\omega$ と近似できる．すると ω 積分を実行できて

$$\tau_{\boldsymbol{k}}^{-1} \approx \int d^2\boldsymbol{q} \frac{1}{k^2} \left(\frac{\boldsymbol{q}\times\boldsymbol{k}}{m_\mathrm{B}}\right)^2 \frac{T}{\chi_\mathrm{d}} \frac{1}{q^2} \delta\left(\frac{2\boldsymbol{k}\cdot\boldsymbol{q} + q^2}{2m_\mathrm{B}}\right) \sim \frac{T}{\chi_\mathrm{d} m_\mathrm{B}} = \tau_\mathrm{B}^{-1} \tag{5-2-30}$$

を得る．このようにゲージ場の低周波，長波長の揺らぎは特異な温度依存性を導く．同様な計算をスピノン(フェルミオン)に対して行なうと，$\tau_\mathrm{F}^{-1} \sim J(T/J)^{4/3}$ を得る．スピノンはフェルミ縮退のためフェルミエネルギー程度の大きな運動エネルギーをもつため，ゲージ場との結合が弱くなり，減衰率が小さくなる．

さて，これらの結果から(5-2-27)式で述べた合成法則を用いて，全系の電気伝導度を求めることができる．電気伝導度 $\sigma(\omega)$ は $\sigma(\omega) \propto \Pi_{\perp}(\omega, \boldsymbol{q}=\boldsymbol{0})/\omega$ で与えられるので，(5-2-27)から

$$\sigma^{-1} = \sigma_{\mathrm{S}}{}^{-1} + \sigma_{\mathrm{H}}{}^{-1}$$

を得る．上述の考察から，ホロンの電気抵抗 ρ_{H} の方がスピノンのそれ ρ_{S} よりも十分大きいために

$$\rho = \rho_{\mathrm{S}} + \rho_{\mathrm{H}} \cong \rho_{\mathrm{H}} \sim T/x \tag{5-2-31}$$

となる．

これは実験を説明する1つのシナリオと考えられる．この合成法則は電気抵抗以外の各種物理量に対しても拡張することができて，ホール係数，熱伝導度，熱起電力，磁気抵抗，光電子分光，NMR，中性子散乱などの解析がなされている．そこで重要なことは，物理量によってスピノンとホロンの役割が異なって現われることである．熱伝導度を除く輸送係数はすべてホロンの役割が支配的でありドープされた半導体のような性質を示すのに対し，NMR，中性子散乱などの磁気的性質はスピノンのみで決まる．光電子分光スペクトルは(5-2-10)に対応してスピノンとホロンのグリーン関数のたたみ込み積分で与えられ，基本的にはスピノンの大きなフェルミ面を観測する．このような両面性は実験とよく対応する．

5-3　量子ホール液体のチャーン-サイモンゲージ理論

ゲージ場が現われるもう1つの場合は，非局所的な相互作用を局所的な場の理論で書くときである．特に2次元電子系において粒子の統計性を変換するチャーン-サイモンゲージ場は，量子ホール液体の理論において中心的な役割を担っている．その基本的なアイディアは図5-4に示されている．

量子統計は2粒子交換の際につく位相因子 $e^{i\theta}$ により特徴づけられる．$\theta=2\pi n$ (n：整数) のときはボゾンに，$\theta=\pi(2n+1)$ のときはフェルミオンに対応している．系に時間反転対称性あるいは空間反転対称性があるときには $e^{i\theta}=e^{-i\theta}$ が導かれるので，粒子の統計性はフェルミオンかボゾンの2つに限られ

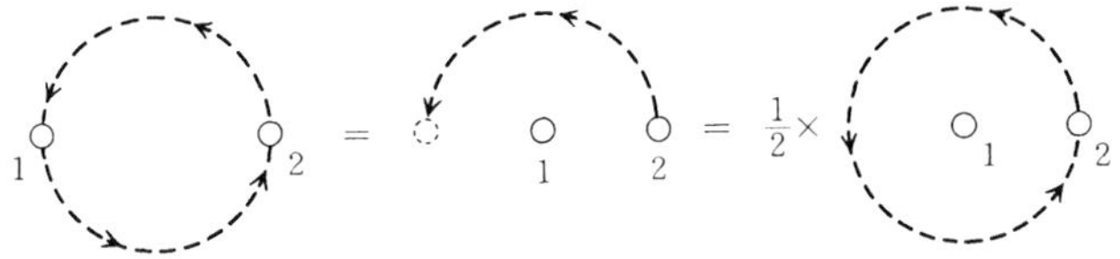

図5-4 2粒子交換とアハラノフ-ボーム効果

る．しかし量子ホール系のように磁場のかかっている場合には，任意の θ をもつ粒子系が存在し得る．これはエニオンと呼ばれている．

さて，この位相因子はアハラノフ-ボーム効果と呼ばれているものにも生じる．つまり荷電粒子が磁束のまわりを1まわりするときには，アハラノフ-ボーム位相

$$\frac{e}{\hbar c}\oint_C \boldsymbol{A}\cdot d\boldsymbol{r} = 2\pi\frac{\Phi}{\phi_0} \tag{5-3-1}$$

が生じる．Φ は経路 C が囲む面積を貫く磁束であり $\phi_0=\dfrac{hc}{e}$ は磁束量子(単位フラックス)である．図5-4に示すように2粒子交換を，粒子1が粒子2の回りを1回転する過程の半分と考え，各粒子に θ/π 本のフラックスをつけると，2粒子交換に対して $e^{i\theta}$ の位相因子がつく．もともとの粒子の統計性が $e^{i\theta_0}$ の位相因子で特徴づけられているとき，位相因子は $e^{i(\theta_0+\theta)}$ と変化し，粒子の統計性を変換できるわけである．

この「フラックスをつける」とう操作はチャーン-サイモンゲージ場 a_μ によって実行できる．つまり粒子の密度を $\rho(\boldsymbol{r})$ としたとき，

$$\nabla\times\boldsymbol{a} = 2\theta\rho(\boldsymbol{r}) \tag{5-3-2}$$

の条件と，

$$\nabla\cdot\boldsymbol{a} = 0 \tag{5-3-3}$$

の条件で $\boldsymbol{a}$ を決め，粒子のハミルトニアンに現われる微分 $i\nabla$ を共形微分 $i\nabla+\boldsymbol{a}$ に置き換えればよい．条件(5-3-2)は，ラグランジュ乗数場 a_0 を導入して，作用に

$$\int_0^\beta d\tau\int d\boldsymbol{r}a_0\left(\frac{1}{2\theta}\nabla\times\boldsymbol{a}-\rho\right) \tag{5-3-4}$$

をつけ加えることにより表現される．(5-3-4)の積分中第1項をゲージ不変な形にすると

$$A_{\mathrm{C.S.}} = \int_0^\beta d\tau \int d\boldsymbol{r} \frac{1}{4\theta} \varepsilon^{\mu\nu\lambda} a_\mu \partial_\nu a_\lambda \tag{5-3-5}$$

と書ける．$\varepsilon^{\mu\nu\lambda}$ は $\varepsilon^{012}=1$ とする完全反対称テンソルである．粒子の作用積分を $A_{\mathrm{particle}}(\psi^\dagger, \psi, \partial_\mu)$ と書くと，(5-2-21)に対応して全系の作用積分は

$$A = A_{\mathrm{C.S.}}(a_\mu) + A_{\mathrm{particle}}(\psi^\dagger, \psi, \partial_\mu + ia_\mu + iA_\mu) \tag{5-3-6}$$

となる．ここで $\psi^\dagger, \psi$ は電子と磁束が結合した“複合粒子”の場である．

この複合粒子の統計性は θ により決まるが，これには任意性がある．いま，ゲージフラックス $\nabla\times\boldsymbol{a}$ の平均値は，(5-3-2)より電子の平均密度 $\bar{\rho}$ を用いて

$$\langle\nabla\times\boldsymbol{a}\rangle = 2\theta\bar{\rho}$$

で与えられるが，これと外場 $\boldsymbol{B}=\nabla\times\boldsymbol{A}$ が相殺するように選ぶ方法がまず考えられる．このとき，条件

$$2\theta\bar{\rho}+B = 0 \tag{5-3-7}$$

はランダウ準位の充てん率 ν が G を単位面積当りのランダウ準位の縮重度として

$$\nu = \frac{\bar{\rho}}{G} = \frac{\bar{\rho}}{|B|/2\pi} \tag{5-3-8}$$

で与えられることを考えると，

$$\theta = \pi\nu^{-1} \tag{5-3-9}$$

と選べばよいことになる．$\nu=1/(2m+1)$ のときは θ が π の奇数倍となるので，複合粒子はボゾンである．平均場近似では，無磁場下での複合ボゾンはボーズ凝縮を起こし超流動となる．このシナリオは量子ホール液体に内在するコヒーレンシーを記述するものと考えられているが，文献[G 1]に詳しく述べたので，ここではもう1つの考え方——複合フェルミオン描像——について述べたい．

(5-3-9)に戻って，$\nu=1/2$ の場合を考えると $\theta=2\pi$ となり，複合粒子はふたたびフェルミオンに戻る．この複合フェルミオンは磁場を平均としては感じないので，フェルミ流体(に近い)状態となることが予想される．さらに $\nu=1/2$

以外の場合についても，$\theta=2\pi$ に対応するフラックスをつけた複合フェルミオンの感じる平均磁場 ΔB は，

$$\Delta B=|B|-4\pi\bar{\rho}=2\pi\bar{\rho}\left(\frac{1}{\nu}-2\right) \qquad (5\text{-}3\text{-}10)$$

となる．これより磁場 ΔB のつくる複合フェルミオンのランダウ準位の充てん率 $\nu_{\mathrm{C.F.}}$ は

$$\nu_{\mathrm{C.F.}}{}^{-1}=\frac{\Delta B}{2\pi\bar{\rho}}=\nu^{-1}-2 \qquad (5\text{-}3\text{-}11)$$

となる．

この複合フェルミオンの整数量子ホール効果は，そのランダウ準位が完全に詰まったとき，つまり $\nu_{\mathrm{C.F.}}$ が整数 p のときに起こるので，これを ν に焼き直すと

$$\nu=\nu_p=\frac{1}{\dfrac{1}{p}+2}=\frac{p}{2p+1} \qquad (5\text{-}3\text{-}12)$$

となる．この充てん率の系列は実験で観測されているプラトーとよく対応している．また，$\nu=1/2$ はこの系列の $p\to\infty$ での収束点と考えることもできる．

さらに一般に $\theta=2\pi n$（n：整数）によって複合フェルミオンをつくると，(5-3-12)のかわりに，系列

$$\nu_{n,\,p}=\frac{p}{2np+1} \qquad (5\text{-}3\text{-}13)$$

を得る．このような系列では複合フェルミオンの励起スペクトルにギャップがある．そのギャップの大きさ E_{G} は，ΔB に比例し，複合フェルミオンの有効質量 m^* に反比例すると考えられ，

$$E_{\mathrm{G}}\sim\frac{\Delta B}{m^*}=\frac{2\pi\bar{\rho}}{m^*}(\nu_{n,\,p}{}^{-1}-2n)=\frac{2\pi\bar{\rho}}{m^*p} \qquad (5\text{-}3\text{-}14)$$

で与えられる．

ここで m^* という量は微妙であることに注意して欲しい．単純に考えれば，磁場がないときの電子のバンド質量 m_{b} となるように思われるかも知れないが，いまはランダウ準位が形成されて電子の運動エネルギーが凍結している状況を考えているのである．特に最低ランダウ準位への射影を考えると，唯一のエネ

ルギースケールはクーロンエネルギー

$$E_{\mathrm{C}} = \frac{e^2}{\varepsilon l_B} \tag{5-3-15}$$

である．ここで ε は誘電率であり，l_B は磁気長と呼ばれサイクロトロン運動の半径に対応し $l_B \sim B^{-1/2}$ である．これと，m^* に対応する運動エネルギーを等置することで

$$\frac{\hbar^2}{m^* {l_B}^2} \sim \frac{e^2}{\varepsilon l_B} \tag{5-3-16}$$

の評価を得る．

さて，平均値近似のまわりの揺らぎを次に考える．前節と同様に(5-3-6)から出発して，$\delta a_\mu + \delta A_\mu = a_\mu + A_\mu - \langle a_\mu \rangle - \bar{A}_\mu$ に関して2次まで展開すると

$$\begin{aligned} A_{\mathrm{eff}} = & \sum_{\boldsymbol{q},\, i\omega_n} \begin{bmatrix} \delta a_x \\ \delta a_y \end{bmatrix}_{(-\boldsymbol{q},\, -i\omega_n)} \begin{bmatrix} 0 & -\dfrac{i\omega_n}{4\theta} \\ \dfrac{i\omega_n}{4\theta} & 0 \end{bmatrix} \begin{bmatrix} \delta a_x \\ \delta a_y \end{bmatrix}_{(\boldsymbol{q},\, i\omega_n)} \\ & + \frac{1}{2} \sum_{\boldsymbol{q},\, i\omega_n} \begin{bmatrix} \delta a_x + \delta A_x \\ \delta a_y + \delta A_y \end{bmatrix}_{(-\boldsymbol{q},\, -i\omega_n)} \begin{bmatrix} \Pi^{\mathrm{CF}}_{xx} & \Pi^{\mathrm{CF}}_{xy} \\ \Pi^{\mathrm{CF}}_{yx} & \Pi^{\mathrm{CF}}_{yy} \end{bmatrix}_{(\boldsymbol{q},\, i\omega_n)} \begin{bmatrix} \delta a_x + \delta A_x \\ \delta a_y + \delta A_y \end{bmatrix}_{(\boldsymbol{q},\, i\omega_n)} \end{aligned} \tag{5-3-17}$$

を得る．ここでは $a_0 = A_0 = 0$ のゲージを採用した．

$$\Pi^{\mathrm{CF}}_{\alpha\beta}(\boldsymbol{q}, i\omega_n) = -\langle j_\alpha(\boldsymbol{q}, i\omega_n) j_\beta(-\boldsymbol{q}, -i\omega_n) \rangle \tag{5-3-18}$$

は複合フェルミオンのカレント相関関数である．(5-3-17)を，$A_{\mathrm{eff}} = \frac{1}{2}\delta \boldsymbol{a} \hat{\Pi}_{\mathrm{C.S.}} \delta \boldsymbol{a} + \frac{1}{2}(\delta \boldsymbol{a} + \delta \boldsymbol{A}) \hat{\Pi}_{\mathrm{CF}} (\delta \boldsymbol{a} + \delta \boldsymbol{A})$ と略記し，$\delta \boldsymbol{a}$ について積分すると，$\delta \boldsymbol{A}$ に対する作用として

$$A(\{\delta A\}) = \frac{1}{2} \sum_{\boldsymbol{q},\, i\omega_n} \delta \boldsymbol{A}(-\boldsymbol{q}, -i\omega_n) \hat{\Pi}(\boldsymbol{q}, i\omega_n) \delta \boldsymbol{A}(\boldsymbol{q}, i\omega_n) \tag{5-3-19}$$

が得られる．$\Pi(\boldsymbol{q}, i\omega_n)$ は 2×2 の行列として

$$\Pi^{-1}(\boldsymbol{q}, i\omega_n) = \hat{\Pi}_{\mathrm{CF}}{}^{-1}(\boldsymbol{q}, i\omega_n) + \hat{\Pi}_{\mathrm{C.S.}}{}^{-1}(\boldsymbol{q}, i\omega_n) \tag{5-3-20}$$

で与えられる．これは(5-2-26)で述べた合成法則と対応している．

系の伝導率テンソル $\sigma_{\alpha\beta}(i\omega_n)$ は

$$\sigma_{\alpha\beta}(i\omega_n) = \frac{\Pi_{\alpha\beta}(\boldsymbol{0}, i\omega_n)}{i\omega_n} \tag{5-3-21}$$

で与えられる．(ここで $\Pi_{\alpha\beta}(\boldsymbol{0}, 0) = 0$ と仮定した．)　すると系の電気抵抗率テ

ンソル $\hat{\rho}(i\omega_n)=(\rho_{\alpha\beta}(i\omega_n))$ は

$$\hat{\rho}(i\omega_n) = \hat{\sigma}^{-1}(i\omega_n) = i\omega_n \hat{\Pi}^{-1}(\mathbf{0}, i\omega_n) \tag{5-3-22}$$

と求まるので，(5-3-20)より $\hbar$ や e を回復させると

$$\rho_{\alpha\beta}(i\omega_n) = \rho_{\alpha\beta}^{\mathrm{CF}}(i\omega_n)+2\theta\frac{\hbar}{e^2}\varepsilon_{\alpha\beta} \tag{5-3-23}$$

を得る．$\theta=2\pi n$ で，p 個のランダウ準位が複合フェルミオンでちょうど詰まっているときには

$$\begin{aligned} \rho_{xx}^{\mathrm{CF}} &= \rho_{yy}^{\mathrm{CF}} = 0 \\ \rho_{xy}^{\mathrm{CF}} &= -\rho_{yx}^{\mathrm{CF}} = \frac{h}{e^2}\frac{1}{p} \end{aligned} \tag{5-3-24}$$

なので，これを(5-3-23)に代入すると

$$\begin{aligned} \rho_{xx} &= \rho_{yy} = 0 \\ \rho_{xy} &= -\rho_{yx} = \frac{1}{p}\frac{h}{e^2}+2n\frac{h}{e^2} = \frac{h}{e^2}\left(\frac{1}{p}+2n\right) = \frac{h}{e^2}\frac{1}{\nu_{n,\,p}} \end{aligned} \tag{5-3-25}$$

となる．これの逆行列をとると

$$\begin{aligned} \sigma_{xx} &= \sigma_{yy} = 0 \\ \sigma_{xy} &= -\sigma_{yx} = -\frac{e^2}{h}\nu_{n,\,p} \end{aligned} \tag{5-3-26}$$

となる．

チャーン-サイモンゲージ場の揺らぎは，(5-3-17)で $\delta A_\mu=0$ と置いた作用で記述されている．こんどはクーロンゲージ(div $\boldsymbol{a}=0$)で考える．

$$A_{\mathrm{gauge}} = \frac{1}{2}\sum_{\boldsymbol{q}, i\omega_n}\begin{bmatrix}\delta a_0 \\ \delta a_1\end{bmatrix}_{(-\boldsymbol{q},\,-i\omega_n)}\begin{bmatrix}\Pi_{00}^{\mathrm{CF}} & \dfrac{iq}{2\theta} \\ -\dfrac{iq}{2\theta} & \Pi_{11}^{\mathrm{CF}}-\dfrac{q^2v(\boldsymbol{q})}{4\theta^2}\end{bmatrix}\begin{bmatrix}\delta a_0 \\ \delta a_1\end{bmatrix}_{(\boldsymbol{q},\,i\omega_n)} \tag{5-3-27}$$

ここで δa_0 はスカラー成分，δa_1 は横成分である．

上式で $v(\boldsymbol{q})$ を含んだ項は，電子間相互作用

$$\frac{1}{2}\sum_{\boldsymbol{q},\,i\omega_n}\delta\rho(-\boldsymbol{q}, -i\omega_n)\,v(\boldsymbol{q})\,\delta\rho(\boldsymbol{q}, i\omega_n) \tag{5-3-28}$$

を，(5-3-2)式つまり $\delta\rho(\boldsymbol{q}, i\omega_n)=\dfrac{iq}{2\theta}\delta a_\perp(\boldsymbol{q}, i\omega_n)$ で表現したものである．こ

れに対応して Π^{CF} としては，クーロン相互作用に関して irreducible なものをとる．最も簡単な RPA 近似としては，自由フェルミオンの Π^{CF} を採用する．このゲージ場の揺らぎによる補正が摂動として扱えるということが，複合フェルミオン描像が正当化される条件であるが，複合フェルミオンの励起スペクトルにギャップがあり非圧縮性流体となっている場合には，この条件は満たされていると考えられている．

一方，$\nu=1/2$ のように複合フェルミオンがフェルミ面をもち低エネルギー励起が多数存在する場合には，このことは決して自明ではない．$\omega \ll v_{\mathrm{F}} q \ll \varepsilon_{\mathrm{F}}$ の極限で(5-2-28)と同様に

$$\begin{aligned} \Pi_{00}^{\mathrm{CF}} &= \frac{m^*}{2\pi} \\ \Pi_{11}^{\mathrm{CF}} &= -\chi_{\mathrm{CF}} q^2 + i\omega\gamma_q \end{aligned} \tag{5-3-29}$$

となる．ここで χ_{CF} はランダウの反磁性帯磁率，$\gamma_q = \dfrac{2\bar{\rho}}{m^* q v_{\mathrm{F}}}$ である．したがって，ゲージ場のプロパゲーター $D_{\mu\nu}$ は，

$$D_{\mu\nu}{}^{-1}(\boldsymbol{q}, i\omega_n) = \begin{bmatrix} \dfrac{m^*}{2\pi} & +\dfrac{iq}{2\theta} \\ -\dfrac{iq}{2\theta} & i\gamma_q\omega - \tilde{\chi}(\boldsymbol{q}) q^2 \end{bmatrix} \tag{5-3-30}$$

$$\tilde{\chi}(\boldsymbol{q}) = \chi_{\mathrm{CF}} + \frac{v(\boldsymbol{q})}{2\theta^2} \tag{5-3-31}$$

となる．

クーロン相互作用に対しては $v(\boldsymbol{q}) \propto q^{-1}$ なので，q が小さいときには(5-3-31)で右辺第2項が支配的となり，$q^2\tilde{\chi}(\boldsymbol{q}) \propto q$ となる．一方，短距離相互作用の場合は，$\tilde{\chi}(\boldsymbol{q}) \sim \mathrm{const}$ となる．この場合，$D_{11}(\boldsymbol{q}, i\omega_n)$ は前節で述べたゲージ場のプロパゲーターと同じ形をしている．つまり，複合フェルミオンのモデルは，前節のスピノンのモデルと類似しているのである．このゲージ場の揺らぎを摂動で扱うと，フェルミオンの自己エネルギーの発散などの特異性が現われる．それは $D_{11}(\boldsymbol{q}, i\omega_n)$ が低周波長波長で大きな重みをもつからである．複合フェルミオンがフェルミ流体なのか，あるいはそもそも $\nu=1/2$ に対して複合フェルミオン模型がよいモデルかといった問題は，現在も盛んに研究されてい

る未解決の問題である．しかし，ゲージ場という考え方が，量子スピン系，高温超伝導体，量子ホール液体という強相関電子系の代表例において，新しくまた統一的な見方を提供しつつあることは事実である．

付　　録

[A] 複素関数論

x と y を実数，i を $i^2=-1$ を満たす数として，複素数 z は

$$z = x+iy \tag{A-1}$$

で定義され，(x, y) を座標とする 2 次元平面を複素平面(z 平面)という．この z に対してその複素共役 z^* を

$$z^* = x-iy \tag{A-2}$$

で定義する．次に z の関数 $f(z)$ を考える．$f(z)$ も複素数であるから，$u(z)=u(x, y)$，$v(z)=v(x, y)$ を実数の関数として

$$f(z) = u(z)+iv(z) \tag{A-3}$$

と書ける．この $f(z)$ が「z_0 で正則である」とは，微係数

$$f'(z_0) = \lim_{\Delta z\to 0}\frac{f(z_0+\Delta z)-f(z)}{\Delta z} \tag{A-4}$$

が有限確定でかつ連続であることをいう．

(A-4)式の右辺の極限は Δz の 0 への近づけ方に一般には依存するが，正則であるときには $|\Delta z|\to 0$ の極限が Δz の偏角によらない．このことは自明でない関係式を導く．$\Delta z=\Delta x$ の場合と，$\Delta z=i\Delta y$ の場合が等しい条件

$$\frac{\partial f(z)}{\partial x} = \frac{1}{i}\frac{\partial f(z)}{\partial y} \tag{A-5}$$

は，コーシー-リーマンの方程式

$$\frac{\partial u(x,y)}{\partial x} = \frac{\partial v(x,y)}{\partial y}, \qquad \frac{\partial u(x,y)}{\partial y} = -\frac{\partial v(x,y)}{\partial x} \tag{A-6}$$

と等価である．(A-6)より，ラプラス方程式

$$\frac{\partial^2 u}{\partial x^2}+\frac{\partial^2 u}{\partial y^2} = 0, \qquad \frac{\partial^2 v}{\partial x^2}+\frac{\partial^2 v}{\partial y^2} = 0 \tag{A-7}$$

が導かれる．非常に直観的にいえば，「$f(z)$ が z_0 で正則である」とは，「$f(z)$ が z_0 近傍で z のみで書け(z^* を含まない)，かつ z_0 で発散などの特異性がない」ことを意味する．

z 平面から w 平面への写像　$w=f(z)$ は等角写像である．これを見るには，z_0 とその近傍の 2 点 z_1, z_2 を考えたとき，

$$\begin{aligned} w_1-w_0 &= f'(z_0)(z_1-z_0) \\ w_2-w_0 &= f'(z_0)(z_2-z_0) \end{aligned} \tag{A-8}$$

と書け，$f'(z_0)$ が共通であることに注意する．(A-8)から

$$\frac{w_2-w_0}{w_1-w_0} = \frac{z_2-z_0}{z_1-z_0} \tag{A-9}$$

なので，$\angle w_2w_0w_1 = \angle z_2z_0z_1$ を得る．

積分路 C に沿った $f(z)$ の複素積分　$\int_C dzf(z)$ を次のように定義する．

$$\int_C f(z)\,dz = \lim_{\substack{|z_{i+1}-z_i|\to 0 \\ N\to\infty}} \sum_{i=0}^{N-1} (z_{i+1}-z_i)f(z_i) \tag{A-10}$$

ただし z_0 は C の始点，z_N は C の終点である．$f(z)$ が閉曲線 C 上および C の内部 S で正則ならば

$$\oint_C f(z)\,dz = 0 \tag{A-11}$$

となる(**コーシーの定理**)．この定理はグリーンの公式を用いて

$$\begin{aligned} \oint_C f(z)\,dz &= \oint_C (udx-vdy)+i\oint_C (udy+vdx) \\ &= -\iint_S\left(\frac{\partial u}{\partial y}+\frac{\partial v}{\partial x}\right)dxdy+i\iint_S\left(\frac{\partial u}{\partial x}-\frac{\partial v}{\partial y}\right)dxdy \end{aligned} \tag{A-12}$$

と変形すると，(A-6)式から直ちに示せる．

$f(z)$ が $z=z_0$ で n 位の極をもつとは，$z\to z_0$ で a_{-n} を定数として

$$f(z) \sim \frac{a_{-n}}{(z-z_0)^n} \tag{A-13}$$

と振舞うことである．このとき $f(z)$ は z_0 のまわりでローラン展開できる．

$$f(z) = \sum_{l=-n}^{\infty} a_l (z-z_0)^l \tag{A-14}$$

このとき，z_0 を囲む微小円 C_0 に沿って $f(z)$ を積分すると，

$$\oint_{C_0} f(z)\,dz = \sum_{l=-n}^{\infty} a_l \oint_{C_0} (z-z_0)^l dz = 2\pi i a_{-1} \tag{A-15}$$

を得る．ここで C_0 は反時計まわりであるとし，

$$\oint_{C_0} (z-z_0)^l dz = 2\pi i \delta_{l,\,-1} \tag{A-16}$$

を使った．a_{-1} を $f(z)$ の z_0 における留数 $\mathrm{Res}\, f(z_0)$ と呼ぶ．(A-15)の一般化として，(A-14)から(A-16)を使って

$$a_l = \frac{1}{2\pi i}\oint_{C_0} \frac{f(z)}{(z-z_0)^{l+1}}\,dz' \tag{A-17}$$

が導ける．一般の閉曲線 C に沿って $f(z)$ を積分すると，C の内部にある $f(z)$ の特異点を z_i として，コーシーの定理と(A-15)を合わせて

$$\oint_C f(z)\,dz = 2\pi i \sum_i \mathrm{Res}\, f(z_i) \tag{A-18}$$

を得る．

［B］ 変分原理とエネルギー・運動量テンソル

以下，実時間形式で考える．

作用積分 A がラグランジアン密度 $\mathcal{L}(\phi, \partial_\mu\phi)$ を用いて

$$A = \int d\boldsymbol{r}dt\mathcal{L}(\phi, \partial_\mu\phi) = \int dx\mathcal{L}(\phi(x), \partial_\mu\phi(x)) \tag{B-1}$$

で与えられているとする．ここで 4 元座標を $x_\mu=(ivt, \boldsymbol{r})$ で定義する．こうすることにより x^μ と x_μ の区別をする必要がなくなり，また虚時間形式への移行

もスムーズになる．場の方程式は A の変分をとって

$$\delta A = \int dx\left(\frac{\partial \mathcal{L}}{\partial \phi}\delta\phi + \frac{\partial \mathcal{L}}{\partial(\partial_\mu \phi)}\partial_\mu(\delta\phi)\right)$$

$$= \int dx\delta\phi\left(\frac{\partial \mathcal{L}}{\partial \phi} - \partial_\mu \frac{\partial \mathcal{L}}{\partial(\partial_\mu \phi)}\right) = 0 \quad \text{(B-2)}$$

から

$$\frac{\partial \mathcal{L}}{\partial \phi} - \partial_\mu \frac{\partial \mathcal{L}}{\partial(\partial_\mu \phi)} = 0 \quad \text{(B-3)}$$

と求まる．

ここで座標変換 $x_\mu \to x_\mu + \delta x_\mu$ を行なうことにする．すると，まず積分要素 dx は

$$dx \Rightarrow (1+\partial_\nu(\delta x_\nu))\,dx \quad \text{(B-4)}$$

と変化する．ここでくり返し現われるサフィックスは和をとるものとする．ラグランジアン密度は，

$$\mathcal{L}(\phi, \partial_\mu\phi) \Rightarrow \mathcal{L}(\phi, \partial_\mu\phi) + \frac{\partial \mathcal{L}}{\partial x_\mu}\delta x_\mu \quad \text{(B-5)}$$

となる．ここで $\partial \mathcal{L}/\partial x_\mu$ をくわしく見てみると

$$\frac{\partial \mathcal{L}}{\partial x_\mu} = \frac{\partial \mathcal{L}}{\partial \phi}\partial_\mu\phi + \frac{\partial \mathcal{L}}{\partial(\partial_\nu \phi)}\partial_\mu\partial_\nu\phi \quad \text{(B-6)}$$

となるが，(B-3)の運動方程式を使うと

$$\frac{\partial \mathcal{L}}{\partial x_\mu} = \partial_\nu\left(\frac{\partial \mathcal{L}}{\partial(\partial_\nu \phi)}\right)\cdot\partial_\mu\phi + \frac{\partial \mathcal{L}}{\partial(\partial_\nu \phi)}\partial_\nu(\partial_\mu\phi)$$

$$= \partial_\nu\left[\frac{\partial \mathcal{L}}{\partial(\partial_\nu \phi)}\partial_\mu\phi\right] \quad \text{(B-7)}$$

となるので，結局作用積分の変化分 δA は

$$\delta A = \int dx\left(\partial_\nu(\delta x_\nu)\,\mathcal{L} + (\delta x_\mu)\,\partial_\nu\left[\frac{\partial \mathcal{L}}{\partial(\partial_\nu \phi)}\partial_\mu\phi\right]\right)$$

$$= \int dx\left(\delta_{\mu\nu}\mathcal{L} - \frac{\partial \mathcal{L}}{\partial(\partial_\nu \phi)}\partial_\mu\phi\right)\partial_\nu(\delta x_\mu) \quad \text{(B-8)}$$

となる．これを

$$\delta A = -\frac{1}{2\pi}\int dx T_{\mu\nu}\partial_\mu(\delta x_\nu) \quad \text{(B-9)}$$

と書くと，

$$T_{\mu\nu} = -2\pi\left(\delta_{\mu\nu}\mathcal{L} - \frac{\partial\mathcal{L}}{\partial(\partial_\mu\phi)}\partial_\nu\phi\right) \tag{B-10}$$

となる．ここで

$$T_{00} = -2\pi\left(\mathcal{L} - \frac{\partial\mathcal{L}}{\partial(\partial_0\phi)}\partial_0\phi\right) \tag{B-11}$$

はハミルトニアン密度の 2π 倍である．したがって，

$$H = \int\frac{d\boldsymbol{r}}{2\pi}T_{00}(x) \tag{B-12}$$

が得られる．相対論においては，系の運動量4元ベクトル P_μ は，空間成分に通常の運動量，時間成分(第0成分)にエネルギー$\times(i/v)$ をもつようなベクトルであるから，上述の第0成分の係数を合わせると，

$$P_\mu = -iv\int\frac{d\boldsymbol{r}}{2\pi}T_{\mu 0}(x) \tag{B-13}$$

が得られる．並進に対応する座標変換 δx_μ=constant に対する作用の不変性を要請すると，(B-7)の右辺=0となり，これは(B-10)より

$$\partial_\nu T_{\mu\nu} = 0 \tag{B-14}$$

と読めるが，一般に $\partial_\nu A_\nu=0$ は

$$\mathrm{div}\,\boldsymbol{A} + \frac{1}{iv}\frac{\partial A_0}{\partial t} = 0 \tag{B-15}$$

なので，A_0 の空間積分は保存量である．よって(B-13)も保存量となる．

以上は実時間形式での話である．本文中にあるように虚時間形式で考えると，いくつかの符号変化が生じることに注意されたい．

文　献

本書の内容は，前著

G 1．永長直人：物性論における場の量子論(岩波書店，1995)

で述べた知識を前提としている．この本で引用しなかった有用な場の理論の教科書として

G 2．M. E. Peskin and D. V. Schroeder : *An Introduction to Quantum Field Theory* (Addison-Wesley, 1995)

G 3．K. Huang : *Quarks, Leptons & Gauge Fields* (World Scientific, 1992)

G 4．T. P. Cheng and L. F. Li : *Gauge Theory of Elementary Particle Physics* (Oxford Univ. Press, 1984)

などが読みやすい．

物性論への応用に関しては

G 5．A. M. Tsvelik : *Quantum Field Theory in Condensed Matter Physics* (Cambridge Univ. Press, 1995)

が得るところが多い良書である．また，論文選集として

G 6．青木秀夫・川上則雄・永長直人責任編集：物性物理における場の理論的方法(物理学論文選集)(日本物理学会，1995)

も参照されたい．

磁性，電子相関一般については日本語で多くの名著がある．以下は決して網羅的なリストではない．

G 7．ブァン・ブレック(小谷正雄・神戸謙次郎訳)：物質の電気分極と磁性(吉岡書店，1958)

は古典といえる本だが，今日でもじっくり読みたい本である．

G 8．金森順次郎：磁性(培風館，1968)

は初学者でもわかるように配慮がなされ，ていねいに書かれた本で手許に置いておきたい．さらに専門家向けの集大成といった意味では

G 9．芳田奎：磁性(岩波書店，1991)

がスタンダードであろう．また，磁性を統計力学の立場から見た

G 10．小口武彦：磁性体の統計理論(裳華房，1970)

も手放せない本である．また，新しい電子相関の教科書として

G 11．山田耕作：電子相関(岩波書店，1993)

G 12．斯波弘行：固体の電子論(パリティー物理学コース)(丸善，1996)

G 13．伊達宗行監修，福山秀敏・山田耕作・安藤恒也編：強相関電子系(大学院物性物理 2)(講談社，1997)

がそれぞれの特徴を生かした好著である．

第 1 章

1 次元量子多体系の理論に関しては第 2 章の内容も含めて

[1]　川上則雄・梁成吉：共形場理論と 1 次元量子系(岩波書店，1997)

が信頼できる教科書である．本書の第 1，第 2 章からさらに進んで，この本をぜひ読むことを薦める．ベーテ仮説法については

[2]　H. B. Thacker : Rev. Mod. Phys. **53**(1981)253

[3]　B. S. Shastry et al. eds. : *Exactly Solvable Problems in Condensed Matter and Relativistic Problems*, Lecture Notes in Physics **242**(Springer-Verlag, 1985)

などが挙げられる．

第 2 章

ボゾン化法については

[4]　J. Solyom : Adv. Phys. **28**(1979)201

[5]　V. J. Emery : in *Highly Conducting One-Dimensional Solids*, J. T. Devreese et al. eds.(Plenum Press, 1979)p. 247

[6]　H. Fukuyama and H. Takayama : in *Electronic Properties of Inorganic Quasi-One-Dimensional Compounds*, P. Monceau ed.(D. Reidel, 1985)p. 41

がある．共形場理論については [1] およびその中の文献を参照されたい．非線形シグマ模型によるスピン鎖の解析は，論文

[7]　F. D. M. Haldane : Phys. Rev. Lett. **50**(1983)1153

で議論された．2次元の同模型の解析は

［8］ S. Chakravarty, B. I. Halperin, and D. R. Nelson : Phys. Rev. Lett. **60** (1988) 1057

に見出せる．

第3章

1次元電子系におけるスピン・電荷分離については［4］，［5］，［6］を参照されたい．磁気秩序についてはG8，G9に詳しい記述がある．SCR理論については，創始者である守谷の著書

［9］ T. Moriya : *Spin Fluctuations in Itinerant Electron Magnetism*, Solid-State Sciences **56** (Springer-Verlag, 1985)

に実験との比較も含めた詳しい記述がある．量子くり込み群は，論文

［10］ J. A. Hertz : Phys. Rev. **B 14** (1976) 1165

［11］ A. J. Millis : Phys. Rev. **B 48** (1993) 7183

で議論されている．

第4章

近藤問題に関しては，近藤自身による

［12］ 近藤淳：金属電子論(裳華房，1983)

が勉強になる．本書での取扱いは

［13］ P. Coleman : Phys. Rev. **B 35** (1987) 5072

［14］ D. L. Cox and A. Ruckenstein : Phys. Rev. Lett. **71** (1993) 1613

によった．また，

［15］ A. C. Hewson : The Kondo Problem to Heavy Fermions (Cambridge Univ. Press, 1993)

もよくまとまった教科書として薦める．動的平均場近似に関しては，レビュー

［16］ A. Georges, G. Kotliar, W. Krauth, and M. J. Rosenberg : Rev. Mod. Phys. **68** (1996) 13

がわかりやすい．

第5章

ゲージ理論に関しては，G6の中の文献リストを参照されたい．5-1節の内容については

［17］ I. Affleck : in *Strings, Fields and Critical Phenomena*, E. Brezin and J. Zinn-Justin eds. (North-Holland, 1990) p. 565

に述べられている．高温超伝導のゲージ理論についてはG 6やG 13などを参照されたい．

5-2節の記述は

[18]　P. A. Lee and N. Nagaosa : Phys. Rev. **B 46**(1992)5621

によった．また，高温超伝導全般については

[19]　立木昌・藤田敏三編：高温超伝導の科学(裳華房，近刊)

を参照されたい．本書の5-2節の内容は[19]の4-3-2節にも書いてある．

$\nu=1/2$ ランダウレベルについては

[20]　B. I. Halperin, P. A. Lee, and N. Read : Phys. Rev. **B 47**(1993)7312

が基本的な文献である．

索引

サ　行

タ 行

ナ 行

ハ 行

マ, ヤ 行

ラ，ワ 行

■岩波オンデマンドブックス■

電子相関における 場の量子論

1998年10月8日 第1刷発行
2014年5月9日 オンデマンド版発行

著 者 永長直人（ながおさなおと）

発行者 岡本 厚

発行所 株式会社 岩波書店
〒101-8002 東京都千代田区一ツ橋 2-5-5
電話案内 03-5210-4000
http://www.iwanami.co.jp/

印刷／製本・法令印刷

ISBN978-4-00-730106-3 Printed in Japan